高等学校电子信息类教材

数字电子技术实验与实践

吴慎山　主　编

屈晓良　郝好贞　副主编

電子工業出版社

Publishing House of Electronics Industry

北京 · BEIJING

内 容 简 介

全书共分 7 章，内容包括数字电子技术知识基础、数字电子技术实验基础、常用电子设计软件（Multisim 2001）、数字电路实验、数字电路综合实训和常用的电子测量仪器等。介绍了实验室的安全操作规程、实验方法、实验测试手段、常见故障的诊断与排除。

实验（包括验证性实验、研究性实验、设计性实验、创新性实验）从培养学生的动手和工程设计能力出发，由浅入深地介绍了数字逻辑电路的工程设计技术和测量调试方法，重在提高学生自主学习能力、工程实践和创新能力。

本教材可作为电子信息类、计算机类、自动化类、电气类等本、专科学生的数字电子技术实验、EDA 实训课题等实验与实践教材，也可作为从事电子技术开发的工程人员及广大电子技术爱好者的参考书。

图书在版编目（CIP）数据

数字电子技术实验与实践/吴慎山主编. —北京：电子工业出版社，2011.4
高等学校电子信息类教材
ISBN 978-7-121-13169-1

Ⅰ.①数… Ⅱ.①吴… Ⅲ.①数字电路－电子技术－实验－高等学校－教材 Ⅳ.①TN79-33

中国版本图书馆 CIP 数据核字（2011）第 052827 号

策划编辑：王春宁
责任编辑：曲 昕
印 刷：北京捷迅佳彩印刷有限公司
装 订：北京捷迅佳彩印刷有限公司
出版发行：电子工业出版社
北京市海淀区万寿路 173 信箱 邮编 100036
开 本：787×1 092 1/16 印张：16 字数：350 千字
版 次：2011 年 4 月第 1 版
印 次：2022 年 8 月第 12 次印刷
定 价：29.00 元

凡所购买电子工业出版社图书有缺损问题，请向购买书店调换。若书店售缺，请与本社发行部联系，联系及邮购电话：（010）88254888。

质量投诉请发邮件至 zlts@phei.com.cn，盗版侵权举报请发邮件至 dbqq@phei.com.cn。

服务热线：（010）88258888。

前　言

为适应电子科学技术的迅猛发展和教学改革的不断深化，进行素质教育、培养学生的实际工作能力、开发创新的需要、进行数字电子技术设计与实践活动，是落实理论联系实际的重要环节，越来越受到人们的重视。

作为实验教学改革中的一个重要方面，实验教材理所当然地受到了教育工作者的重视，近十年来，各校电子电气类专业的老师们分别编写了多种实验和实践的教学资料，这些资料在各校的实验教学中发挥了积极的作用。对巩固和加深课堂教学内容，提高学生和相关科技人员实际工作技能，学习后续课程和从事实践技术工作奠定了坚实基础。认真进行数字电子技术实验与实训，搞好实验教学，是一个十分重要的课题。为此，在多年实践的基础上，我们编写了这本《数字电子技术实验与实践》教材。

全书共分 7 章，内容包括：绪论、数字电子技术基础、数字电子技术实验基础知识、常用电子设计软件（Multisim 2001）、数字电子技术实验、数字电子技术综合实训、常用电子测量仪器等。随着电子技术发展集成化、设计自动化、用户专用化和测试智能化的态势，在《数字电子技术实验与实践》一书中还引入了电子电路计算机辅助分析与设计的内容。

学生根据给定的实验题目、内容和要求，自行进行实验；或自己设计实验电路和选择合适的电子元器件来组装实验电路，拟定出调整测试方案，最后达到设计要求。通过这个过程，培养学生综合运用所学知识解决实际问题的独立工作能力。我们着力强调了实验的分析方法和设计方法，并给出了许多分析和设计的示例，安排这些内容是为了使学生很好地将理论与实际结合，提高学生的应用水平和设计创新能力。

《数字电子技术实验与实践》一书分为以下四类：（1）验证性实验；（2）研究性实验；（3）设计性实验；（4）创新性实验。以实践为基础，以理论为指导，以现代科技设备为手段，以社会为课堂，使学生在实践过程中学习、研究、综合和设计，达到学懂学会、学以致用的目的。

数字电子技术综合实训分析了电子产品的电路设计任务和要求，给出了多个实训课题，以实践训练为主，突出电子技术的实用性。内容循序渐进，由浅入深，覆盖面广。在实践性的基础上，鼓励和突出创新性，力争紧贴前沿，把计算机仿真及计算机辅助设计与传统实践模式有机地结合起来。

本书绪论、第 3 章由河南师范大学教授，现商丘学院兼职教授吴慎山编写；第 1 章、

第 4 章（第 1 节和第 2 节）由商丘学院郝好贞编写；第 2 章、第 4 章（第 3 节）由商丘学院屈晓良编写；第 4 章（第 4 节）由商丘学院刘俊杰和高珍编写；第 5 章由商丘学院屈晓良和郝好贞共同编写；第 6 章由河南师范大学吴雪冰编写；附录部分由商丘学院屈晓良编写。

参加本书编写的还有郭亚群、张振华、梁珍珍、曹玉梅、卢丹、陈瑛、王莉、张延丽、刘磊等。

王锡仲教授、卢亚东教授等提出不少建议，在此深表谢意。

本书在内容上具有很强的通用性和选择性，适于大、中专电子类学校相关专业及非电类专业根据教学大纲的需要选用。同时，也适于从事电子产品开发、设计、生产的科技人员使用和参考。

由于电子科学技术的迅猛发展，书中难免存在错误和不足，恳请同行和读者批评指正。

编　者

于商丘学院

2011 年 4 月

目录
CONTENTS

第0章 绪论

随着现代电子技术的发展，人们已处于一个信息时代，每天都要通过电视、广播、通信、互联网等多种媒体获取大量的信息。而现代信息的存储、处理和传输越来越趋于数字化。在日常生活中，常用的计算机、电视机、音响系统、视频记录设备、长途电信等电子设备或电子系统，无一不采用数字电路或数字系统。因此，数字电子技术的应用越来越广泛。

电子技术是一门理论性、工程性和实践性很强的课程。其内容包括基础理论与应用技术。其基础理论反映了自然科学的规律，是其科学性的一面；其应用技术是其工程性和实践性的一面，可称为电子技术，是其技术性的一面。

认识科学与技术的关系，明确理论学习与实践和实验相互结合的必要性，对于学好电子科学与技术这一学科的有关知识，是十分重要的。

0.1 现代科学与技术

在 21 世纪的今天，国家间的竞争即是科学技术的竞争，谁获得最新的科学技术，谁就取得发展的主动权和发言权。“科学技术是第一生产力”，生产力先进必然导致国力强盛，综合国力是一个民族强大的重要标志。

科学与技术是相互关联的；从半导体的几乎纯粹物理学的研究，到以集成电路为主的现代微电子工业的广泛应用，都是从科学发展为技术的典型例证。而火药“为什么”会爆炸，指南针“为什么”会指向南方，又是技术提出的科学问题。由于科学与技术的人为交流，促进了科学技术的发展，形成了现代科学与技术。

现代科学技术的数学化就是以数学知识对自然科学和技术知识进行整理和组织的过程：一方面尽可能用数学语言符号表述其基本概念；另一方面将其命题组织成比较规范的相似于数学的演绎或算法体系。使科学的严密性和技术的简明性跃然纸上。

科学知识完全由真假性、合理性来决定；而技术知识则依赖于变革客体的有效性和可操作性。阿基米德的名言：“给我一个支点，我就可以撬动地球”，这在科学上是合理的判断，是科学理性的豪言壮语；但在技术上却是毫无意义的。

认识科学与技术的异同，明了两者的关系，是促进科学技术快速发展的关键。科学是以获得对客体的全面系统的认识为目的，技术以有效地变革客体来满足人们的需要为目的；科学研究的对象就是试图认识的一切客体，范围广泛。而技术的研究对象更加具体，科学关注人类试图支配的客体，同时关注着支配人类的客体；技术则只关心人们试图支配的客体。所以技术强调人类对自然的支配，并不影响科学强调自然对人的支配。

科学研究的成果是完备的知识体系，技术开发的最终成果是人造物——物化产品。科学探索人类与自然之间的关系，向自然的奇异奥妙挑战，是旨在发现各种各样的新事实与新法则，创立有关自然的知识体系。因此科学研究不受有用或无用的束缚，需要进行自由的研究。

研究获得的知识可能具有出乎原先预料的一面，有些伟大的发现就出于此。这需要科学工作者具有广泛的知识，正确的思想方法和敏锐的洞察力。对于科学上的大飞跃，创造性具有决定性的影响，即所说的基础研究工作。应用与开发则是有关如何将基础研究中获得的科学知识应用于实际的问题，也即努力实施基础研究成果的问题。

19 世纪初电的使用以及发电机和电动机的设计，科学已是不可缺少的了。而化学在 19 世纪末曾促进过化学工业的大规模发展。而到了 20 世纪，电子学的发展，科学则起了决定性的作用。所谓的“高新技术”正是科学高度发展的结果，是 21 世纪技术的时代特征。

就科学与技术的关系来说，科学是理解自然的真实学问，而技术则是科学的应用。但技术人员在研究开发过程中也会作出革命性的发明。虽然技术人员是考虑以应用为目的问题的，但其个人的工作，部分仍在基础研究方面。

基础研究和应用研究犹如车的两轮，是相互影响且相互补充的，地位是同等重要的。独创性新技术都来源于基础研究，更说明了这一问题。

0.2 理论与实践相结合

科学更加自由地满足着人类高层次的精神需要，如探月的目的；技术的价值明显受人造物的制约，如探月的飞行。如乔治·萨顿所说的：“我们必须放弃科学的自负，但永远不要使人性从属于技术。”“科学技术产业化”是十分重要的问题，技术是能够直接产业化的。而科学只有通过技术的中介，才可能产业化。科学与技术的紧密衔接是当代的发展潮流，只能顺应而不可违反。

科学中有技术，如物理学有实验技术；技术中有科学，如指南针有磁场相互作用的原理。技术产生科学，如射电望远镜的发明与使用，产生了射电天文学；科学也产生技术：如发现天体运动规律后，产生出了航天技术；有了爱因斯坦的质能关系式，发现了核裂变，造出了原子弹，也建成了核电站，用以造福人类。

科学与技术相互影响，互相促进，但仍有其各自的特点和发展规律，我们在推动科学技术发展时，必须注意到这一点。

电磁场的理论催生了现代通信，电子学不断在实践—理论—实践—理论的一次次循环中得到发展和提高。因此，电子线路的实践和实验教学是一个十分重要的环节，目的是学习和理解，获得并掌握电子学的基本知识和基本技能，并运用所学理论来分析和解决实际问题，使学生完成实践—理论—实践的认识过程，掌握各单元电路的组成、基本原理与电路设计的基本知识和技能，提高分析解决实际问题的能力和实际工作能力。

电子技术基础实验的类型很多，实验的目的必须从研究出发，认真总结实验规律，从而得出自己的结论，以验证前人理论，得到自己的正确认识，培养和提升创新能力。

从实验的这个目的出发，把数字电子技术基础实验分为以下四类：（1）验证性实验；（2）研究性实验；（3）综合性实验；（4）设计性实验。

1．验证性实验

主要是以仪器设备的使用为主，或者使用合适的软件，验证电子元器件和基本单元电路参数与特性。进一步巩固学生所学到的基本知识和基本理论。

2．研究性实验

根据给定的实验由学生自行选择测试仪器，拟定实验步骤，完成规定的电路性能指标测试任务，研究电路中电子元器件的特性与参数对电路性能的影响，弄清电路的工作原理，完成实践—认识—再实践—再认识的过程，把别人总结的知识变成自己总结出的知识。

3．综合性实验

根据给定的实验题目、内容和要求，学生把不同专业、不同学科、不同章节的内容自行进行组合，拟定和调整实验方案，通过实验过程，达到熟悉和理解所学知识，培养学生综合运用所学知识解决实际问题的独立工作能力。

4．设计性实验

根据给定的实验题目、内容和要求，学生自行设计实验电路，选择合适的电子元器件来组装实验电路，拟定出调整测试方案，最后达到设计要求。通过这个过程，培养学生综合运用所学知识解决实际问题的创新工作能力。

随着电子技术发展呈现出系统集成化、设计自动化、用户专用化和测试智能化的态势，为了适应电子信息时代的要求，除了完成常规的硬件实验外，在电子技术实验中还引入了电子电路计算机辅助分析与设计的内容，其中包括若干仿真实验和通过计算机来完成的系统设计的实验。

电子技术基础实验只要以实践为基础，以理论为指导，以现代科技设备为手段，以社会为课堂，使学生在实验过程中验证、研究、综合和设计，就一定能够达到学懂学会，学以致用的目的。

第1章

数字电子技术基础

1.1 数字电子技术课程简介

1.1.1 基本概念

电子技术是根据电子学的原理，运用电子元器件设计和制造具有某种特定功能的电路以解决实际问题的科学，研究电信号的产生、传送、接收和处理。数字电子技术、数字信号处理，主要研究各种逻辑门电路、集成器件的功能及其应用、组合逻辑门电路和时序电路的分析和设计、集成芯片各引脚功能、555 定时器等。随着计算机科学与技术突飞猛进地发展，用数字电路进行信号处理的优势也更加突出。为了充分发挥和利用数字电路在信号处理上的强大功能，我们可以先将模拟信号按比例转换成数字信号，然后送到数字电路进行处理，最后再将处理结果根据需要转换为相应的模拟信号输出。自 20 世纪 70 年代初，这种用数字电路处理模拟信号的所谓“数字化”浪潮已经席卷了电子技术几乎所有的应用领域。

1.1.2 课程内容

课程内容包括如下。

（1）数字逻辑基础：主要介绍二进制代码，基本的逻辑运算法则以及逻辑函数的化简。

（2）逻辑门电路：主要介绍二极管与三极管的开关特性，以及常用基本逻辑门电路（TTL 逻辑门电路和 COMS 逻辑门电路）。

（3）组合逻辑电路的分析和设计：主要介绍组合逻辑电路的分析和设计方法及步骤。

（4）常用组合逻辑功能器件：主要介绍各种常用的组合逻辑功能器件，包括编码器、译码器、数据选择器和加法器等。

（5）触发器：主要研究 RS 触发器、JK 触发器、D 触发器、T 触发器的逻辑功能和特性方程。

（6）时序逻辑电路的分析和设计：同步时序逻辑电路和异步时序逻辑电路的分析方法，以及同步时序逻辑电路的设计方法。

（7）常用时序逻辑功能器件：各种计数器和移位寄存器的逻辑功能和应用。

（8）脉冲波形的产生与变换：应用 555 定时器构成施密特触发器、单稳态触发器和多谐振荡器等。

（9）数 / 模与模 / 数转换器：数 / 模（D/A）转换器和模 / 数（A/D）转换器的转换原理，常见 D/A 转换器和 A/D 转换器的工作原理与特点。

1.1.3 课程特点

数字电子技术是一门专业技术基础课程，它是学习微机原理、接口技术等专业课程的基础，既有丰富的理论体系，又有很强的实践性。

本课程的重点是数字电路的基本概念、基本原理、分析方法、设计方法和实验调试方法。只要掌握了基本的原理和方法，我们就可以对给出的任何一种数字电路进行分析；也可以根据提出的任何一种逻辑功能，设计出相应的逻辑电路。对于各类的数字集成电路器件，重点是掌握它们的外部特性，包括逻辑功能和输入 / 输出的电气特性。另外，通过实验的训练，加深对理论知识的理解和掌握，同时更重要的是学习和掌握电子技术实验的研究方法，将理论和实际有机地结合，学会用实验的方法分析和解决实际问题。

1.2 数字电路简介

在电子技术中，传递、加工和处理数字信号的电子电路，称为数字电路。它主要是研究输出与输入信号之间的逻辑关系，其分析的主要工具是逻辑代数，所以数字电路又被称为逻辑电路。

数字集成电路（Integrated Circuit）是相对分立元器件而言的，简称 IC。它是一种微型电子器件或部件，把一个电路中所需的各种电路元器件（如晶体管、电阻、电容和电感等）在电学上加以互连，并采用一定的工艺，制作在一小块或几小块半导体晶片或介质基片上，然后封装在一个管壳内，成为能够完成某种电路功能的微型结构。其中所有元器件在结构上已组成一个整体，这样，整个电路的体积大大缩小，且引出线和焊接点的数目也大为减少，从而使电子元器件向着小型化、微型化、低功耗和高可靠性方面迈进了一大步。

1.2.1 数字电路发展及特点

1. 数字电路的发展

数字电路的发展与模拟电路一样经历了由电子管、半导体分立器件到集成电路等几个时代。但其发展速度比模拟电路发展得更快。从 20 世纪 60 年代开始，数字集成器件以双极型工艺制成了小规模逻辑器件，随后发展到中规模逻辑器件。20 世纪 70 年代末，随着微处理器的出现，使数字集成电路的性能产生质的飞跃。

逻辑门是数字电路中一种重要的逻辑单元电路。TTL 逻辑门电路问世较早，其工艺经过不断改进，至今仍为主要的基本逻辑器件之一。随着 CMOS 工艺的发展，TTL 的主导地位受到了动摇，有被 CMOS 器件所取代的趋势。

近年来，可编程逻辑器件 PLD 特别是现场可编程门阵列 FPGA 器件的飞速进步，使数字电子技术开创了新局面，不仅规模大，而且将硬件与软件相结合，使器件的功能更加完善，使用更灵活。

2. 数字电路的特点

与模拟电路相比，数字电路具有以下特点：

（1）数字电路的基本工作信号是用 1 和 0 表示的二进制数字信号，反映在电路上就是高电平和低电平，其电平范围比较宽，这样就提高了电路工作的可靠性。同时，数字信号也不易受到噪声信号的干扰。所以其工作可靠性很高，抗干扰能力强。

（2）由于数字电路允许电路参数有较大的离散型，这样将大大简化电路的结构，降低了集成化的要求，同时也大大降低了成本。所以其电路结构简单，便于集成化，并且成本低。

（3）数字电路处理的输入 / 输出信号单一，电路的通用性强，同时便于保密。

（4）具有“逻辑思维”能力。数字电路能对输入的数字信号进行各种算术运算和逻辑运算、逻辑判断，故又称为数字逻辑电路。同时，也有助于计算机编程。

1.2.2 数字集成电路分类

数字电路可分为分立元器件电路和数字集成电路两大类。目前，分立元器件电路基本上已经被数字集成电路所取代。数字集成电路按照不同的分类规则又可以分为几类。

1. 按使用半导体类型分类

按照使用的半导体类型，可分为双极型电路和单极型电路。使用双极型晶体管作为基本器件的数字集成电路，称为双极型数字集成电路，一般为 TTL、ECL 等集成电路；使用单极型晶体管作为基本器件的数字集成电路，称为单极型数字集成电路，如 NMOS、PMOS、CMOS 等集成电路。

2. 按电路结构分类

组合逻辑电路是指电路的输出信号只与当时的输入信号有关，而与电路原来的状态无关。如常用的基本逻辑门电路、译码器、编码器、数据选择器、加法器等。

时序逻辑电路是指电路的输出信号不仅与当时的输入信号有关，而且还与电路原来的状态有关。如各种触发器集成电路、计数器、移位寄存器等。

3. 按集成电路规模分类

按集成电路的集成度分，也就是按每块集成电路芯片中包含的元器件数目分类，可分为 SSI、MSI、LSI、VLSI。

小规模集成电路（Small Scale IC，SSI）是指每片包含 10～100 个元器件，一般为一些逻辑单元电路，比如逻辑门电路或者集成触发器等；

中规模集成电路（Medium Scale IC，MSI）是指每片包含 100～1 000 个元器件，一般为一些逻辑部件，比如计数器、译码器、数据选择器等；

大规模集成电路（Large Scale IC，LSI）是指每片包含 1 000～100 000 个元器件，

一般为数字逻辑系统，包括中央控制器、存储器和各种接口电路等；

超大规模集成电路（Very Large Scale Integrated Circuits，VLSI）是指每片硅片上包含 10 万个以上元器件，主要是高集成度的数字逻辑系统，如各种型号的单片机，即在一片硅片上集成一个完整的微型计算机电路。

另外，目前还有一些更大的集成电路，例如，特大规模集成电路 ULSI（Ultra Large Scale IC）和巨大规模集成电路 GSI（Gigantic Scale IC）。

1.3 数字集成电路的识别

1.3.1 数字集成电路的型号命名法（GB3430—89）

集成电路的型号命名一般由七部分组成，下面以 CT74LS160CJ 为例，分析各部分含义。

其中，C 表示产地，中国制造；T 表示器件类型为 TTL 集成电路；74 表示器件所属的系列为 74 系列（民用，军用为 54 系列）；LS 为低功耗肖特基系列；160 为器件的逻辑功能，代表十进制计数器（例如 138 为 3 线—8 线译码器）；C 是工作温度，范围为 0～70℃；J 是封装类型，代表黑瓷双列直插式封装。

1.3.2 数字集成电路的技术分类和电路的性能指标

目前，已经成熟的数字电路技术主要有：

1．TTL 逻辑（晶体管—晶体管逻辑）

TTL：中速 TTL 或者标准 TTL；

STTL：肖特基 TTL；

LSTTL：低功耗肖特基 TTL；

ALSTTL：先进低功耗肖特基 TTL。

2．COMS 逻辑（互补金属—氧化物—半导体逻辑）

PMOS：P 沟道型 MOS 集成电路；

NMOS：N 沟道型 MOS 集成电路；

CMOS：互补型 MOS 集成电路，又包括 MOS（标准的 CMOS4000 系列）、HCMOS（高速 CMOS 系列）、HCT（与 TTL 兼容的 HCMOS 系列）等。

3．ECL 逻辑（发射极耦合逻辑）

PECL：Positive ECL，就是 V_{EE} 接地时，V_{CC} 接正电压；

NECL：Nagative ECL，就是 V_{CC} 接地时，V_{EE} 接负电压，一般狭义的 ECL 指的就是 NECL。

PECL 和 NECL 并不是指两种不同的 ECL 器件，而是同一个 ECL 器件在不同电压供应下的表现。

1.4 数字集成电路的使用规则

1.4.1 CMOS 电路的使用规则

COMS 电路为单极型集成电路，根据其电路特点，在使用中应注意以下几点。

1. 电源电压的处理

CMOS 电路的电源电压和极性是随着电路的类型而变的，如 PMOS 电路一般使用 −20 V，NMOS 电路一般使用+5 V，COMS 电路都使用正电源，其电压标准分为+5 V、+10 V、+15 V 三种，在使用手册中都有说明。

2. 电路的安全问题

MOS 管的输入阻抗极高，因此 CMOS 电路在使用中对于多余不用的输入引脚是不允许悬空的。因为输入端的悬空会因静电感应或因外界干扰影响电路的正常工作，严重时甚至会造成电路击穿。

处理方法是，对于 COMS 与门、与非门的多余输入端应接到高电平或是电源 V_{DD} 上；对于或门、或非门的多余输入端应接地或接低电平。同样的原因，在 CMOS 门电路的存放或是运送过程中，应将其用铝箔包好并放入屏蔽盒中。在焊接时应使用功率小于 20 W 的烙铁并使烙铁有良好的接地保护。在测试过程中也应是仪表外壳接地良好。

3. 电路使用中的电平匹配

当 COMS 门电路和其他电路混合使用时，要注意并解决电平匹配和驱动能力问题。当 TTL 电路驱动 COMS 电路时，TTL 电路的输出高电平在电源电压为 5 V 时，V_{OH}=2.4 V。而 COMS 门电路的最小输入高电平在电源电压为 5 V 时，V_{OH}=7.0 V。因此必须将 TTL 电路的输出高电平提高到 COMS 电路所要求的数值上，才能使电路正常工作。提高的方法可用电平转换电路或者采用能把电平提升的 CMOS 接口电路。当然对驱动能力，由于 TTL 电路的驱动能力比 CMOS 大，所以可不考虑。

当 CMOS 电路驱动 TTL 电路时，由于 CMOS 电路输出电流较小，驱动 TTL 电路有时会有困难。所以除了要解决电平转换外，还要解决 CMOS 电路的驱动能力。具体方法可用带缓冲驱动的 COMS 电路或在电路的输出端增加晶体管驱动级。

同理，在不同类型的 CMOS 电路之间相互连接使用时，以及 COMS 电路与晶体管、显示器等连接时，也可根据上述原则分别不同情况进行具体处理。

1.4.2 TTL 集成电路使用规则

TTL 集成电路遵循如下使用规则。

1. 接插集成块

接插集成块时，要认清定位标记，不得插反。

2. 电源电压

电源电压使用范围为+4.5 V～+5.5 V之间，实验中要求使用 V_{CC}=+5 V。电源极性绝对不允许接错。

3. 闲置输入端处理方法

（1）悬空，相当于正逻辑“1”，对于一般小规模集成电路的数据输入端，实验时允许悬空处理。但易受外界干扰，导致电路的逻辑功能不正常。因此，对于接有长线的输入端，中规模以上的集成电路和使用集成电路较多的复杂电路，所有控制输入端必须按逻辑要求接入电路，不允许悬空。

（2）直接接电源电压 V_{CC}（也可以串入一只1～10 kΩ的固定电阻）或接至某一固定电压（+2.4 V≤V≤4.5 V）的电源上，或与输入端为接地的多余与非门的输出端相接。

（3）若前级驱动能力允许，可以与使用的输入端并联。

4. 输入端接地规则

输入端通过电阻接地，电阻值的大小将直接影响电路所处的状态。当 $R < R_{OFF}$ 时，输入端相当于逻辑“0”；当 $R>R_{ON}$ 时，输入端相当于逻辑“1”。对于不同系列的器件，要求的阻值不同。对于 CT74S 系列，R_{OFF} 约为 700 Ω，R_{ON} 约为 2.1 kΩ。

5. 输出端使用规则

输出端不允许并联使用，集电极开路门（OC 门）和三态输出门（TSL 门）除外，否则不仅会使电路逻辑功能混乱，并会导致器件损坏。

6. 输出端接电源规则

输出端不允许直接接地或直接接+5 V 电源，否则将损坏器件。有时为了使后级电路获得较高的输出电平，允许输出端通过电阻 R 接至 V_{CC}，一般取 R=3～5.1 kΩ。

1.5 数字逻辑电路的测试方法

1.5.1 组合逻辑电路的测试方法

组合逻辑电路测试的目的是验证其逻辑功能是否符合设计要求，也就是验证其输出与输入的关系是否与真值表相符。

1. 静态测试

静态测试是在电路静止状态下测试输出与输入的关系。将输入端分别接到逻辑电平开关上，用电平显示灯分别显示各输入和输出端的状态。按真值表将输入信号一组一组地依次送入被测电路，测出相应的输出状态，与真值表相比较，借以判断此组合逻辑电路静态工作是否正常。

2. 动态测试

动态测试是指用数字信号发生器产生一系列特定的脉冲信号，将这些信号接入组合逻辑电路的各输入端，用示波器或逻辑分析仪观测各输出端的信号，并与输入波形对比，画出时序波形图，从而分析输入与输出之间的逻辑关系。这种方法自动化程度高，并可分析电路的动态特性，但需用专用的仪器，故只在要求较高的场合或在一些仿真软件中使用。

1.5.2 时序逻辑电路的测试

时序逻辑电路的测试目的是验证其状态的转换是否与状态图或时序图相符合。可用电平显示灯、数码管或示波器等观察输出状态的变化。常用的测试方法有两种，一种是单拍工作方式：以单脉冲源作为时钟脉冲，逐拍进行观测，来判断输出状态的转换是否与状态图相符。另一种是连续工作方式：以连续脉冲源作为时钟脉冲，用示波器观察波形，来判断输出波形是否与时序图相符。

1.6 数字电路实验的分析方法

由于数字电路实验的主要研究对象是电路的输出与输入之间的逻辑关系，因而数字逻辑电路分析的目的是确定已知电路的逻辑功能，所采用的分析工具是逻辑代数，表达电路的功能主要用真值表、功能表、逻辑表达式、卡诺图及波形图等。数字逻辑电路分析的一般步骤如下：

（1）由逻辑图写出各输出端的逻辑表达式，并化简。

对于组合逻辑电路来说，写出各输出端的逻辑表达式，再用代数法或卡诺图法化简即可；而对于时序逻辑电路来说，则应写出电路的驱动方程、状态方程和输出方程。

（2）根据简化的逻辑表达式列出真值表或状态转换表。

同样，对于组合逻辑电路来说，直接列出真值表即可；而对于时序逻辑电路，则应进一步分析其时钟接法是同步还是异步，然后假定一个初态，分析在时钟信号和输入信号的作用下，电路的状态转换情况，最后得出状态转换表。

（3）对真值表、状态转换表或逻辑表达式进行分析总结，确定电路的逻辑功能。

这一步要求我们有分析归纳的能力，对抽象的真值表、状态转换表进行分析和归纳，总结出电路的具体逻辑功能。

对于比较简单的组合逻辑电路，有时不必进行以上全部步骤，而是由逻辑图直接得出真值表，从而概括出电路的逻辑功能。或者用画波形图的方法，根据输入信号，逐级画出输出波形，最后根据波形图概括出电路的逻辑功能。对于比较简单的时序逻辑电路，有时同样可以直接由逻辑图假定一个初态，分析电路的次态，再以这个次态为新的初态，分析出新的次态，如此逐一分析，最后得出完整的状态转换表，并总结其逻辑功能。

1.7 数字逻辑电路的设计方法

1.7.1 组合逻辑电路设计的一般方法

组合逻辑电路的设计与组合逻辑电路的分析相反，其目的是用尽可能简化的电路来实现给定的逻辑功能。设计步骤如图 1-1 所示，具体包含以下几步。

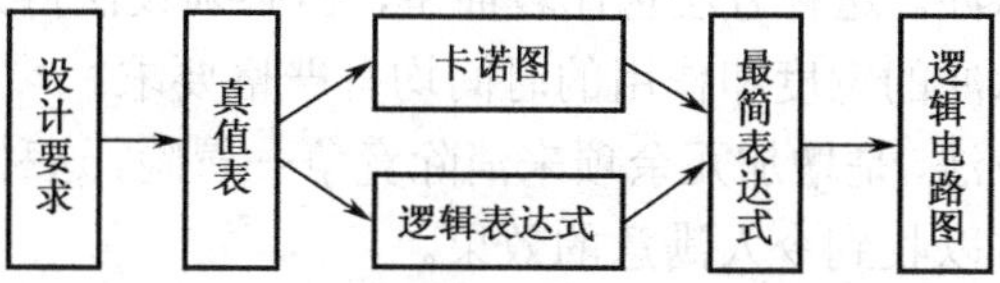

图 1-1 组合逻辑电路设计的一般步骤

（1）了解、分析设计要求。一般逻辑问题叙述有这样几种可能情况，一是用逻辑函数式直接表示，二是将设计要求用文字说明。在后一种情况下，设计要求中常常不是直接将一切情况完全讲清，而是尽可能说明一些重要条件。这就要求设计者去领会、理解一切可能的情况，从而推出那些未明确规定的条件是属于一般意义呢，还是无关最小项。

（2）用真值表表示设计要求。对问题进行分析之后，可根据设计要求进行逻辑抽象，约定哪种情况用“0”表示，哪种情况用“1”表示，由此列出相应的真值表。列真值表时必须注意一切可能发生的情况。此外，设计问题有时需要几个输出量，而对于一切可能的输入条件，各种输出变量必有一给定值，对此真值表应予以全面表达。

（3）根据真值表画出卡诺图或写出逻辑表达式，用卡诺图或代数法进行化简，求出最简的逻辑表达式。

（4）按照设计要求用标准器件（门电路、MSI 组合电路）或 PLD 可编程器件实现简化后的逻辑函数，画出逻辑电路图。

值得注意的是，最简的逻辑表达式不一定得到最简的电路，这里所说的“最简的电路”是指电路所用的器件最少，器件的种类最少，而且器件之间的连线也最少。因为在一个逻辑电路中，往往包含多个不同类型的门电路，而在 IC 芯片中所包含的门电路的类型和数量却是固定的。在这种情况下，需要对电路进行转化设计，用 IC 芯片中剩余的门经过适当连接，实现其他逻辑门的功能，或者直接对逻辑表达式进行变形，根据所用门电路的类型变成与非—与非式、或非—或非式等形式，再根据变形后的逻辑表达式确定逻辑电路。

在组合逻辑电路中从信号输入到稳定输出需要一定的时间。由于从输入到输出的过程中，不同通路上门的级数不同，或者门电路传输延迟时间的差异，使信号从输入经不同通路传输到输出级的时间不同。由于这个原因，可能会使逻辑电路产生错误输出，出现不应有的尖峰脉冲，通常把这种现象称为竞争—冒险。这是组合逻辑电路工作状态转换过程中，经常会出现的一种现象。如果负载电路对尖峰脉冲不敏感（例如，负载为光电器件），就不必考虑尖峰脉冲的消除问题。如果负载电路是对尖峰脉冲敏感的电路（例如，触发器、计数器等），则必须采取措施防止和消除由于竞争—冒险而产生的尖峰脉冲。

常用的消除竞争—冒险现象的方法有接入滤波电容、引入选通脉冲、修改逻辑设计以增加冗余项等。接入滤波电容的方法是指在输出端并接一个几十至几百皮法的电容，利用电容的高通特性把尖峰脉冲削弱。这种方法简单易行，但缺点是增加了输出电压波形的上升时间和下降时间，使波形变坏。

在电路中引入选通脉冲 P，设法使 P 的有效电平出现在电路到达稳定状态以后，输出端就不会出现尖峰脉冲。这种方法也比较简单，但必须设法得到一个与输入信号同步的选通脉冲，对这个脉冲的宽度和作用的时间均有严格要求。

修改逻辑设计的方法，是增加冗余项来消除竞争—冒险，这种方法适用范围很有限，倘能运用得当，有时可以收到令人满意的效果。

1.7.2 时序逻辑电路设计的一般方法

如前所述，由于时序逻辑电路结构上包含组合电路和存储单元，输出与输入之间还常接有反馈，工作方式上有同步和异步之分，所以时序逻辑电路的设计就不像组合逻辑电路那样简单明了。但只要掌握了一定的方法步骤，再加上适当的训练，学会时序逻辑电路的设计也不是什么难事。下面以 SSI 同步时序逻辑电路的设计为例介绍时序逻辑电路设计的原则和步骤。

一般说来，SSI 时序逻辑电路的设计原则是，所用的触发器和逻辑门电路的数目应为最少，而且触发器和逻辑门电路的输入端数目也应为最少，所设计出的逻辑电路应力求最简，并尽量使电路能够自启动。

其设计过程如图 1-2 所示，设计步骤解释如下：

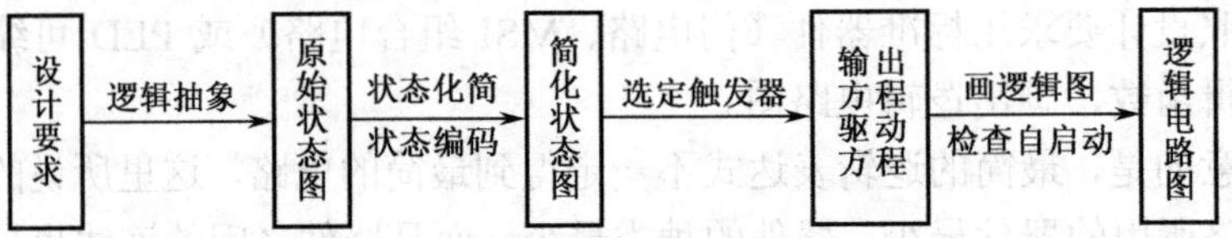

图 1-2　时序逻辑电路设计的一般步骤

（1）逻辑抽象。首先，分析给定的逻辑问题，确定输入变量、输出变量以及电路的状态数。然后，定义输入、输出逻辑状态的含义，并按照题意列出原始状态转换图或状态转换表，即把给定的逻辑问题抽象为一个时序逻辑函数来描述。

（2）状态化简及编码。状态化简的目的就在于将等价状态尽可能合并，以得出最简的状态转换图。时序逻辑电路的状态是用触发器状态的不同组合来表示的。因此，首先要根据化简后的状态数确定触发器的数目 n，而 n 个触发器共有 $2n$ 种状态组合，所以为了获得 M 个状态组合，必须取 $2n-1<M\leqslant 2n$。每组触发器的状态组合都是一组二值代码，称为状态编码。为便于记忆和识别，一般选用的状态编码都遵循一定的规律。

（3）选定触发器的类型并求出状态方程。不同逻辑功能的触发器驱动方式不同，所以用不同类型触发器设计出的电路也不一样。因此，在设计具体电路前必须根据需要选定触发器的类型。然后根据选定触发器的特性方程和化简后的状态图或状态表求得电路的输出方程和各触发器的驱动方程。

（4）根据驱动方程和输出方程画出逻辑电路图。

（5）检查设计的电路能否自启动，所谓自启动即当电路因为某种原因，例如干扰而进入某一无效状态时，能自动由无效状态返回到有效状态。如果不能自启动，则应修改逻辑设计，使其能自启动。其实，在进行状态化简及编码时，若能将无效循环考虑进去，直接使其能够进入有效循环，这样设计出的电路就一定能自启动。

第2章

数字电子技术实验基础知识

2.1 实验安全操作规程

为了维护正常的实验教学次序，提高实验课的教学质量，顺利地完成各项实验任务，确保人身和设备安全，特制订如下实验规则。

规则一：实验前必须充分预习，完成指定的预习内容，预习要求如下：

（1）认真阅读本实验指导书，分析掌握本次实验的基本原理；

（2）完成各实验预习要求中指定的内容；

（3）熟悉实验任务。

规则二：实验时，认真、仔细地分析实验原理，进行布线时，要按照"先接线后通电，做完后先断电再拆线"的原则，有问题向指导老师举手提问；布线成功后，必须请示指导老师，方可进行上电验证。

规则三：实验时注意观察，如发现有异常现象（集成芯片或实验台故障），必须及时报告指导老师，严禁私自乱动。

规则四：实验过程中应仔细观察实验现象，认真记录实验数据、波形、逻辑关系及其他现象，记录的原始结果必须经指导教师审阅后，方可离开。

规则五：自觉保持实验室的肃静、整洁；实验结束后，必须清理实验桌，将实验设备、工具、导线按规定放好，并填写仪器设备使用记录。

规则六：凡有下列情况之一者，不准做实验：

（1）没有带实验指导书者；

（2）实验开始后迟到10分钟以上者；

（3）实验中不遵守实验室有关规定，不爱护仪器，表现不好而又不服从管理教育者。

规则七：实验后，必须认真写好实验报告，下次实验时交实验指导老师批阅。没交实验报告者，在规定时间里必须交给实验指导老师，否则视为缺做一次实验。

2.2 数字电路实验的目的和意义

2.2.1 实验的目的

数字电子技术基础实验是电子工程技术基础课程，对于加强基本工程实践技能的训练是十分必要的，因此实验是教学任务中不可缺少的环节。

实验的目的是通过实验使学生加深对数字电子技术相关理论和概念的理解，培养学生的理论联系实际的能力，特别是实际动手能力；进一步培养和提高学生认真从事科学实验的能力；培养学生努力拼搏、勇于探索的创新精神。

1. 实验的主要任务

（1）训练工程实践的基本技能。

（2）巩固、加深、扩大所学到的理论知识，培养运用基本理论分析解决实际问题的能力。

（3）培养实事求是、严肃认真、细致踏实的科学作风。

（4）熟悉电子电路中常用的元件、器件（组件）的性能，并能正确地选用。

（5）掌握常用电子仪器的正确使用方法，熟悉测量技术和调试方法。

2. 实验技能的要求

（1）正确并熟练地使用万用表、晶体管毫伏表、直流稳压电源；掌握信号发生器、示波器、频率计、频率特性测试仪等电子仪器的使用方法。

（2）按电路图连接线路，能合理布线并能分析故障原因，进而排除故障。

（3）能认真观察实验现象，正确读取数据；能合理地处理数据，正确书写实验报告及分析实验结果。

（4）要具有根据实验任务确定实验方案、设计实验线路、选择电子元器件和仪器设备的初步能力。

（5）熟练地使用各种应用软件，为以后的应用打下基础。

2.2.2 实验的意义

数字电路实验是电子信息科学与技术、电子科学与技术、通信工程等电子类和计算机类相关专业的一门十分重要的电子技术基础课。数字电路是一门实践性很强的专业课程，实验操作有助于对课程理论的掌握和理解。为了满足不同学生的需要，在实验中包括必作内容和选作内容。通过实验使学生学会使用常用的电子仪器，掌握数字电路的测量方法，安装调试电路的基本技能，并使学生进一步理解数字电路的工作原理和独立完成、设计部分电路的能力。

2.3 实验常见故障的检测及排除

在实际设计、调试数字电路的过程中，会出现很多意想不到的故障和问题。检查分析数字系统的故障也是很复杂的，这不但要求从事这方面工作的技术人员有一定的电路基础，对故障有较强的分析能力，而且还要求掌握一定的技巧和方法。

实验中操作的正确与否对实验结果影响甚大。因此，实验者需要注意按以下规程进行。

（1）搭接实验电路前，应对仪器设备进行必要的检查校准，对所用集成电路进行功能测试。

（2）搭接电路时，应遵循正确的布线原则和操作步骤（即要按照先接线后通电，做完后，先断电再拆线的步骤）。

（3）掌握科学的调试方法，有效地分析并检查故障，以确保电路工作稳定可靠。

（4）仔细观察实验现象，完整准确地记录实验数据并与理论值进行比较分析。

（5）实验完毕，经指导教师同意后，可关断电源拆除连线，整理好放在实验箱内，并将实验台清理干净、摆放整洁。

2.3.1 数字电路中的布线原则

布线原则：应便于检查，排除故障和更换器件。

在数字电路实验中，由错误布线引起的故障，常占很大比例。布线错误不仅会引起电路故障，严重时甚至会损坏器件，因此，注意布线的合理性和科学性是十分必要的，正确的布线原则大致有以下几点：

（1）接插集成电路时，先校准两排引脚，使之与实验底板上的插孔对应，轻轻用力将电路插上，然后在确定引脚与插孔完全吻合后，再稍用力将其插紧，以免集成电路的引脚弯曲、折断或者接触不良。

（2）不允许将集成电路方向插反，一般 IC 的方向是缺口（或标记）朝左，引脚序号从左下方的第一个引脚开始，按逆时钟方向依次递增至左上方的第一个引脚。

（3）导线应粗细适当，一般选取直径为 0.6～0.8 mm 的单股导线，最好采用各种色线以区别不同用途，如电源线用红色，接地线用黑色。

（4）布线应有秩序地进行，随意乱接容易造成漏接或错接，较好的方法是接好固定电平点，如电源线、地线、门电路闲置输入端、触发器异步置位复位端等，其次，在按信号源的顺序从输入到输出依次布线。

（5）连线应避免过长，避免从集成元件上方跨接，避免过多的重叠交错，以利于布线，更换元器件，以及故障检查和排除。

（6）当实验电路的布线规模较大时，应注意集成元器件的合理布局，以便得到最佳布线，布线时，顺便对单个集成元件进行功能测试。这是一种良好的习惯，实际上这样做不会增加布线的工作量。

(7) 应当指出，布线和调试工作是不能截然分开的，往往需要交替进行。对大型实验，元器件很多时，可将总电路按其功能划分为若干个相对独立的部分，逐个布线、调试（分调），然后将各部分连接起来（联调）。

2.3.2 数字电路中的常见故障

1. 电路设计问题

没有按照设计要求设计出来的电路，所实现的功能必定是错误的。例如要求设计一个减法器，结果按照加法器的思路去设计了。这种故障一般情况下不容易出现。

2. 器件和底盘故障

在设计时忽视了电子元器件的参数和工作条件引起的故障是常见的，比如电源电压的过高或是过低，轻则造成功能错误，重则造成元器件损坏；不同类型的集成电路之间的电平匹配问题也是需要考虑的；还有触发器等边沿的选择错误也会导致出现功能错误。另外一些大功率器件、电解电容、集成芯片的质量不好也会造成不易发现的故障。所以应该认真检查并选择合适的完好元器件。

3. 布线问题

另外，大量的故障出现在布线问题上，在安装中短线、断线、错线等将导致电路无法正常工作。

线路、元器件虚焊等也会造成功能错误。

2.3.3 数字电路中的常见故障检测与排除

1. 静态检查法

首先，例行检查设备元器件或者线路是否被烧坏或者有无变色、脱落、松动痕迹。如果没有明显的元件损坏标志，则给电路通电去观察有无异样，例如有无因电流过大烧坏元器件而产生异味或是冒烟等现象，集成芯片或者元器件有无过热现象等。用仪表测量电路中的逻辑功能是否正常，测试各输出和输入端口电压电流值，并加以记录。

很多故障会在静态检查过程中被发现。

2. 观察法

用万用表直接测量各集成块的 V_{CC} 端是否加上电源电压；输入信号、时钟脉冲等是否加到实验电路上，观察输出端有无反应。重复测试观察故障现象，然后对某一故障状态，用万用表测试各输入 / 输出端的直流电平，从而判断出是否是插座板、集成块引脚连接线等原因造成的故障。

3. 信号注入法

在电路的每一级输入端加上特定信号，观察该级输出响应，从而确定该级是否有故障，必要时可以切断周围连线，避免相互影响。

4. 信号寻迹法

在电路的输入端加上特定信号，按照信号流向逐线检查是否有响应及是否正确，必要时可多次输入不同信号。

5. 比较替换法

这个方法也是查寻故障常用的一种方法。为了尽快地找到故障，常将故障电路主要测试点的电压波形、电流、电压等参数和一个工作正常的相同电路对应测试点的参数进行对比，从而查出故障。或者是当怀疑数字系统某一个插件板或者是元器件有故障时，则可以用完全相同的电路插件板或是元器件进行替换使用。

6. 动态逐线跟踪检查法

对于时序电路，可输入时钟信号按信号流向依次检查各级波形，直到找出故障点为止。

7. 断开反馈线检查法

对于含有反馈线的闭合电路，应该设法断开反馈线进行检查，或进行状态预置后再进行检查。

以上检查故障的方法，是指在仪器工作正常的前提下进行的。如果实验时电路功能测不出来，则应首先检查供电情况，若电源电压已加上，便可把有关输出端直接接到0—1显示器上检查，若逻辑开关无输出，或单次CP无输出，则是开关接触不好或是内部电路坏了，也可能是集成器件坏了。

需要强调指出，实验经验对于故障检查是大有帮助的，但只要充分预习，掌握基本理论和实验原理，就不难用逻辑思维的方法较好地判断和排除故障。

2.4 数字电子技术实验要求

2.4.1 课前应做的准备工作

认真预习是做好实验的关键。预习好坏，不仅关系到实验能否顺利进行，而且直接影响实验效果。预习应按本教材的实验要求进行，在每次实验前首先要认真复习有关实验的基本原理，掌握有关器件使用方法，对如何着手实验做到心中有数，并用电子仿真软件对所预习的实验内容进行验证，以保证所预习的内容正确。这样不但可拓宽设计思路，也可大大节省在实验室操作的时间和排错的时间，提高实验效率。通过预习还应做好实验前的准备，其内容包括：

（1）绘出设计好的实验电路图，该图应该是逻辑图和连线图的混合，既便于连线，又反映电路原理，并在图上标出器件型号、使用的引脚号及元件数值，必要时还须用文字说明。

（2）拟定实验方法和步骤。

（3）拟好记录实验数据的表格和波形坐标，并记录预习的理论值。

（4）列出元器件清单。

2.4.2 实验记录事项

实验记录是实验过程中获得的第一手资料。测试过程中所测试的数据和波形必须和理论基本一致，所以记录必须清楚、合理、正确，若不正确，则要现场及时重复测试，找出原因。实验记录应包括：

（1）实验任务、名称及内容。

（2）实验数据和波形以及实验中出现的现象，从记录中应能初步判断实验的正确性。

（3）记录波形时，应注意输入、输出波形的时间 / 相位关系，在坐标中上下对齐。

（4）实验中实际使用的仪器型号和编号，以及元器件使用情况。

2.4.3 实验报告的要求

实验报告是培养学生科学实验的总结能力和分析思维能力的有效手段，也是一项重要的基本功训练，它能很好地巩固实验成果，加深对基本理论的认识和理解，从而进一步扩大知识面。实验报告是一种技术总结，要求文字简洁、内容清楚、图表工整。

报告内容应包括实验目的、实验内容和结果、实验使用仪器和元器件，以及分析讨论等，其中实验内容和结果是报告的主要部分，它应包括实际完成的全部实验，并且要按实验任务逐个书写，每个实验任务应有如下内容：

（1）实验课题的方框图、逻辑图（或测试电路）、状态图、真值表以及文字说明等，对于设计性课题，还应有整个设计过程和关键的设计技巧说明。

（2）实验记录和经过整理的数据、表格、曲线和波形图，其中表格、曲线和波形图应充分利用专用实验报告的简易坐标格，并且使用三角板、曲线板等工具去描绘，力求画得准确，不得随手示意画出。

（3）实验结果分析、讨论及结论。对讨论的范围，没有严格要求，一般应对重要的实验现象和结论加以讨论，以便进一步加深理解。此外，对实验中的异常现象，可作一些简要说明；实验中有何收获，可谈一些心得体会。

第3章

Multisim 2001

Multisim 2001 是一款电子设计自动化软件，它能够进行电子电路的电路级仿真。仿真信号和输出的波形代替了实际电路调试中的信号源和示波器，通过仿真分析，主要是检验设计方案中功能方面是否正确。Multisim 2001 不仅可以完成电路的瞬态分析和稳态分析、时域和频域分析、器件的线性和非线性分析、噪声分析、失真分析、离散傅里叶分析、电路零极点分析、交直流灵敏度分析和电路容差分析等 19 种分析方法，

Multisim 2001 可进行故障模拟和数据存储等，还提供增强型的 RF 设计功能，能支持和模拟 SPICE、VHDL/Verilog 模型等。同时 Multisim 2001 还提供了直流电压表、直流电流表，以及常用的数字万用表、函数信号发生器、示波器、数字信号发生器。逻辑分析仪和逻辑转换仪等多种仪器仪表。

利用 Multisim 2001 可以在计算机上很轻松地搭建所需要的电子线路，操作起来像操作真实的电子电路和仪器仪表一样，人机交互界面非常友好，是一款用于电子科研和教学的优秀电子电路仿真软件。

3.1 Multisim 2001 概述

Multisim 的前身是 EWB（电子实验平台）软件，是加拿大 Interactive Image Technologies（Electronics Workbench）公司推出的以 Windows 为基础的仿真工具，适用于板级的模拟 / 数字电路板的设计工作。它包含了电路原理图的图形输入、电路硬件描述语言输入方式，具有丰富的仿真分析能力。为适应不同的应用场合，Multisim 推出了许多版本，用户可以根据自己的需要加以选择。

Multisim 2001 电路仿真软件是一个完整的系统设计工具，包括原理图的创建、元件库与元件的使用、虚拟仪器的调用、电路的基本分析方法、仿真结果的后续处理及 RF 分析等内容，它可结合 SPICE、VHDL 和 Verilog 等共同进行模拟和数字电路仿真，并提供高阶 RF 设计功能以及利用 VHDL 或 Verilog 设计与仿真 FPGA/CPLD 组件合成，而且可以利用齐全的虚拟仪器对电路进行测试及分析。

这种仿真实验是在计算机上虚拟出一个元器件种类齐备和先进的电子工作台，一方面可以克服实验室各种条件的限制，另一方面又可以针对不同目的（验证、测试、设计、

纠错和创新等）进行训练，培养学生分析、应用和创新的能力。与传统的实验方式相比，采用电子工作台进行电子线路的分析和设计，突出了实验教学以学生为中心的开放式模式。

Multisim 2001 不仅可以作为专业软件真实地分析电路的工作，而且可以在《电路分析》、《数字电路》、《自动控制》和《电力电子》等课程中充实虚拟实验平台，同时 Multisim 2001 后处理功能的使用也为从原理图设计到数值分析以及电路板制作的全程训练提供了条件。

3.1.1 Multisim 2001 的仿真功能

Multisim 意为“万能仿真”，仿真的手段切合实际，选用的元器件和测量仪器与实际情况非常接近，并且界面可视、直观。其特点包括：

（1）仿真环境直观，操作界面简洁明了，操作方便。

（2）增强专业版的仿真库提供近 16 000 个仿真元件，分别有实际元件和虚拟元件，其中实际元件的基本参数完全和实际产品一致，虚拟元件的参数可以方便地进行更改。

（3）提供大量的激励源（信号源）和数学模型元件，方便各种分析的需要。

（4）提供各种能发光的指示元件和发声元件，可用键盘控制电路中的开关、电位器调节、电感器调节和电容器调节，使仿真过程更为形象。

（5）提供各种常用的仪器仪表，增加仿真结果的直观度，并允许多个仪表同时调用和重复调用，且仪表均具有存储功能。

（6）提供了射频元件，可以进行射频电路的仿真，许多软件不具备这项功能。

（7）提供了机电元件，可以进行自动控制电路的仿真，这也是许多软件所不具备的。

（8）除了仪表仿真方式以外，还具有波形仿真的方式，和 Protel 99SE 类似。

3.1.2 Multisim 2001 的优点

Multisim 2001 最突出的特点是用户界面友好，尤其是其直观的虚拟仪表是 Multisim 2001 的一大特色。Multisim 所包含的虚拟仪表有：示波器、万用表、函数发生器、波特图图示仪、失真度分析仪、频谱分析仪、逻辑分析仪、网络分析仪等。而通常一个普通实验室是无法完全提供这些设备的。这些仪器的使用使仿真分析的操作更符合平时实验的习惯。其优点包括：

（1）系统高度集成、界面直观、操作方便。Multisim 2001 将原理图的创建、电路的测试分析和结果的图表显示等全部集成到同一个电路窗口中。整个操作界面就像一个实验工作台，有存放仿真件的箱；有存放测试仪表的仪器库；还有进行仿真分析的各种操作命令。测试仪表和一些仿真件的外形与实物非常接近，操作方法也基本相同，因而该软件易用。

（2）具有数字、模拟及数字 / 模拟混合电路的仿真能力。在电路窗口中既可以分别对数字或模拟电路进行仿真，也可以将数字和模拟连在一起进行仿真分析。

（3）电路分析手段完备。它还提供了电路的直流工作点分析、瞬态分析、傅里叶分析、噪声和失真分析等 15 种常用的电路仿真分析方法。这些分析方法基本能满足一般电子电路的分析和设计要求。

（4）提供多种输入和输出接口。Multisim 2001 可以输入由 PSPICE 等其他电路仿真软件所创建的 SPICE 网表文件，并自动形成相应的电路原理图，也可以把 Multisim 环境下创建电路原理图文件输出给 PROTEL 等常见的 PCB 软件进行印刷设计。为了拓宽 Multisim 软件的 PCB 功能，IIT 也推出了自己的 PCB 软件——ELECTRONICS WORKENCH LAYOUT，可使 Multisim 电路图文件更直接且方便地转换成 PCB。

（5）提供射频电路仿真功能。Multisim 2001 具有射频电路仿真功能，这是目前众多通用电路仿真软件所不具备的。

（6）使用灵活方便。在 Multisim 2001 中，与现实元件对应的元件模型丰富，增强了仿真电路的实用性。元件编辑器给用户提供了自行创建和修改所需元件模型的工具。元件之间的连接方式灵活，允许连线任意走向，允许把电路当成一个元器件使用，从而增大了电路的仿真规模。另外，根据电路图形的大小，程序能自动调整电路窗口尺寸，不再需要人为设置。专业版的 Multisim 2001 除了具有上面提到的优点和功能外，还支持 VHDL 和 Verilog 语言电路仿真与设计。

电子仿真属于电子设计自动化的组成部分，一般地，把电子仿真分为三个层次：物理级、电路级和系统级。本文介绍的是电路级仿真，电路级仿真必须有元器件模型库的支持，仿真信号和输出的波形代替了实际电路调试中的信号源和示波器，通过仿真分析，主要是检验设计方案在功能方面的正确性。

Multisim 2001 提供了 16000 多个高品质的模拟、数字元器件和 RF 组件模型，除此之外，用户还可以自行编辑和设计相应的元器件。Multisim 2001 不仅提供了电路的多种仿真分析方法，如直流扫描分析，参数扫描分析，交流频率特性分析，瞬态分析，傅里叶分析，后处理器功能，等等，而且还提供了两个仪表和多台仪器。仪表有：直流电压表、直流电流表；常用的仪器有：数字万用表、函数信号发生器、功率表、示波器、扫频仪、数字信号发生器、逻辑分析仪和逻辑转换仪。

3.2 Multisim 2001 窗口界面

软件以图形界面为主，采用菜单、工具栏和热键相结合的方式，具有一般 Windows 应用软件的界面风格，用户可以根据自己的习惯和熟悉程度自如使用。

3.2.1 Multisim 2001 的主窗口界面

启动 Multisim 2001 后，将出现如图 3-1 所示的界面。

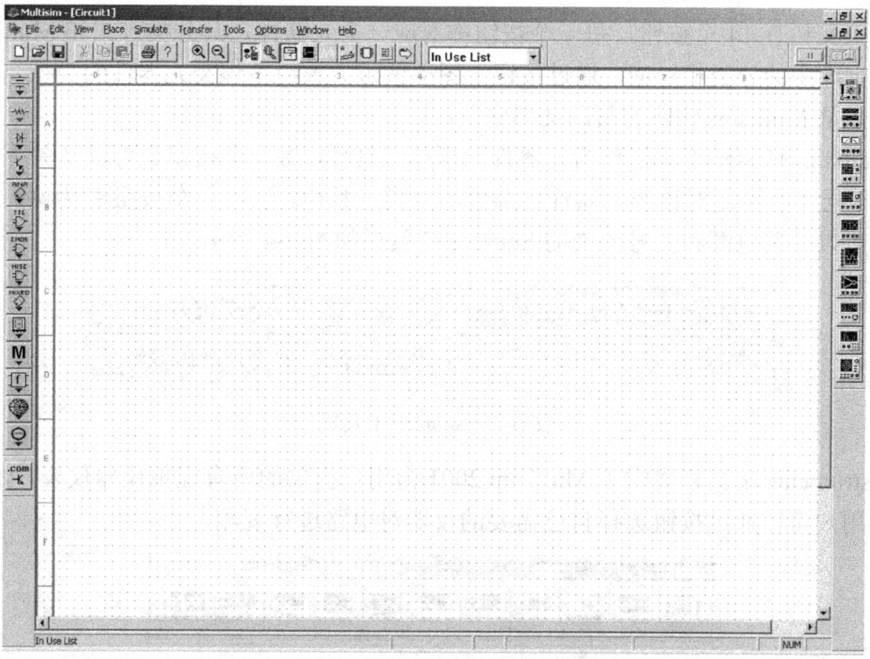

图 3-1 Multisim 2001 的主窗口界面

界面由多个区域构成：菜单栏，各种工具栏，电路输入窗口，状态条，列表框等。通过对各部分的操作可以实现电路图的输入、编辑，并根据需要对电路进行相应的观测和分析。用户可以通过菜单或工具栏改变主窗口的视图内容。

3.2.2 主要工具

Multisim 2001 的主要工具包括：

（1）设计工具栏。Design（设计）工具栏作为设计工具栏是 Multisim 的核心工具栏，如图 3-2 所示，通过对该工作栏按钮的操作可以完成对电路从设计到分析的全部工作，其中的按钮可以直接开关下层的工具栏；Component 中的 Multisim Master 工具栏；Instrument 工具栏。

图 3-2 设计工具栏

作为元器件（Component）工具栏中的一项，可以在 Design 工具栏中通过按钮来开关 Multisim Master 工具栏，如图 3-3 所示。

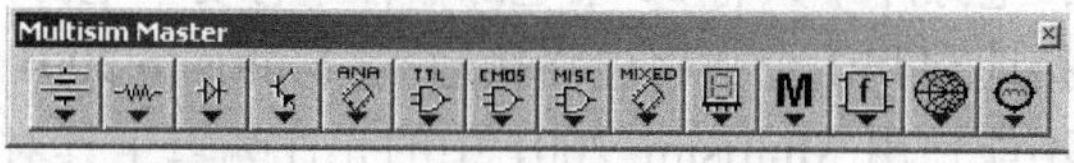

图 3-3 Multisim Master 工具栏

该工具栏有 14 个按钮，每一个按钮都对应一类元器件，其分类方式和 Multisim 元器件数据库中的分类相对应，通过按钮上图标就可大致清楚该类元器件的类型。具体的内容可以从 Multisim 软件的帮助文档中获取。

Multisim Master 工具栏作为元器件的顶层工具栏，每一个按钮又可以开关下层的工具栏，下层工具栏是对该类元器件更细致的分类工具栏。以第一个按钮为例。通过这个按钮可以开关电源和信号源类的 Sources 工具栏如图 3-4 所示。

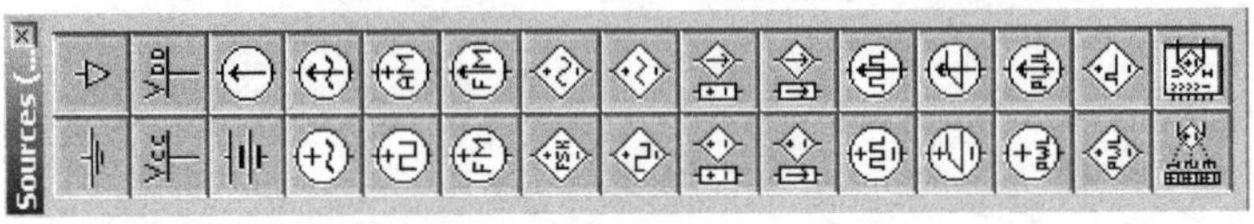

图 3-4　Sources 工具栏

Instruments 工具栏集中了 Multisim 2001 为用户提供的所有虚拟仪器仪表，如图 3-5 所示，用户可以通过按钮选择自己需要的仪器对电路进行观测。

图 3-5　Instruments 工具栏

（2）用户可以通过 Zoom 工具栏方便地调整所编辑电路的视图大小，如图 3-6 所示。

（3）Simulation 工具栏可以控制电路仿真的开始、结束和暂停，如图 3-7 所示。

图 3-6　Zoom 工具栏

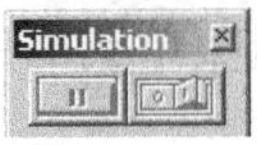

图 3-7　Simulation 工具栏

3.3　Multisim 2001 对元器件的管理

EDA 软件所能提供的元器件的多少以及元器件模型的准确性都直接决定了该 EDA 软件的质量和易用性。Multisim 2001 为用户提供了丰富的元器件，并以开放的形式管理元器件，使得用户能够自己添加所需要的元器件。

Multisim 2001 教育版的 Multisim Datebase 中含有 14 个元（器）件分类库（即 Component Toolbar），由这 14 个元（器）件分类库组成元（器）件工具库（简称元（器）件库），通常以铵钮形式在工作窗口左边，但也可以任意移动。每个元（器）件分类库中又含有 3～30 个元件箱（又称为 FAMILY），各种仿真元件分门别类地放在这些元件箱中供用户随意调用；电源库中共有 30 个电源器件，有功率电源，各式各样的信号源、受控源以及 1 个模拟接地端和 1 个数字电路接地端；Multisim 2001 把电源类的器件全部作为虚拟器件，因而不能使用 Multisim 2001 中的元件编辑工具对其模型及符号等进行修改或重新创建，只能通过自身的属性对话框对其相关参数进行设置；基本元件库中包含现实元件箱 18 个，虚拟元件箱 7 个，虚拟元件箱中的元件不需要选择，而是直接调用，然后再通过其属性对话框设置其参数值；二极管库中包含 10 个元件箱；Multisim 2001 元件库中虽然存有成千上万个仿真器件，但用户的需要是名种各样的，因此不可能满足每个用户的要求。如果用户在进行一个仿真时少一个或几个仿真元件，可以真接利用 Multisim 2001 所提供的元件编辑工具，对现有的元件模型进行编辑修改，或创建一个新元件。

Multisim 2001 的 Instruments（仪器库）中共有 11 种虚拟仪器：Multimentent（数字万用表），Function Generator（函数发生器），Wattmeter（瓦特表），Oscilloscope（示波器），Bodeplotter（波特图仪），Word Generator（字信号发生器），Logic Analyzer（逻辑分析仪），Logic converter（逻辑转换仪），Distortion analyzer（失真分析仪），Spectrum Analyzer（频谱分析仪）和 Network Analyzer（网络分析仪）。

Multisim 2001 以库的形式管理元器件，通过菜单 Tools/ Database Management 打开 Database Management（数据库管理）窗口，对元器件库进行管理，如图 3-8 所示。

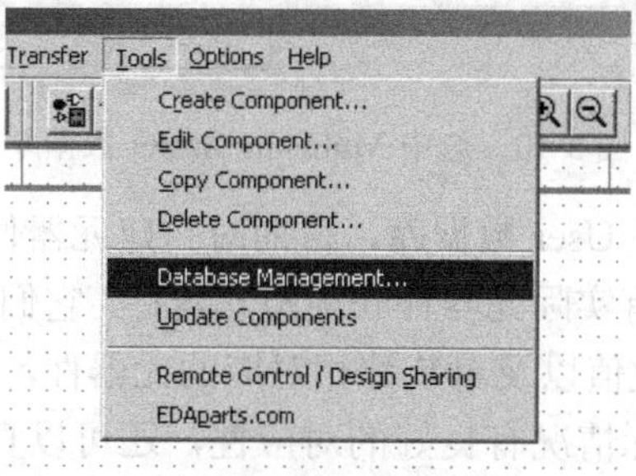

图 3-8　打开 Database Management 窗口

在 Database Management 窗口中的 Database 列表中有两个数据库：Multisim Master 和 User。如图 3-9 所示，其中 Multisim Master 库中存放的是软件为用户提供的元器件，User 是为用户自建元器件准备的数据库。

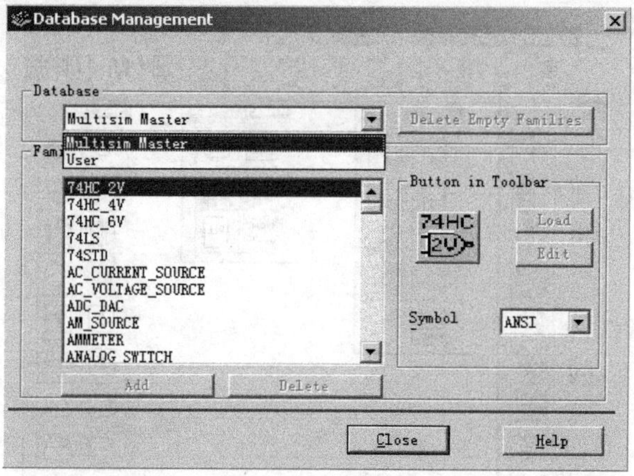

图 3-9　Database Management 窗口

用户对 Multisim Master 数据库中的元器件和表示方式没有编辑权。当选中 Multisim Master 时，窗口中对库的编辑按钮全部失效而变成灰色，如图 3-10 所示。但用户可以通过这个对话窗口中的 Button in Toolbar 显示框，查找库中不同类别器件在工具栏中的表示方法。

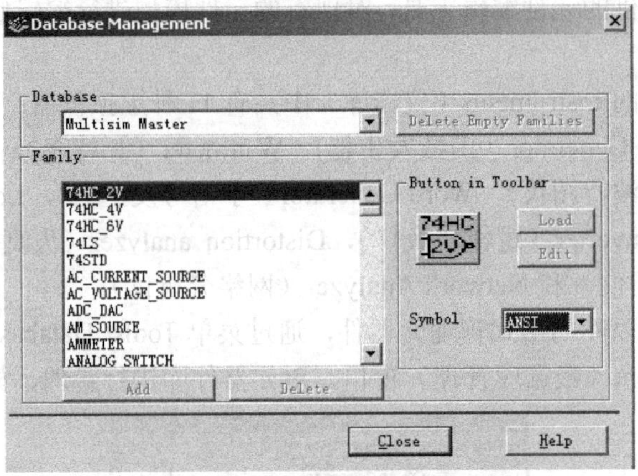

图 3-10　选中 Multisim Master 数据库

据此用户可以通过选择 User 数据库，进而对自建元器件进行编辑管理。

在 Multisim Master 中有实际元器件和虚拟元器件，它们之间根本差别在于：一种是与实际元器件的型号、参数值以及封装都相对应的元器件，在设计中选用此类元器件，不仅可以使设计仿真与实际情况有良好的对应性，还可以直接将设计导出到 Ultiboard 中进行 PCB 的设计。另一种元器件的参数值是该类元器件的典型值，不与实际元器件对应，用户可以根据需要改变元器件模型的参数值，只能用于仿真，这类元器件称为虚拟元器件。它们在工具栏和对话窗口中的表示方法也不同。在元器件工具栏中，虽然代表虚拟元器件的按钮的图标与该类实际元器件的图标形状相同，但虚拟元器件的按钮有底色，而实际元器件没有，如图 3-11 所示。

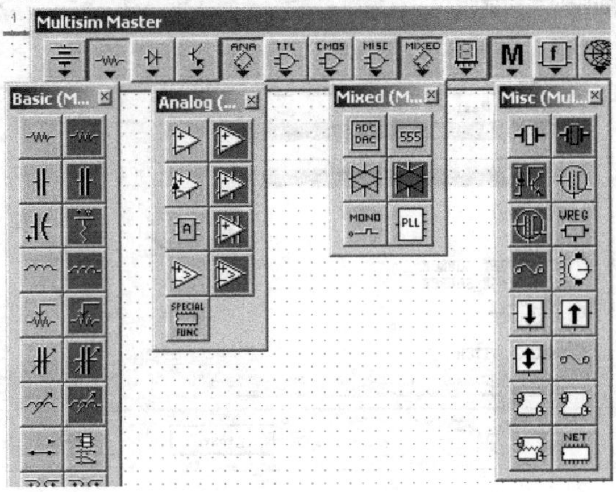

图 3-11　Multisim Master 窗口

从图 3-11 中可以看到，相同类型的实际元器件和虚拟元器件的按钮并排排列，并非所有的元器件都设有虚拟类的元器件。在元器件类型列表中，虚拟元器件类的后缀标有 Virtual，如图 3-12 所示。

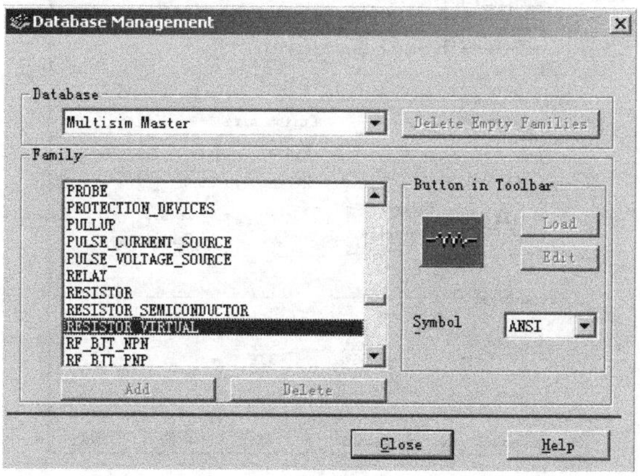

图 3-12 元器件类型库窗口

3.4 输入并编辑电路

输入电路图是分析和设计工作的第一步，用户从元器件库中选择需要的元器件放置在电路图中并连接起来，为分析和仿真做准备。

3.4.1 设置 Multisim 2001 的通用环境变量

为了适应不同的需求和用户习惯，用户可以用菜单 Option/Preferences 打开 Preferences 对话窗口，如图 3-13 所示。

图 3-13 Preferences 对话窗口

通过该窗口的 6 个标签选项，用户可以就编辑界面颜色、电路尺寸、缩放比例、自动存储时间等内容作相应的设置。

以标签 Workspace 为例，当选中该标签时，选择标签 Workspace 对话框如图 3-14 所示。

在这个对话窗口中有 3 个分项，分别为

Show：可以设置是否显示网格、页边界以及标题框。

Sheet size：设置电路图页面大小和摆放方向。

Zoom level：设置缩放比例。

其余的标签选项在此不再详述。

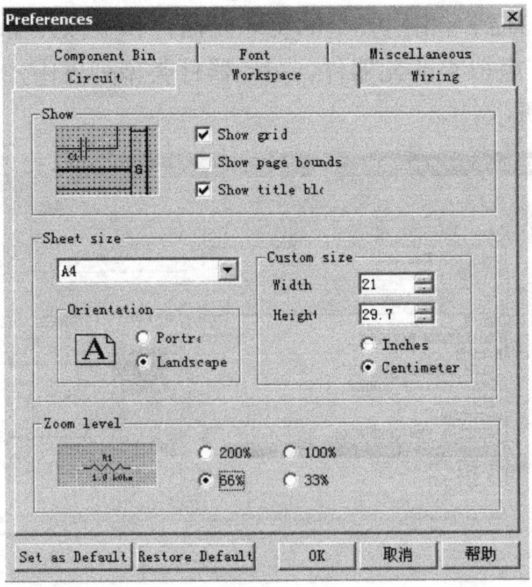

图 3-14　选择标签 Workspace 对话框

3.4.2　取用元器件

取用元器件的方法有两种：从工具栏取用或从菜单取用。下面将以 74LS00 为例说明这两种方法。

（1）从工具栏取用：Design 工具栏/Multisim Master 工具栏/TTL 工具栏/74LS 按钮。

从 TTL 工具栏中选择 74LS 按钮打开这类器件的 Component Browser 窗口，如图 3-15 所示。其中包含的字段有 Database name（元器件数据库），Component Family（元器件类型列表），Component Name List（元器件名细表），Manufacture Names（生产厂家），Model Level-ID（模型层次）等内容。

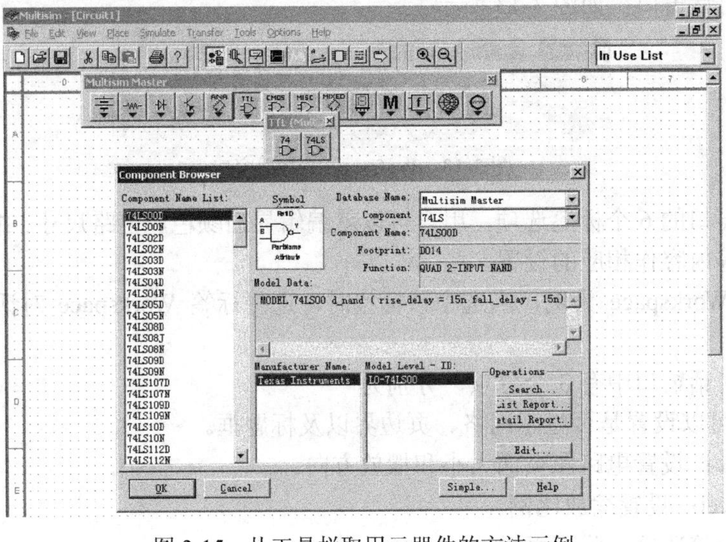

图 3-15　从工具栏取用元器件的方法示例

（2）从菜单取用：通过 Place/Place Component 命令打开 Component Browser 窗口。该窗口与图 3-15 类似，如图 3-16 所示。

（3）选中相应的元器件。在 Component Family Name 中选择 74LS 系列，在 Component Name List 中选择 74LS00。单击 OK 按钮就可以选中 74LS00。7400 是四/二输入与非门，在窗口中的 Section A/B/C/D 分别代表其中的一个与非门，用鼠标选中其中的一个放置在电路图编辑窗口中，如图 3-17 所示。器件在电路图中显示的图形符号，用户可以在上面的 Component Browser 中的 Symbol 选项框中预览到。当器件放置到电路编辑窗口中后，用户就可以进行移动、复制、粘贴等编辑工作了，在此不再详述。

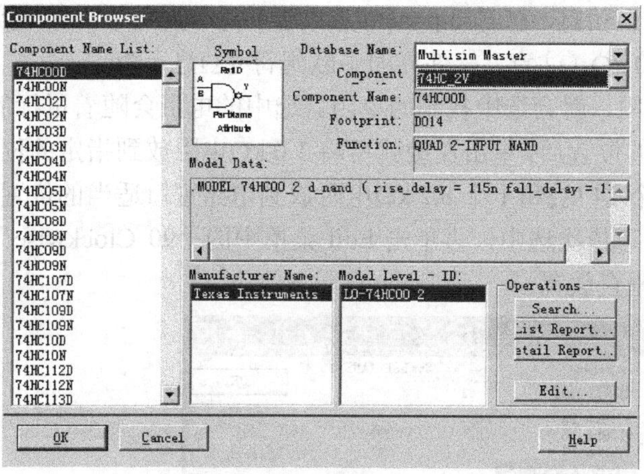

图 3-16　从菜单取用元器件的方法示例

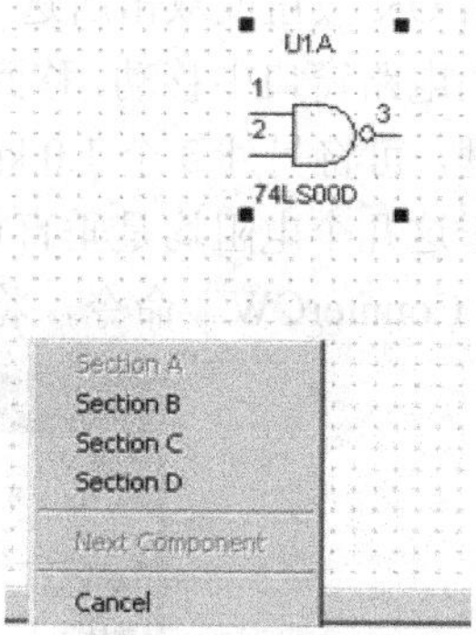

图 3-17　放置元器件

（4）将元器件连接成电路。在将电路需要的元器件放置在电路编辑窗口后，用鼠标就可以方便地将元器件连接起来。方法是：用鼠标单击连线的起点并拖动鼠标至连线的终点。在 Multisim 2001 中连线的起点和终点不能悬空。

3.5 创建电路图

3.5.1 启动 Multisim 2001 软件

单击 Windows“开始”菜单下“程序”中的 Multisim 2001 软件，就会打开 Multisim 2001 的用户界面，并在电路窗口中自动建立一个文件名为“Circuit1”的电路文件。

3.5.2 放置元件

Multisim 2001 将若干元件模型分门别类地存放在元件工具栏中，元件模型是电路仿真的基础。所需的元件可以从元件工具栏（Component Toolbar）或虚拟元件工具栏（Virtual Toolbar）中提取，两者不同的是，从元件工具栏中提取的元件都与具体型号的元件相对应，在“元件属性”对话框中不能更改元件的参数（制造元件的性能参数，如电阻、电容、电感的大小，三极管的 IS、NF、BF、VAF、ISE 等参数），只能用另一型号的元件来代替。从虚拟元件工具栏中提取的元件的大多数参数都是该种 / 类元件的典型值，部分参数可由用户根据需要自行确定，且虚拟元件没有元件封装，故制作印制电路板时，虚拟元件将不会出现在 PCB 文件中。下面以放置现实元件为例来说明放置元件的过程。

（1）放置电阻。用鼠标单击 Multisim 2001 用户界面的元件工具栏的 Basic 元件库按钮，弹出 Select a Component 对话框，再单击该对话框左侧 Family 滚动窗口中的 RESISTOR，Select a Component 对话框变成如图 3-18 所示的界面。

该对话框中显示了元件的许多信息，在 Component 滚动窗口中，列出了许多现实的电阻元件。拖动滚动条，找到 1.0 kΩ（注意，软件界面中欧姆符号Ω显示为 ohm）电阻，单击 OK 按钮或双击所选中的电阻，就会选中找到的电阻。选中的电阻会随着鼠标的移动在电路窗口中移动，移到合适的位置后，单击左键就可将 1.0 kΩ电阻放到指定的位置。同理，可将另外 3 个 1.0 kΩ、1 个 24 kΩ和 1 个 8.2 kΩ电阻放到电路窗口适当的位置上。由于这几个电阻均是垂直放置，可依次选中，再单击 Edit 菜单中的“90 Clockwise”或“90 CounterCW”命令，将它们垂直放置。

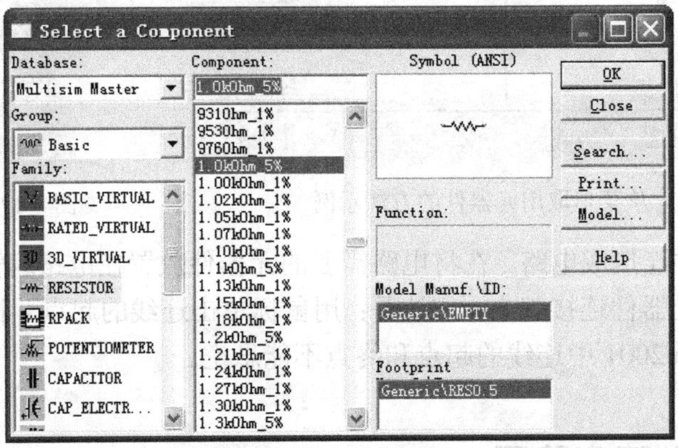

图 3-18　提取电阻

（2）放置电容。放置电容与放置电阻过程基本相似，只需要在弹出的 Select a Component 对话框左侧 Family 滚动窗口中单击 CAPACITOR，Select a Component 对话框就变成如图 3-19 所示的界面。在 Component 滚动窗口中，找到 10 μF 电容，选中并将它放到电路窗口中合适的位置。

同理，在 Family 滚动窗口中单击 CAP_ELECTR，再在 Component 滚动窗口中找到 47 μF 极性电容，选中并将它放到合适的位置。

（3）放置 12 V 直流电源。单击 Multisim 2001 用户使用界面的元件工具栏的 Source 元件库按钮，弹出 Select a Component 对话框，再单击该对话框左侧 Family 滚动窗口中的 POWER_SOURCES，Select a Component 对话框变成如图 3-20 所示的界面。

在 Component 滚动窗口中，找到 DC_POWER，选中并将它放到电路窗口合适的位置。此外，利用此对话框还可以将电路图中的接地端（GROUND）放到电路窗口中。同理，可以放置交流信号源 AC_POWER。

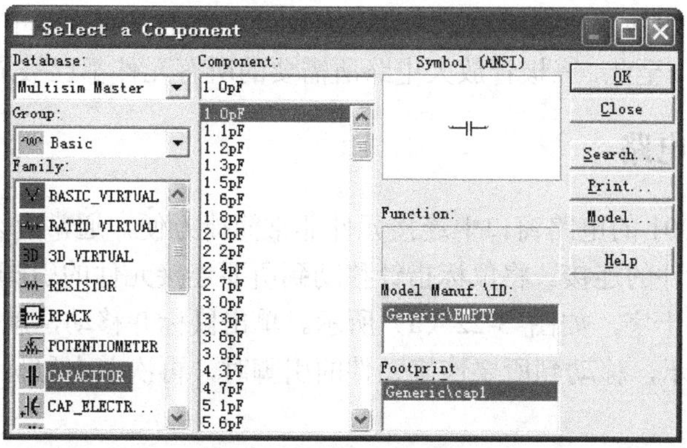

图 3-19 提取电容

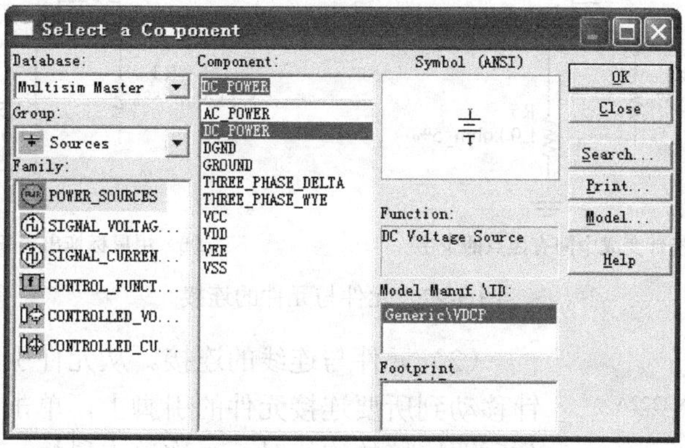

图 3-20 提取电源

（4）放置 NPN 三极管。三极管是该放大电路的核心，该电路选用三极管的型号为 2N2222A。首先单击 Multisim 2001 用户界面的元件工具栏的 Transistor 元件库按钮，弹出 Select a Component 对话框，再单击该对话框左侧 Family 滚动窗口中的 BJT_NPN，Select a Component 对话框变成如图 3-21 所示的界面。

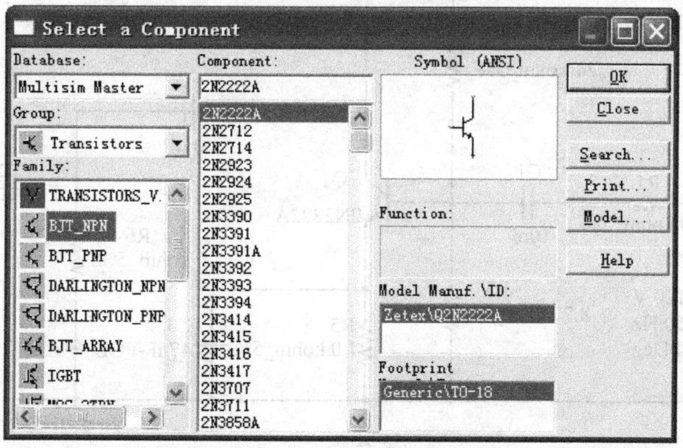

图 3-21 提取晶体三极管

在 Component 窗口中的第 1 个三极管就是 2N2222A，单击 OK 按钮，所选中的三极管就会随着鼠标的移动在电路窗口中移动，移到合适的位置后，单击左键就可将三极管放到指定的位置。至此，三极管放大电路所需要的所有元件都已被放置到电路窗口中。

3.5.3 连接电路

在 Multisim 2001 的电路窗口中连接元件非常简捷方便，通常有以下两种类型：

（1）元件与元件的连接。将鼠标指针移动到所要连接元件的引脚上，鼠标指针就会变成中间有黑点的十字，如图 3-22（a）所示。单击鼠标并移动，就会拖出一条实线，如图 3-22（b）所示，移动到所要连接元件的引脚时，再次单击鼠标，就会将两个元件的引脚连接起来。

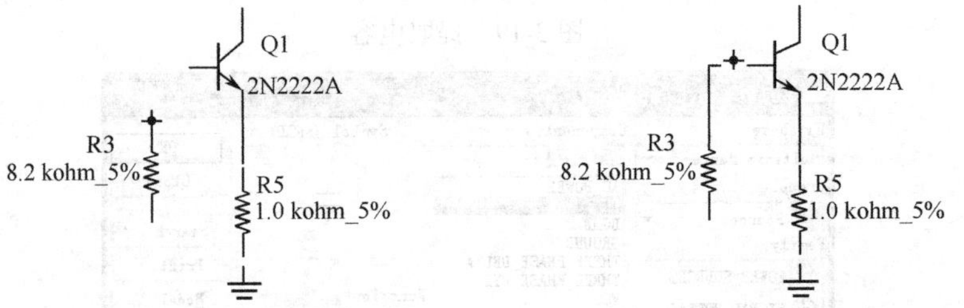

（a）鼠标指针变成中间有黑点的十字　（b）用鼠标拖出一条实线

图 3-22　元件与元件的连接

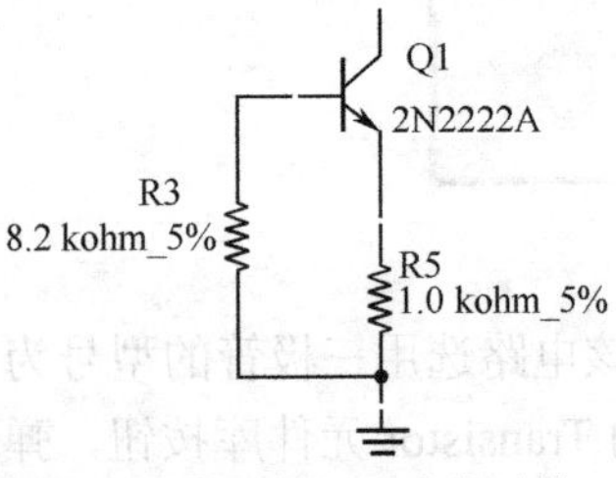

图 3-23　元件与连线的连接

（2）元件与连线的连接。从元件引脚开始，将鼠标指针移动到所要连接元件的引脚上，单击鼠标并移动，移动到所要连接的连线时，再次单击鼠标，就会将元件与连线连接起来，同时在连线的交叉点上，自动放置一个节点，如图 3-23 所示。

按该方法连接放置的元件，连接完成后的电路图如图 3-24 所示。

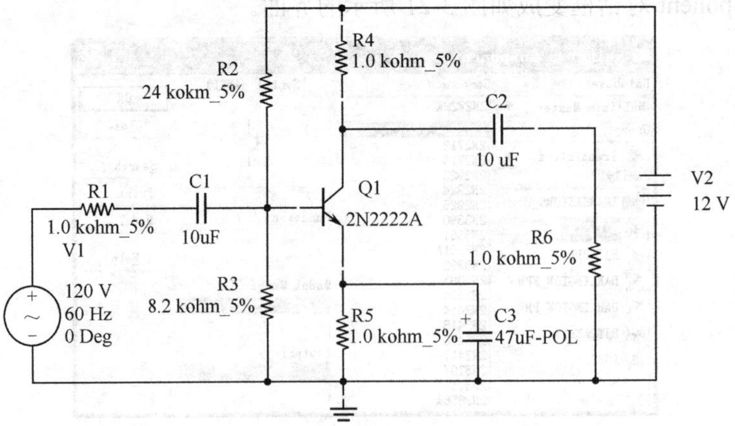

图 3-24　连接完成后的电路图

3.5.4 编辑元件

为了使创建完成的电路符合工程习惯，便于仿真分析，可以对创建完成后的电路图作进一步的编辑。常用的编辑如下所示：

（1）调整元件。如果对某个元件放置的位置不满意，可以调整其位置。具体方法是：首先用鼠标指向所要移动的元件，选中元件，此时元件的 4 个角上出现 4 个小方块，如图 3-25 所示，然后按住鼠标左键不放，将选中的元件拖至所要移动的位置即可。若选中多个元件，则可将多个元件一起移动。若元件的标注位置不合适，也可用该方法移动元件标注。

（2）调整导线。如果对某条导线放置的位置不满意，可以调整其位置。具体方法是：首先单击所要移动的导线，选中导线，此时导线两端和拐角处出现黑色小方块。若将鼠标放在选中的导线中间，鼠标会变成一个双向箭头，如图 3-26 所示，按住鼠标左键，拖动导线至理想的位置松开鼠标左键即可；若鼠标放在选中导线拐角处的小方块上，按住鼠标左键，就可改变导线拐角的形状。

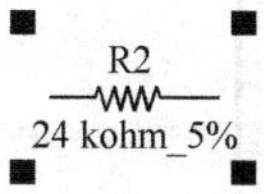

图 3-25　被选中的元件

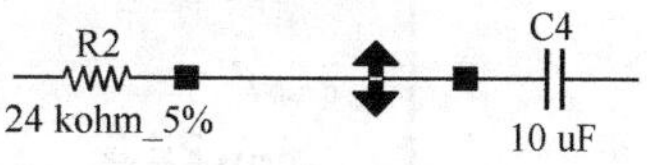

图 3-26　鼠标放在选中的导线中间

（3）修改元件的参考序号（Reference ID）。元件的参考序号是从元件库中提取时自动产生的，但有时与我们的工程习惯不相符，例如本例中的 R_2 习惯上应表示为 R_{b1}。可以双击该元件，在弹出的属性对话框中修改元件的参考序号。例如双击 R_2，弹出如图 3-27 所示的属性对话框，将 Label 标签上的 Reference ID 文本框内的 R_2 改为 R_{b1}。

（4）修改虚拟元件的数值。电路窗口中的虚拟元件，其数值大小都为默认值，可通过其属性对话框修改数值大小。例如，交流信号源的默认频率为 60 Hz、振幅为 120 V。双击交流信号源弹出其属性对话框，如图 3-28 所示。

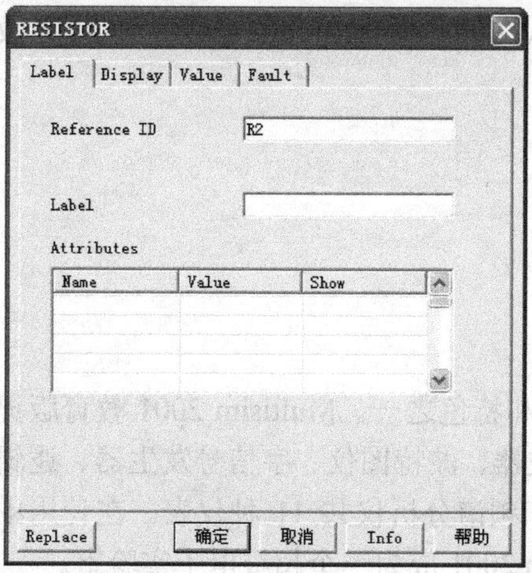

图 3-27　电阻的属性对话框

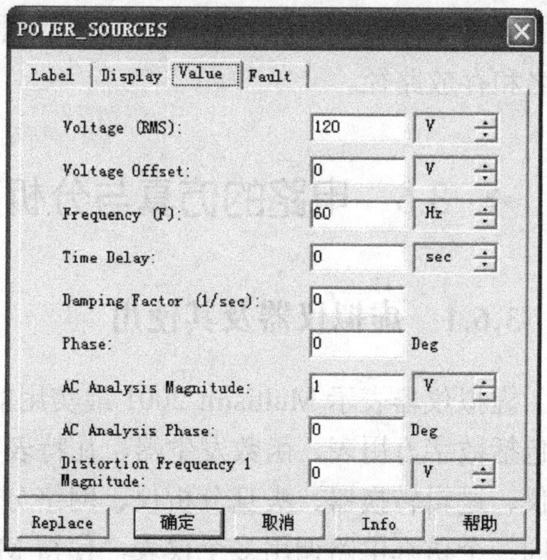

图 3-28　交流信号源的属性对话框

在 Value 标签中，通过 Voltage 栏，将交流信号的振幅设置为 10 mV，通过 Frequency 栏，将交流信号的频率设置为 1kHz。

（5）显示电路节点号。电路元件连接后，为了区分电路不同节点的波形或电压，通常给每个电路节点起一个序号。初次使用 Multisim 2001 仿真软件，所建立的电路不会自动显示节点序号，可单击 Multisim 2001 的 Options 菜单中的 Preferences 命令，弹出 Preferences 对话框，如图 3-29 所示。

在 Circuit 标签中，选中 Show 框中的 Show node names 选项。选择完毕后单击 OK 按钮，就会返回 Multisim 2001 用户界面，电路图中的节点全部显示出来。至此，就完成了图 3-24 所示电路的创建。

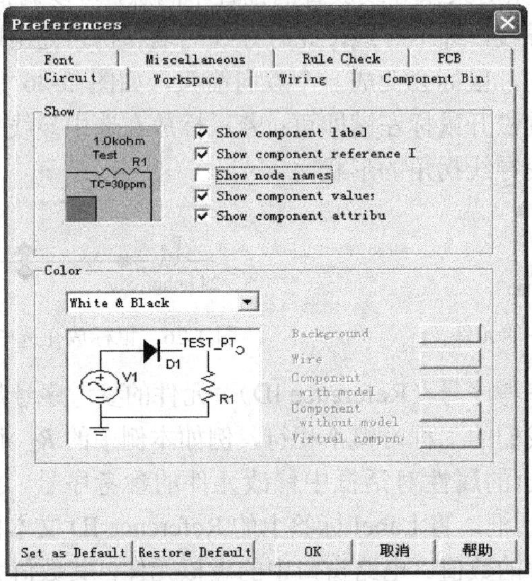

图 3-29 Preferences 对话框

（6）保存电路文件。编辑完电路图之后，就可以将电路文件存盘。第一次保存新创建的电路文件时，弹出“另存为”对话框，默认文件名为“Circuit1.ms7”，也可更改文件名和存放路径。

3.6 电路的仿真与分析方法

3.6.1 虚拟仪器及其使用

虚拟仪器表示 Multisim 2001 最实用的功能和特色之一。Multisim 2001 教育版提供了包括数字万用表、函数发生器、瓦特表、示波器、波特图仪、字信号发生器、逻辑分析仪、逻辑转换器、失真分析仪、网络分析仪和频谱分析仪共 11 种仪表。在使用中允许同一个仿真电路调用多个仪表，使得 Multisim 2001 成为一个超级电子实验室。

仪表工具栏位于 Mulitsim 2001 的工作界面的右侧。每一个按钮代表一种仪表，为了表达方便，将该仪表工具栏水平放置，如图 3-30 所示。

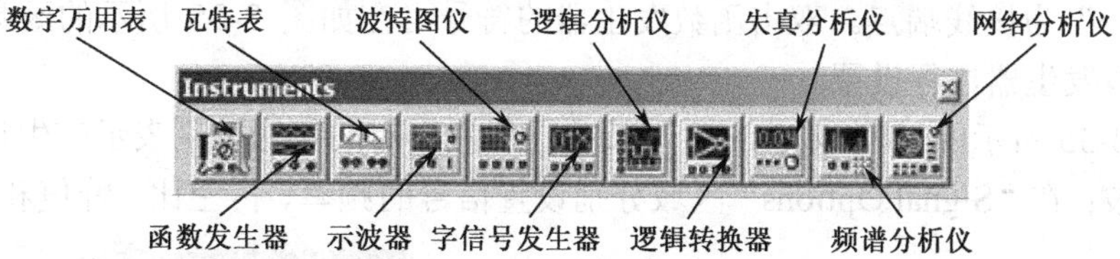

图 3-30　仪表工具栏

下面简单介绍一些常用仪器的使用方法：

（1）数字万用表。数字万用表是最基本的常用且具有多功能的测量仪表，除了可以用来测量交直流电流、交直流电压和电阻外，也可以测量分贝值。当需要调用时，单击仪表按钮可取出一个浮动的数字万用表，移动到电路图的相应位置后再单击鼠标左键即可。如图 3-31 所示为电路中数字万用表的符号，其中“+”、“−”为接线端点。双击数字万用表的符号可在如图 3-32 所示的面板中对数字万用表进行设置。单击“A”按钮，测量电流；单击“V”按钮，测量电压；单击“Ω”按钮，测量电阻；单击“dB”按钮，测量分贝值。

图 3-31　数字万用表

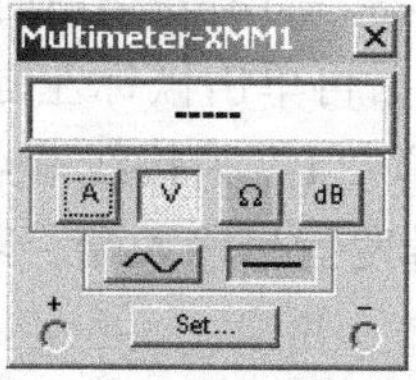

图 3-32　数字万用表面板

另外，单击“～”按钮，测量交流；单击“−”按钮，测量直流；单击“Set”按钮，对数字万用表的内部参数进行设置。

例如，用数字万用表测量如图 3-33（a）所示电路的参数值，其结果如图 3-33（b）所示。

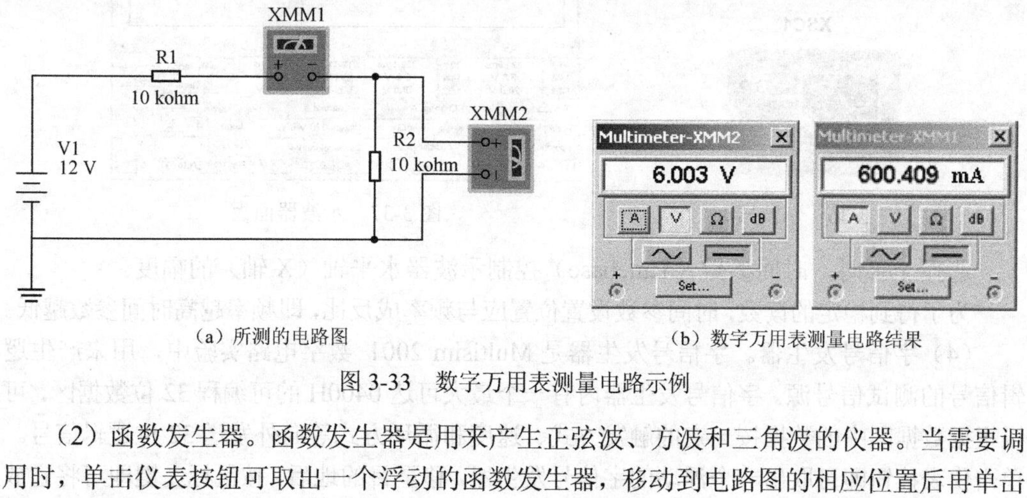

（a）所测的电路图　　（b）数字万用表测量电路结果

图 3-33　数字万用表测量电路示例

（2）函数发生器。函数发生器是用来产生正弦波、方波和三角波的仪器。当需要调用时，单击仪表按钮可取出一个浮动的函数发生器，移动到电路图的相应位置后再单击鼠标左键即可。如图 3-34 所示为电路中函数发生器的符号，其中“+”、“Common（中间）”和“−”为接线端点。双击函数发生器的符号可在如图 3-35 所示的函数发生器面板中对函数发生器进行设置。

在图 3-35 所示的“Waveforms”区域单击从左到右的按钮分别表示产生正弦波、三角波和方波；在“Signal Options”区域分别设置信号的频率、占空比、峰值和偏置电压。

图 3-34　函数发生器

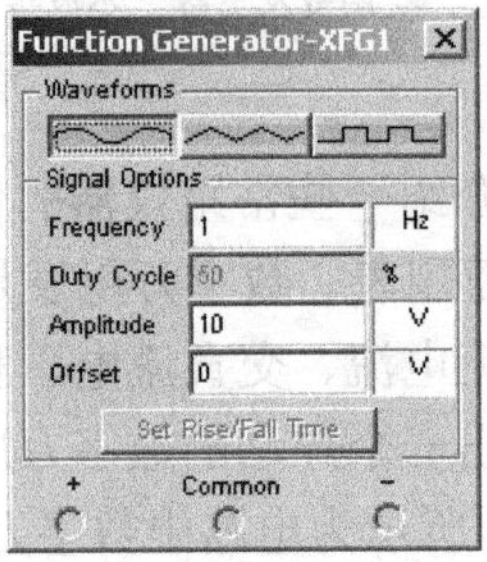

图 3-35　函数发生器面板

（3）示波器。示波器是最主要的测量仪表，Multisim 2001 中提供的示波器的各种功能远高于真实仪器。当需要调用时，单击仪表按钮可取出一个浮动的示波器，移动到电路图的相应位置后再单击鼠标左键即可。如图 3-36 所示为电路中示波器的符号，其中“A”，“B”，“G”，“T”为接线端点，分别表示为 A 通道测试端、B 通道测试端、G 接地端和 T 外部触发信号输入端。双击示波器的符号可在如图 3-37 所示的面版中对示波器进行设置。

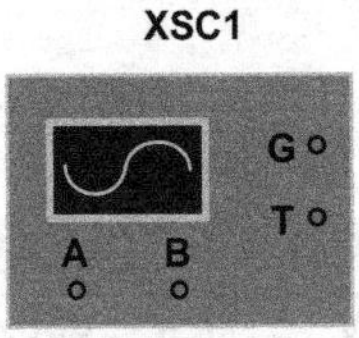

图 3-36　示波器

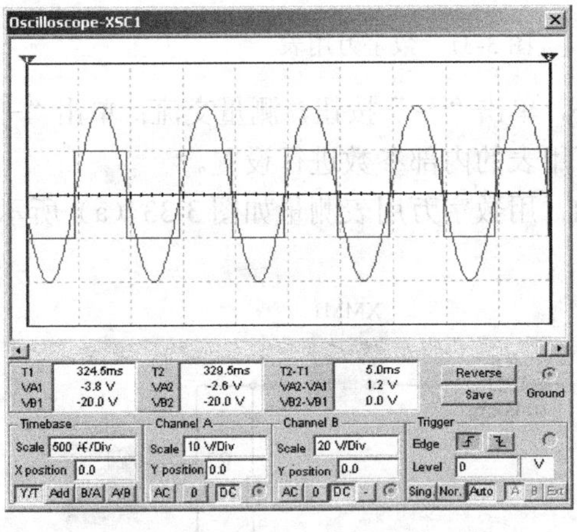

图 3-37　示波器面板

选择 Y/T 时，时间参数（Timebase）控制示波器水平轴（X 轴）的幅度。

为了得到稳定的读数，时间参数设置位置应与频率成反比，即频率越高时间参数越低。

（4）字信号发生器。字信号发生器是 Multisim 2001 数字电路实验中，用来产生逻辑信号的测试信号源。字信号发生器内有一个最大可达 0400H 的可编程 32 位数据区，可以根据数据区中的数据按一定的触发方式、速度和循环方式等向外发送 32 位逻辑信号。单击仪表按钮即可取出一个浮动的字信号发生器，移至目的地后，按鼠标左键即可将它放置于该处，则显示字信号发生器符号如图 3-38 所示。在图 3-38 中，左、右两边各 16 个端点，分别为 0～15 和 16～31 的逻辑信号输出端，可连接至测试电路的输入端；下面还有两个端点，Ready（准备好）信号输出端 R 和外部触发信号输入端 T。双击字信号发生器的符号显示如图 3-39 所示的面板。

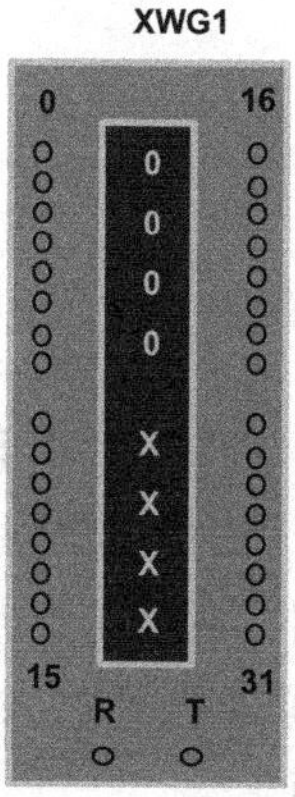

图 3-38　字信号发生器

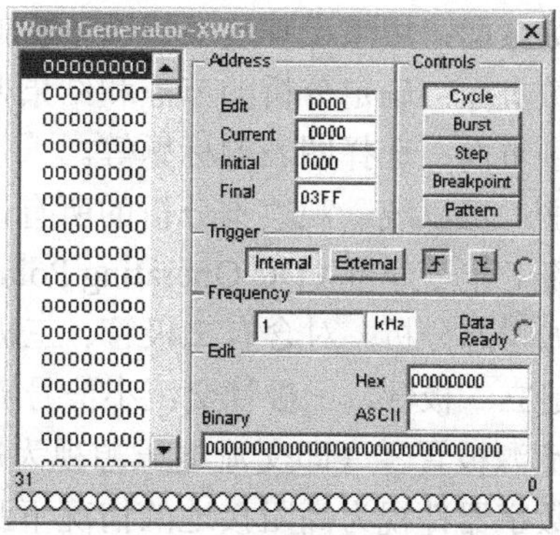

图 3-39　字信号发生器面板

在使用字信号发生器之前，需先对字信号发生器面板进行设定，其操作步骤请参阅 Multisim 2001 的帮助文档。用字信号发生器产生逻辑测试信号的电路如图 3-40 所示。

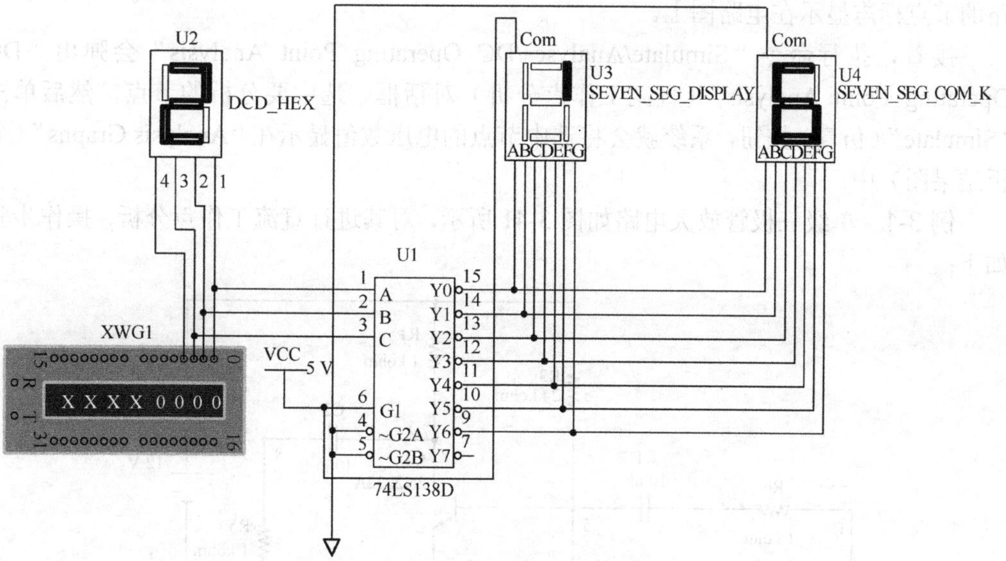

图 3-40　字信号发生器产生逻辑测试信号的电路

3.6.2　基本分析方法

下面简述 Multisim 2001 提供的分析类型和基本分析内容，并选择几种分析类型对具体的电路进行分析，未涉及的分析类型请参阅 Multisim 2001 的帮助文档。

启动 Simulate/Analyses 命令选择分析种类，分别为直流工作点分析、交流分析、瞬态分析、傅里叶分析、噪声分析、失真度分析、直流扫描分析和灵敏度分析等 18 种类型。

在进行分析时，如果没有特殊设置或要存储数据供分析用，分析结果会在 Multisim 2001 中以图表的形式显示。

可以通过单击设计工具栏的 Analysis 按钮选择分析种类，大多数的分析对话框有如下对话页面。

分析参数页面：用来设置这个特殊分析的参数。

输出参数页面：确定分析的节点和结果要做什么。

杂项选项页面：选择图表的标题等。

概要页面：可以统一观察本分析的所有设置。

（1）直流工作点分析（DC Operating Point Analysis）。直流工作点分析是其他性能分析的基础，如瞬态分析。对含有二极管、三极管的电路进行分析时，首先进行直流工作点分析，为建立二极管、三极管交流小信号模型参数奠定基础。直流工作点分析是在模拟电路的交流源被置零（即交流电压源视为短路、交流电流源视为开路）、电容开路、电感短路、数字器件视为高阻接地的情况下测量电路的工作点。

直流工作点分析的步骤如下：

首先，在电子工作台上画出待分析的电路，然后执行命令“Option/Preferences”，这时会弹出 Preferences 对话框，选中其中的“Show node names”（显示节点）复选框把电路的节点标志显示在电路图上。

接着，执行命令“Simulate/Analyses/DC Operating Point Analysis”会弹出“DC Operating Point Analysis”（直流工作点分析）对话框。选中要分析的节点，然后单击“Simulate”（仿真）按钮，系统就会将选中节点的电压数值显示在“Analysis Graphs”（分析结果图）中。

例 3-1 单级三极管放大电路如图 3-41 所示，对其进行直流工作点分析，操作步骤如下：

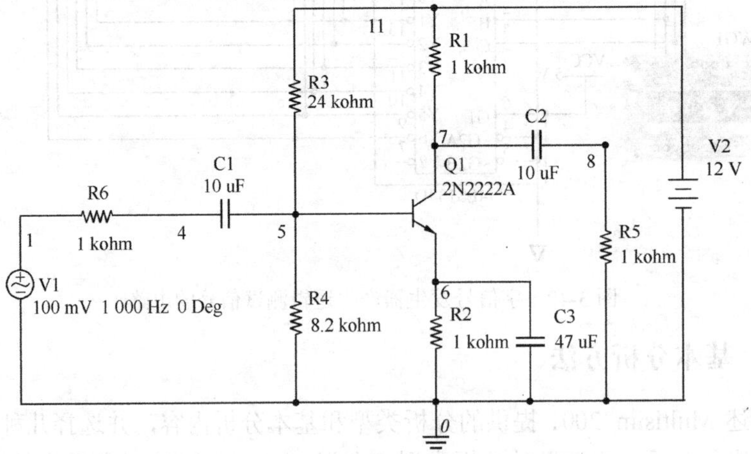

图 3-41 单级三极管放大电路

首先，按图绘制好电路。

其次，执行命令“Option/Preferences”，这时会弹出 Preferences 对话框，选中其中的“Show node names”（显示节点）复选框把电路的节点标志显示在电路图上。

最后，执行命令“Simulate/Analyses/DC Operating Point Analysis”会弹出“DC Operating Point Analysis”（直流工作点分析）对话框。选中 5，6，7 作为要分析的节点，然后单击“Simulate”（仿真）按钮就会得到分析结果，如图 3-42 所示。

Circuit1

Operating Point

DC Operating Point		
7	9.67941	
6	2.33355	
5	2.97674	

图 3-42　直流工作点分析结果图

（2）交流分析（AC Analysis）。交流分析是对模拟电路进行频率分析，电路采用交流小信号模型，不管输入信号如何，分析时会用一定范围的正弦信号代替，在进行分析时选取该分析选项后进入如图 3-43 所示的窗口。

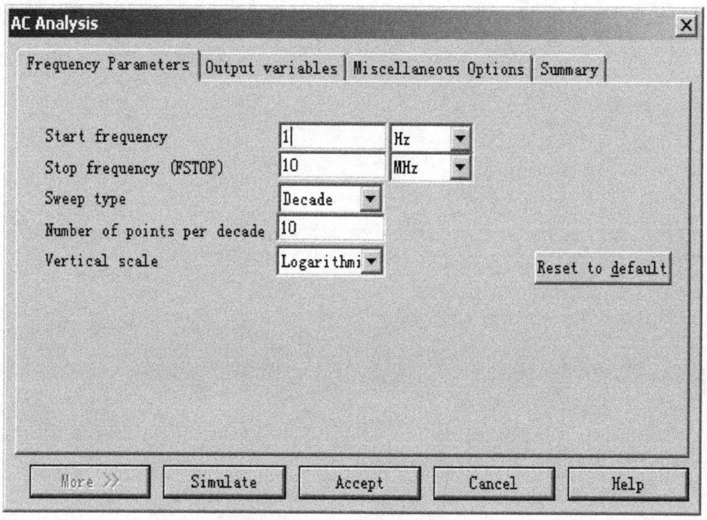

图 3-43　交流分析窗口

Frequency Parameters 页设置分析的起始频率和终止频率、水平轴的扫描方式、分析采样点数和垂直轴的刻度等。

例 3-2　对前面单级三极管放大器节点 8 进行交流分析

解：将对话框中“FSTART”、“FSTOP”、“Sweep type”、“Veretical scale”项分别设置为“1 Hz”、“10 MHz”、“Decade”、“Logarithm”，如图 3-43 所示，分析结果如图 3-44 所示。

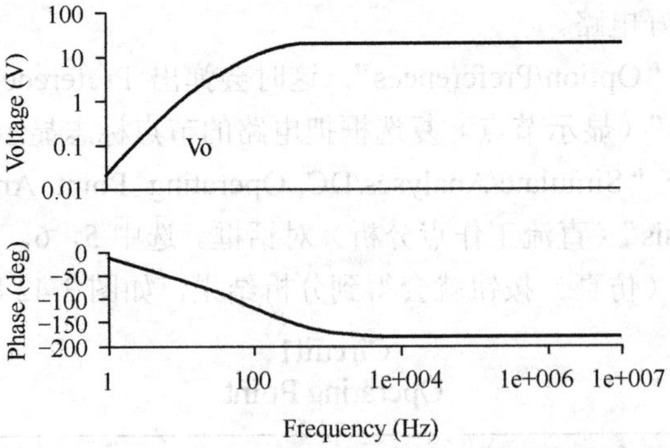

图 3-44　电路的交流分析

以上是两个常用的分析方法，其他类型的分析方法请参阅有关资料。

第4章 数字电子技术实验

前面几章分别阐述了数字电子技术的一些理论知识，并且介绍了实验中需要掌握的一些基本规则和注意事项，以及在实验中遇到的一些常见故障的解决方法。另外，还详细介绍了 Multisim 2001 软件的应用。

本章选择了一些比较典型的基础性实验，详细分析其实验目的、实验原理、实验内容等，使学生在实验过程中学习、研究、综合和设计，达到学懂学会，学以致用的目的。实验大致分四部分：验证性实验、研究性实验、设计性实验、创新性实验，由浅入深，由易到难，便于学生学习。

4.1 验证性实验

本节是验证性实验，其目的是培养学生的实验操作、数据处理等其他实验技能，比如测试一些电路参数或是芯片参数，通过实验加深对该类电路或芯片的理解和认识。因为刚刚接触数字电子技术实验，所以该部分看似内容简单，但其基础性作用不可忽视。

4.1.1 TTL 集成逻辑门的逻辑功能与参数测试

1. 实验目的

（1）掌握 TTL 集成与非门的逻辑功能和主要参数的测试方法。

（2）掌握 TTL 器件的使用规则。

（3）进一步熟悉数字电路实验装置的结构及其基本功能和使用方法。

2. 实验原理

本实验采用四输入双与非门 74LS20，即在一块集成芯片内含有两个互相独立的与非门，每个与非门有四个输入端。其逻辑框图如图 4-1（a）所示，集成芯片内部电路由多个射极三极管、PNP 型三极管以及电阻元件组成；图 4-1（b）所示为其符号；芯片的外部引脚排列如图 4-1（c）所示，该芯片为 14 脚芯片，各引脚功能符号见附录 D。

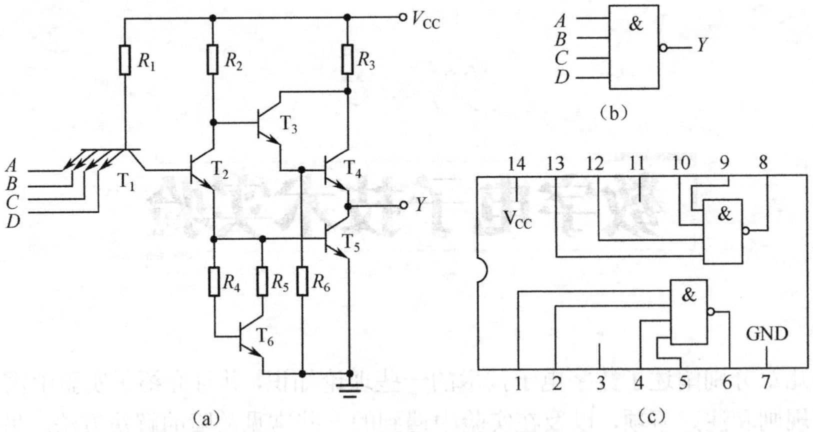

图 4-1　74LS20 逻辑框图、逻辑符号及引脚排列

（1）与非门的逻辑功能

与非门的逻辑功能是：当输入端中有一个或一个以上是低电平时，输出端为高电平；只有当输入端全部为高电平时，输出端才是低电平（即有“0”出“1”，全“1”出“0”）。

其逻辑表达式为 $Y=\overline{A\cdot B\cdot C\cdot D}$。

（2）TTL 与非门的主要参数

① 低电平输出电源电流 I_{CCL} 和高电平输出电源电流 I_{CCH}。与非门处于不同的工作状态，电源提供的电流是不同的。I_{CCL} 是指所有输入端悬空，输出端空载时（此时输出为低电平），电源提供给器件的电流。I_{CCH} 是指输出端空载，每个门各有一个或一个以上的输入端接地，其余输入端悬空（此时输出为高电平）时，电源提供给器件的电流。通常 $I_{CCL}>I_{CCH}$，它们的大小标志着器件静态功耗的大小。器件的最大功耗为 $P_{CCL}=V_{CC}I_{CCL}$。手册中提供的电源电流和功耗值是指整个器件总的电源电流和总的功耗。I_{CCL} 和 I_{CCH} 测试电路分别如图 4-2（a）、（b）所示。

注意，TTL 电路对电源电压要求较严，电源电压 V 只允许在+5V±10%的范围内工作，超过 5.5 V 将损坏器件；低于 4.5 V 器件的逻辑功能将不正常。

② 低电平输入电流 I_{IL} 和高电平输入电流 I_{IH}。I_{IL} 是指被测输入端接地，其余输入端悬空，输出端空载时，被测输入端流出的电流值。在多级门电路中，I_{IL} 相当于前级门输出低电平时，后级向前级门灌入的电流，因此它关系到前级门的灌电流负载能力，即直接影响前级门电路带负载的个数，因此希望 I_{IL} 小些。

I_{IH} 是指被测输入端接高电平，其余输入端接地，输出端空载时，流入被测输入端的电流值。在多级门电路中，它相当于前级门输出高电平时，前级门的拉电流负载，其大小关系到前级门的拉电流负载能力，希望 I_{IH} 小些。由于 I_{IH} 较小，难以测量，一般免于测试。

I_{IL} 与 I_{IH} 的测试电路分别如图 4-2（c）、（d）所示。

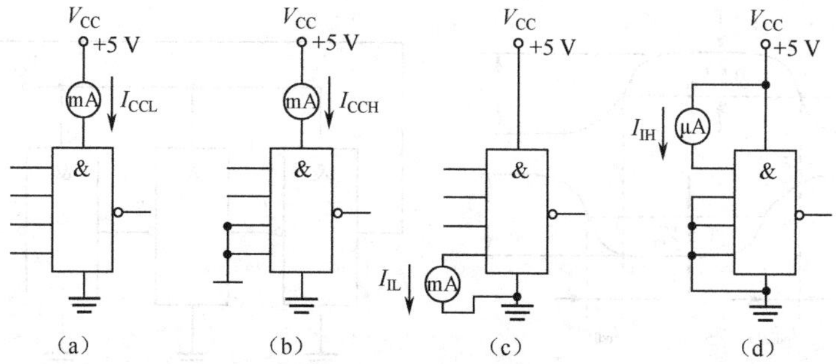

图 4-2 TTL 与非门静态参数测试电路图

③ 扇出系数 N_O。扇出系数 N_O 是指门电路能驱动同类门的个数，它是衡量门电路负载能力的一个参数。TTL 与非门有两种不同性质的负载，即灌电流负载和拉电流负载，因此有两种扇出系数，即低电平扇出系数 N_{OL} 和高电平扇出系数 N_{OH}。通常 $I_{IH}<I_{IL}$，则 $N_{OH}>N_{OL}$，故常以 N_{OL} 作为门的扇出系数。

N_{OL} 的测试电路如图 4-3 所示，门的输入端全部悬空，输出端接灌电流负载 R_L，调节 R_L 使 I_{OL} 增大，V_{OL} 随之增高，当 V_{OL} 达到 V_{OLm}（手册中规定低电平规范值）时的 I_{OL} 就是允许灌入的最大负载电流，则 $N_{OL}=\dfrac{I_{OL}}{I_{IL}}$，通常 $N_{OL}\geqslant 8$。

④ 电压传输特性。门电路的输出电压 V_O 随输入电压 V_I 而变化的曲线 $V_O=f(V_I)$ 称为门的电压传输特性，通过它可读得门电路的一些重要参数，如输出高电平 V_{OH}、输出低电平 V_{OL}、关门电平 V_{OFF}、开门电平 V_{ON}、阈值电平 V_T 及抗干扰容限 V_{NL}、V_{NH} 等值。测试电路如图 4-4 所示，采用逐点测试法，即调节 R_W，逐点测得 V_I 及 V_O，然后绘成曲线。

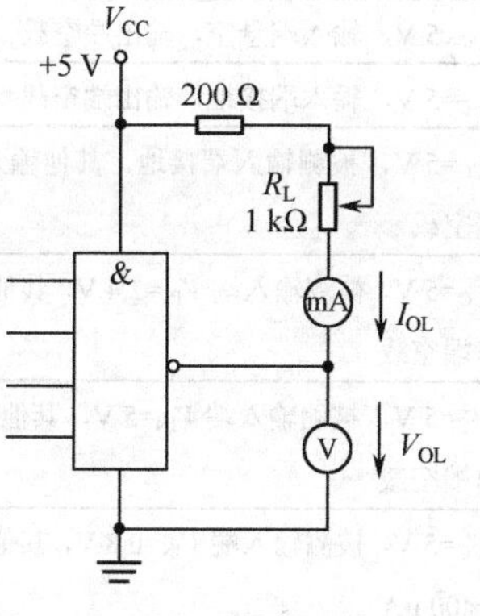

图 4-3 扇出系数测试电路

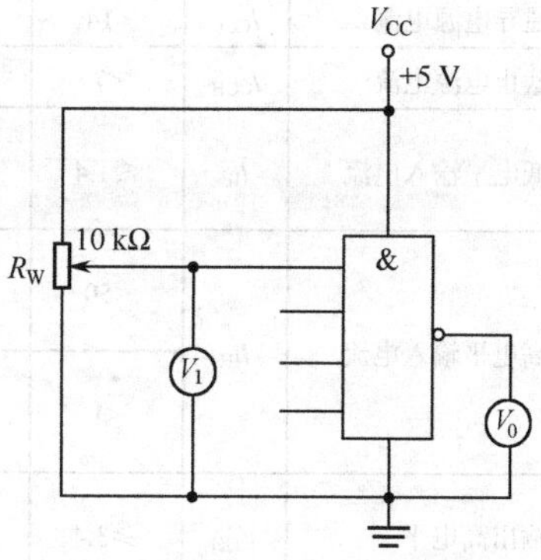

图 4-4 传输特性测试电路

⑤ 平均传输延迟时间 t_{pd}。t_{pd} 是衡量门电路开关速度的参数，它是指输出波形边沿的 $0.5V_m$ 至输入波形对应边沿 $0.5V_m$ 点的时间间隔，如图 4-5 所示，图中的 t_{pdL} 为导通延迟时间，t_{pdH} 为截止延迟时间，平均传输延迟时间为

$$t_{pd}=\frac{1}{2}(t_{pdL}+t_{pdH}) \tag{4-1}$$

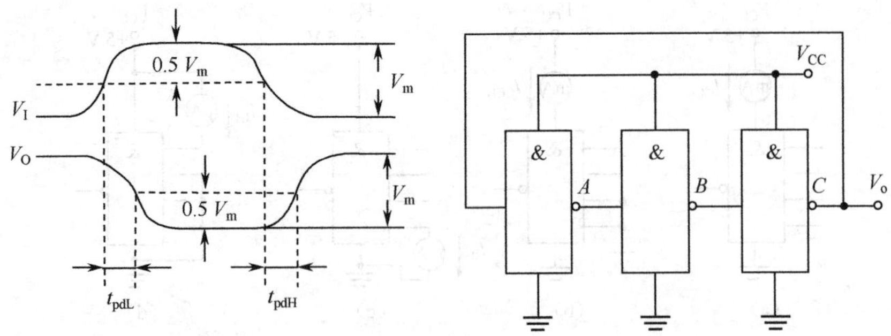

（a）传输延迟特性　　（b）t_{pd}的测试电路

图 4-5　平均传输延迟时间 t_{pd} 特性及其测试电路

t_{pd} 的测试电路如图 4-5（b）所示，由于 TTL 门电路的延迟时间较小，直接测量时对信号发生器和示波器的性能要求较高，故实验采用测量由奇数个与非门组成的环形振荡器的振荡周期 T 来求得。其工作原理是：假设电路在接通电源后某一瞬间，电路中的 A 点为逻辑“1”，经过三级门的延迟后，使 A 点由原来的逻辑“1”变为逻辑“0”；再经过三级门的延迟后，A 点电平又重新回到逻辑“1”。电路中其他各点电平也跟随变化。说明使 A 点发生一个周期的振荡，必须经过 6 级门的延迟时间。因此平均传输延迟时间为 $t_{pd} = T/6$。

TTL 电路的 t_{pd} 值一般在 10～40 ns 之间。

74LS20 主要电参数规范如表 4-1 所示，包括直流参数和交流参数两部分。

表 4-1　74LS20 主要电参数

参数名称和符号			规范值	单位	测试条件
直流参数	通导电源电流	I_{CCL}	<14	mA	V_{CC}=5 V，输入端悬空，输出端空载
	截止电源电流	I_{CCH}	<7	mA	V_{CC}=5 V，输入端接地，输出端空载
	低电平输入电流	I_{IL}	≤1.4	mA	V_{CC}=5 V，被测输入端接地，其他输入端悬空，输出端空载
	高电平输入电流	I_{IH}	<50	μA	V_{CC}=5 V，被测输入端 V_{IN}=2.4 V，其他输入端接地，输出端空载
			<1	mA	V_{CC}=5 V，被测输入端 V_{IN}=5 V，其他输入端接地，输出端空载
	输出高电平	V_{OH}	≥3.4	V	V_{CC}=5 V，被测输入端 V_{IN}=0.8 V，其他输入端悬空，I_{OH}=400 μA
	输出低电平	V_{OL}	<0.3	V	V_{CC}=5 V，输入端 V_{IN}=2.0 V，I_{OL}=12.8 mA
	扇出系数	N_O	4～8	V	同 V_{OH} 和 V_{OL}
交流参数	平均传输延迟时间	t_{pd}	≤20	ns	V_{CC}=5 V，被测输入端输入信号：V_{IN}=3.0 V，f=2 MHz

3．实验设备与器件

（1）+5 V 直流电源；

（2）逻辑电平开关；

（3）逻辑电平显示器；

（4）直流数字电压表；

（5）直流毫安表；

（6）直流微安表；

（7）主要元器件：74LS20×2、1 kΩ和 10 kΩ电位器，200 Ω（0.5 W）电阻器各一只。

4．实验内容

在合适的位置选取一个 14P 插座，按定位标记插好 74LS20 集成块。

（1）验证 TTL 集成与非门 74LS20 的逻辑功能

按图 4-6 接线，门的四个输入端接逻辑开关输出插口，以提供“0”与“1”电平信号，开关向上，输出逻辑“1”，向下为逻辑“0”。门的输出端接由 LED 发光二极管组成的逻辑电平显示器（又称 0-1 指示器）的显示插口，LED 亮为逻辑“1”，不亮为逻辑“0”。按表 4-2 的真值表逐个测试集成块中两个与非门的逻辑功能。74LS20 有 4 个输入端，有 16 个最小项，在实际测试时，只要通过对输入 1111、0111、1011、1101、1110 五项进行检测就可判断其逻辑功能是否正常。

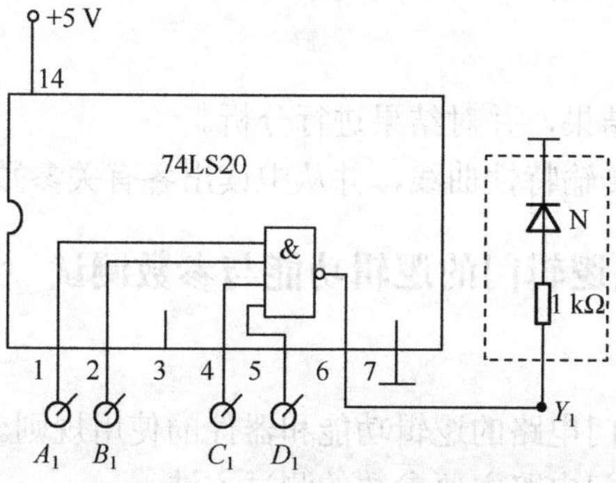

图 4-6　与非门逻辑功能测试电路

表 4-2　与非门逻辑功能测试表

输　入				输　出	
A_n	B_n	C_n	D_n	Y_1	Y_2
1	1	1	1		
0	1	1	1		
1	0	1	1		
1	1	0	1		
1	1	1	0		

（2）74LS20 主要参数的测试

① 分别按图 4-2、4-3、4-5（b）接线并进行测试，将测试结果记入表 4-3 中。

表 4-3　电路参数测试表

I_{CCL}（mA）	I_{CCH}（mA）	I_{IL}（mA）	I_{OL}（mA）	$N_O = I_{OL} / I_{IL}$	$t_{pd} = T/6$（ns）

② 接图 4-4 接线，调节电位器 R_W，使 V_I 从 0 V 向高电平变化，逐点测量 V_I 和 V_O 的对应值，记入表 4-4 中。

表 4-4　传输特性测试表

V_I（V）	0	0.2	0.4	0.6	0.8	1.0	1.5	2.0	2.5	3.0	3.5	4.0	…
V_O（V）													

5．预习要求

数字电路实验中所用到的集成芯片都是双列直插式的，其引脚排列规则如图 4-1 所示。识别方法是：正对集成电路型号（如 74LS20）或看标记（左边的缺口或小圆点标记），从左下角开始按逆时针方向以 1，2，3，…依次排列到最后一脚（在左上角）。在标准型 TTL 集成电路中，电源端 V_{CC} 一般排在左上端，接地端 GND 一般排在右下端。如 74LS20 为 14 脚芯片，14 引脚为 V_{CC}，7 引脚为 GND。若集成芯片引脚上的功能标号为 NC，则表示该引脚为空脚，与内部电路不连接。

6．实验报告

（1）记录、整理实验结果，并对结果进行分析。

（2）画出实测的电压传输特性曲线，并从中读出各有关参数值。

4.1.2　CMOS 集成逻辑门的逻辑功能与参数测试

1．实验目的

（1）掌握 CMOS 集成门电路的逻辑功能和器件的使用规则。

（2）学会 CMOS 集成门电路主要参数的测试方法。

2．实验原理

CMOS 集成电路是将 N 沟道 MOS 晶体管和 P 沟道 MOS 晶体管同时用于一个集成电路中，成为组合两种沟道 MOS 管性能的更优良的集成电路。

（1）CMOS 集成电路的主要优点

① 功耗低。其静态工作电流在 10^{-9}A 数量级，是目前所有数字集成电路中最低的，而 TTL 器件的功耗则大得多。

② 高输入阻抗。通常大于 $10^{10}\Omega$，远高于 TTL 器件的输入阻抗。

③ 接近理想的传输特性。输出高电平可达电源电压的 99.9%以上，低电平可达电源电压的 0.1%以下，因此输出逻辑电平的摆幅很大，噪声容限很高。

④ 电源电压范围广。可在+3 V～+18 V 范围内正常运行。

⑤ 由于有很高的输入阻抗，要求驱动电流很小，约 0.1 μA，输出电流在+5 V 电源下约为 500 μA，远小于 TTL 电路，如以此电流来驱动同类门电路，其扇出系数将非常大。在一般低频率时，无须考虑扇出系数，但在高频率时，后级门的输入电容将成为主要负载，使其扇出能力下降，所以在较高频率工作时，CMOS 电路的扇出系数一般取 10～20。

（2）CMOS 门电路逻辑功能

尽管 CMOS 与 TTL 电路内部结构不同，但它们的逻辑功能完全一样。本实验将测定与门 CC4081，或门 CC4071，与非门 CC4011，或非门 CC4001 的逻辑功能。各集成块的逻辑功能与真值表请参阅教材及有关资料。

（3）CMOS 与非门的主要参数

CMOS 与非门主要参数的定义及测试方法与 TTL 电路相仿，从略。

（4）CMOS 电路的使用规则

由于 CMOS 电路有很高的输入阻抗，这给使用者带来一定的麻烦，即外来的干扰信号很容易在一些悬空的输入端上感应出很高的电压，以至损坏器件。CMOS 电路的使用规则如下：

① V_{DD} 接电源正极，V_{SS} 接电源负极（通常接地），不得接反。CC4000 系列的电源允许电压在+3 V～+18 V 范围内选择，实验中一般要求使用+5 V～+15 V。

② 所有输入端一律不准悬空。闲置输入端的处理方法是按照逻辑要求，直接接 V_{DD}（与非门）或 V_{SS}（或非门）。另外在工作频率不高的电路中，允许输入端并联使用。

③ 输出端不允许直接与 V_{DD} 或 V_{SS} 连接，否则将导致器件损坏。

④ 在装接电路、改变电路连接或插拔电路时，均应切断电源，严禁带电操作。

⑤ 焊接、测试和储存时的注意事项：

- 电路应存放在导电的容器内，有良好的静电屏蔽；
- 焊接时必须切断电源，电烙铁外壳必须良好接地，或拔下烙铁，靠其余热焊接；
- 所有的测试仪器必须良好接地。

3．实验设备与器件

（1）+5 V 直流电源；

（2）双踪示波器；

（3）连续脉冲源；

（4）逻辑电平开关；

（5）逻辑电平显示器；

（6）直流数字电压表；

（7）直流毫安表；

（8）直流微安表；

（9）电路元器件：CC4011、CC4001、CC4071、CC4081、100 kΩ电位器、1 kΩ电阻。

4．实验内容

（1）CMOS 与非门 CC4011 参数测试（方法与 TTL 电路相同）。

① 测试CC4011一个门的I_{CCL}，I_{CCH}，I_{IL}，I_{IH}。

② 测试 CC4011 一个门的传输特性（一个输入端作为信号输入，另一个输入端接逻辑高电平）。

③ 将 CC4011 的三个门串接成振荡器，用示波器观测输入、输出波形，并计算出t_{pd}值。

（2）验证 CMOS 各门电路的逻辑功能，判断其好坏。

验证与非门 CC4011、与门 CC4081、或门 CC4071 及或非门 CC4001 逻辑功能，其引脚见附录 D。

以 CC4011 为例：测试时，选好某一个 14P 插座，插入被测器件，其输入端 *A*、*B* 接逻辑开关的输出插口，其输出端 *Y* 接至逻辑电平显示器输入插口，拨动逻辑电平开关，逐个测试各门的逻辑功能，并记入表 4-5 中。

表 4-5　逻辑功能测试表

输　入		输　出			
A	*B*	Y_1	Y_2	Y_3	Y_4
0	0				
0	1				
1	0				
1	1				

（3）观察与非门、与门、或非门对脉冲的控制作用。

选用与非门按图 4-7（a）、（b）接线，将一个输入端接连续脉冲源（频率为 20 kHz），用示波器观察两种电路的输出波形，记录之。

然后测定“与门”和“或非门”对连续脉冲的控制作用。

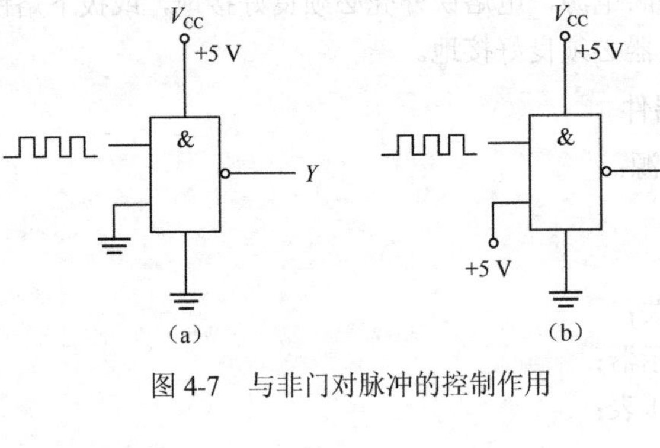

图 4-7　与非门对脉冲的控制作用

5．预习要求

（1）复习 CMOS 门电路的工作原理。

（2）熟悉实验用各集成门引脚功能。

（3）画出各实验内容的测试电路与数据记录表格。

（4）画好实验用各门电路的真值表表格。

（5）各 CMOS 门电路闲置输入端如何处理？

6．实验报告

（1）整理实验结果，用坐标纸画出传输特性曲线。

（2）根据实验结果，写出各门电路的逻辑表达式，并判断被测电路的功能好坏。

4.1.3 TTL 集电极开路门与三态输出门的应用

1．实验目的

（1）掌握集电极开路门的功能及应用。

（2）了解集电极开路门上拉负载电阻 R_C 的选择。

（3）掌握三态门的功能及应用。

2．实验原理

数字系统中有时需要把两个或两个以上集成逻辑门的输出端直接并接在一起完成一定的逻辑功能。对于普通的 TTL 门电路，由于输出端采用了推拉式输出电路，无论输出高电平还是低电平，输出阻抗都很低。因此，通常不允许将它们的输出端并接在一起使用。

集电极开路门和三态输出门是两种特殊的 TTL 门电路，它们允许把输出端直接并接在一起使用。

（1）TTL 集电极开路门（OC 门）

本实验所用 OC 与非门型号为 2 输入 4 与非门 74LS03，内部逻辑图及引脚排列如图 4-8（a）、（b）所示。OC 与非门的输出管 T_3 是悬空的，工作时，输出端必须通过一只外接电阻 R_L 和电源 E_C 相连接，以保证输出电平符合电路要求。

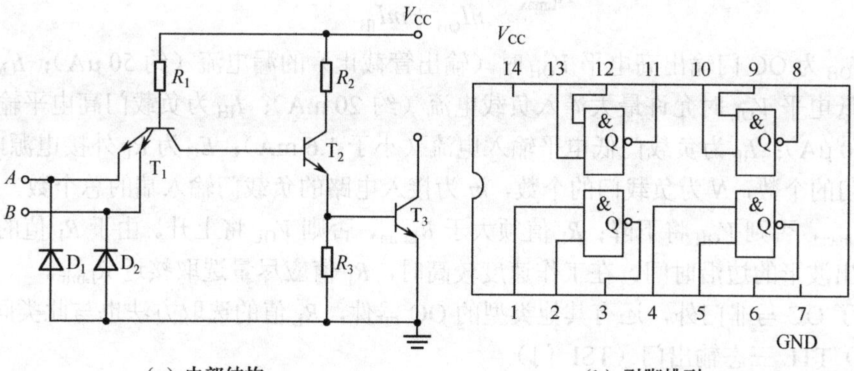

（a）内部结构　　（b）引脚排列

图 4-8　74LS03 内部结构及引脚排列

OC 门的应用主要有下述三个方面：

① 利用电路的“线与”特性方便地完成某些特定的逻辑功能。

如图 4-9 所示，将两个 OC 与非门输出端直接并接在一起，则它们的输出为 $F = F_A \cdot F_B =$

$\overline{A_1A_2} \cdot \overline{B_1B_2} = \overline{A_1A_2 + B_1B_2}$，即把两个（或两个以上）OC 与非门“线与”，可完成“与或非”的逻辑功能。

② 实现多路信息采集，使两路以上的信息公用一个传输通道（总线）。

③ 实现逻辑电平的转换，以推动荧光数码管、继电器、MOS 器件等多种数字集成电路。

OC 门输出并联运用时负载电阻 R_L 的选择：

如图 4-10 所示，电路由 n 个 OC 与非门“线与”驱动有 m 个输入端的 N 个 TTL 与非门，为保证 OC 与非门输出电平符合逻辑要求，负载电阻 R_L 阻值的选择范围为

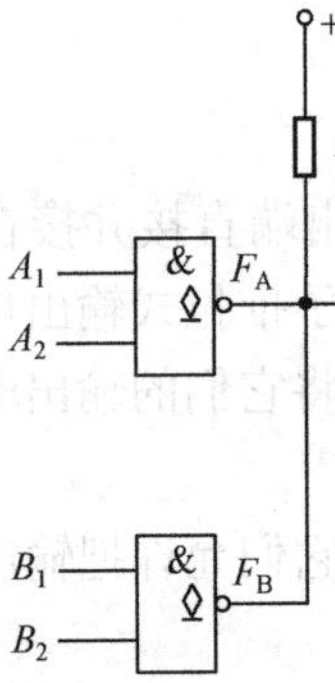

图 4-9　OC 与非门“线与”电路

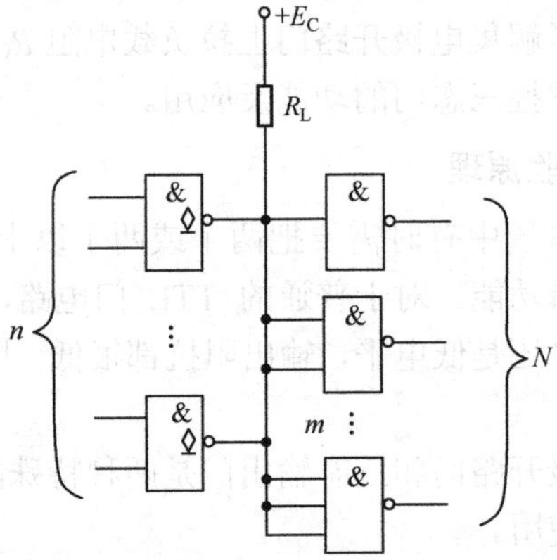

图 4-10　OC 与非门负载电阻 R_L 的确定

$$R_{Lmin} = \frac{E_C - V_{OL}}{I_{LM} + NI_{IL}} \tag{4-2}$$

$$R_{Lmax} = \frac{E_C - V_{OH}}{nI_{OH} + mI_{IH}} \tag{4-3}$$

式中，I_{OH} 为 OC 门输出高电平 V_{OH} 时（输出管截止）的漏电流（约 50 μA）；I_{LM} 为 OC 门输出低电平 V_{OL} 时允许最大灌入负载电流（约 20 mA）；I_{IH} 为负载门高电平输入电流（小于 50 μA）；I_{IL} 为负载门低电平输入电流（小于 1.6 mA）；E_C 为 R_L 外接电源电压。n 为 OC 门的个数，N 为负载门的个数，m 为接入电路的负载门输入端的总个数。R_L 值须小于 R_{Lmax}，否则 V_{OH} 将下降；R_L 值须大于 R_{Lmin}，否则 V_{OL} 将上升。由于 R_L 值的大小会影响输出波形的边沿时间，在工作速度较高时，R_L 值应尽量选取接近 R_{Lmin}。

除了 OC 与非门外，还有其他类型的 OC 器件，R_L 值的选取方法也与此类同。

（2）TTL 三态输出门（TSL 门）

TTL 三态输出门是一种特殊的门电路，它与普通的 TTL 门电路结构不同，它的输出端除了通常的高电平和低电平两种状态外（这两种状态均为低阻状态），还有第三种输出状态——高阻状态。处于高阻状态时，电路与负载之间相当于开路。三态输出门按逻辑功能及控制方式来分有各种不同类型，本实验所用三态门的型号是 74LS125 三态输出四总线缓冲器，图 4-11（a）所示的是三态输出四总线缓冲器的逻辑符号，它有一个

控制端（又称禁止端或使能端）$\overline{E}$。$\overline{E}=0$ 为正常工作状态，实现 $Y=A$ 的逻辑功能；$\overline{E}=1$ 为禁止状态，输出 Y 呈现高阻状态。这种在控制端加低电平时电路才能正常工作的方式被称为低电平使能。

图 4-11（b）所示为 74LS125 引脚排列。表 4-6 所示为三态输出门的逻辑功能表。

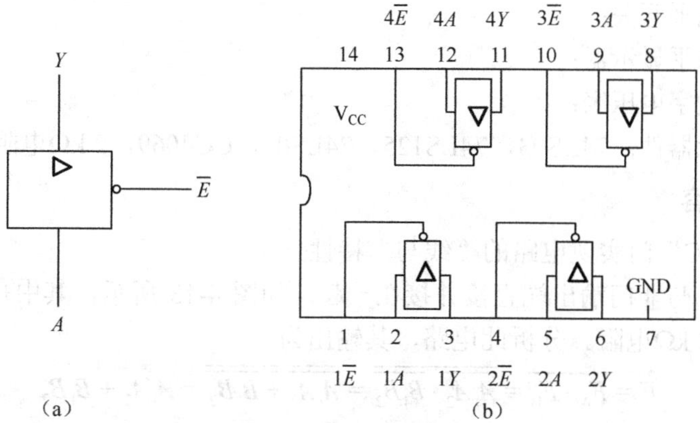

图 4-11　74LS125 三态四总线缓冲器逻辑符号及引脚排列

表 4-6　三态输出门逻辑功能表

输　　入		输　　出
$\overline{E}$	A	Y
0	0	0
	1	1
1	0	高阻态
	1	

三态电路主要用途之一是实现总线传输，即用一个传输通道（称总线），以选通方式传送多路信息。如图 4-12 所示，电路中把若干个三态 TTL 电路输出端直接连接在一起构成三态门总线。使用时，要求只有需要传输信息的三态控制端处于使能态（$\overline{E}=0$）其余各门皆处于禁止状态（$\overline{E}=1$）。由于三态门输出电路结构与普通 TTL 电路相同，显然，若同时有两个或两个以上三态门的控制端处于使能态，将出现与普通 TTL 门“线与”运用时同样的问题，因而是绝对不允许的。

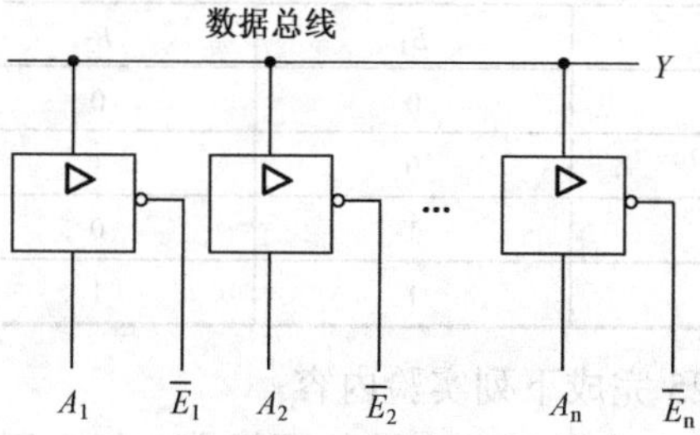

图 4-12　三态输出门实现总线传输

3．实验设备与器件

（1）+5V 直流稳压电源；

（2）双踪示波器；

（3）连续脉冲源；

（4）逻辑电平开关；

（5）逻辑电平显示器；

（6）直流数字电压表；

（7）电路元器件：74LS03，74LS125，74LS04，CC4069，2 kΩ电阻。

4．实验内容

（1）用“OC”门实现电路的“线与”特性

将两个 OC 与非门输出端直接并接在一起，如图 4-13 所示，其中$+E_C$ 接+5V 稳压电源，R_L 选取 2 kΩ电阻。分析此电路，其输出为

$$F=\overline{\overline{F_A\cdot F_B}}=\overline{\overline{\overline{A_1A_2}\cdot\overline{B_1B_2}}}=\overline{\overline{A_1A_2+B_1B_2}}=A_1A_2+B_1B_2 \tag{4-4}$$

将 OC 门的 A_1、B_1、A_2、B_2 分别接到四个逻辑开关上，输出 F 接发光二极管 LED，改变输入 A_1、B_1、A_2、B_2 电平的取值组合，观察输出 F 的电平和 LED 的显示，并填写真值表（见表 4-7）。

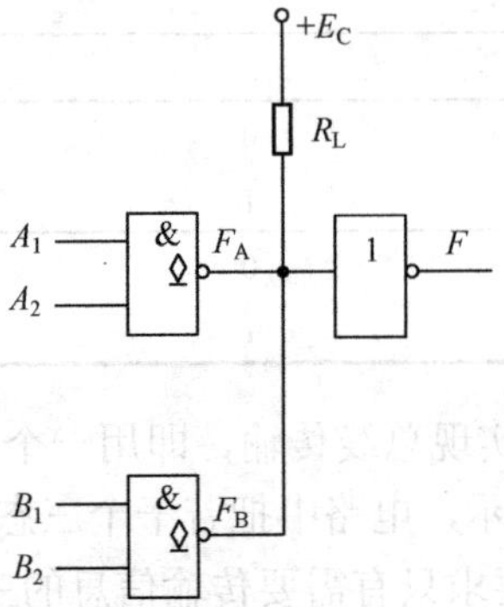

图 4-13　OC 门实现线与逻辑关系

表 4-7　线与逻辑关系测试功能表

输　入				输　出
A_1	A_2	B_1	B_2	F
0	0	0	0	
0	1	0	1	
1	0	1	0	
1	1	1	1	

（2）用三态门 74LS125 完成下列实验内容

① 静态验证。控制输入和数据输入端加逻辑高、低电平，用万用表测量输出高电平、低电平的电压值。如图 4-11（a）所示，验证其结果与表 4-6 是否一致。

② 动态验证。如图 4-11（a）所示，分别在控制输入端 $\overline{E}$ 加高、低电平，数据输入端 A 端加连续矩形脉冲（f=1 kHz），用双踪示波器观察数据输入端和输出端的电压波形，并记录观察到的波形。

③ 用三态门实现三路信号分时传送的总线结构，如图 4-12 所示。其中 A_1，A_2，A_3 分别输入不同频率的连续矩形脉冲，其控制输入端 $\overline{E}_1$、$\overline{E}_2$、$\overline{E}_3$ 依次加有效低电平，观察其输出波形与控制端的关系。注意，每次只能有一个控制输入端有有效低电平。

5．预习要求

（1）复习 OC 门及三态门工作原理及应用。

（2）从理论上会计算 OC 门上拉负载电阻值。

（3）了解实验中使用芯片的功能，熟练掌握常用集成电路的引脚功能。

6．实验报告

（1）整理实验结果，按要求画出相关电路图、波形图并填写表格。

（2）回答如下问题：

① OC 门的上拉电阻如果没有，R_{LMIN} 和 R_{LMAX} 将产生什么影响？对电路有何影响？

② 查看相关资料，画出用 OC 门实现电平转换的原理图，并作出解释。

③ 在用三态门实现三路信号分时传送的总线实验中，如果在同一时刻有两个或两个以上的三态门的控制端是有效电平的话，将产生什么样的后果？

4.2 研究性实验

通过上节的验证性实验，大家已经基本掌握了总体的实验方法，本节为研究性实验，通过提出一个原理性或是应用性的问题，引发大家先去思考，再通过实验的方法去验证，加深对该问题的认识，同时也培养了大家分析问题和勤于思考的习惯。

4.2.1 集成逻辑电路的连接和驱动

1．实验目的

（1）掌握 TTL、CMOS 集成电路输入电路与输出电路的性质。

（2）掌握集成逻辑电路相互衔接时应遵守的规则和实际衔接方法。

2．实验原理

（1）TTL 电路输入和输出电路性质

当输入端为高电平时，输入电流是反向二极管的漏电流，电流极小。其方向是从外部流入输入端。

当输入端处于低电平时，电流由电源 V_{CC} 经内部电路流出输入端，电流较大，当与上一级电路衔接时，将决定上级电路应具有的负载能力。高电平输出电压在负载不大时为 3.5 V 左右。低电平输出时，允许后级电路灌入电流，随着灌入电流的增加，输出低电平将升高，一般 LS 系列 TTL 电路允许灌入 8 mA 电流，即可吸收后级 20 个 LS 系列标准门的灌入电流。最大允许低电平输出电压为 0.4 V。

（2）CMOS 电路输入和输出电路性质

一般 CC 系列的输入阻抗可高达 10^{10} Ω，输入电容在 5 pF 以下，输入高电平通常要求在 3.5 V 以上，输入低电平通常为 1.5 V 以下。因 CMOS 电路的输出结构具有对称性，故对高、低电平具有相同的输出能力，负载能力较小，仅可驱动少量的 CMOS 电路。当输出端负载很轻时，输出高电平将十分接近电源电压，输出低电平时将十分接近地电位。

在高速 CMOS 电路 54/74HC 系列中的一个子系列 54/74HCT，其输入电平与 TTL 电路完全相同，因此在相互取代时，不需考虑电平的匹配问题。

（3）集成逻辑电路的衔接

在实际的数字电路系统中总是将一定数量的集成逻辑电路按需要前后连接起来。这时，前级电路的输出将与后级电路的输入相连并驱动后级电路工作。这就存在着电平的配合和负载能力这两个需要妥善解决的问题。

可用下列几个表达式来说明连接时所要满足的条件：

V_{OH}（前级）$\geqslant V_{IH}$（后级）

V_{OL}（前级）$\leqslant V_{IL}$（后级）

I_{OH}（前级）$\geqslant n \times I_{IH}$（后级）

I_{OL}（前级）$\geqslant n \times I_{IL}$（后级）　　　n 为后级门的数目

① TTL 与 TTL 的连接。TTL 集成逻辑电路的所有系列，由于电路结构形式相同，电平配合比较方便，不需要外接元件可直接连接，不足之处是受低电平时负载能力的限制。表 4-8 列出了 74 系列 TTL 电路的扇出系数。

表 4-8　74 系列 TTL 电路的扇出系数

	74LS00	74ALS00	7400	74L00	74S00
74LS00	20	40	5	40	5
74ALS00	20	40	5	40	5
7400	40	80	10	40	10
74L00	10	20	2	20	1
74S00	50	100	12	100	12

② TTL 驱动 CMOS 电路。TTL 电路驱动 CMOS 电路时，由于 CMOS 电路的输入阻抗高，故此驱动电流一般不会受到限制，但在电平配合问题上，低电平是可以的，高电平时有困难。因为 TTL 电路在满载时，输出高电平通常低于 CMOS 电路对输入高电平的要求，因此为保证 TTL 输出高电平时，后级的 CMOS 电路能可靠工作，通常要外接一个上拉电阻 R，如图 4-14 所示，使输出高电平达到 3.5 V 以上，R 的取值为 2～6.2 kΩ 较合适，这时 TTL 后级的 CMOS 电路的数目实际上是没有什么限制的。

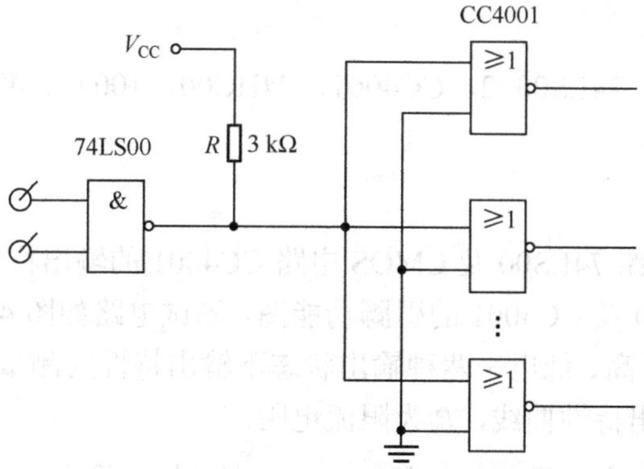

图 4-14 TTL 电路驱动 CMOS 电路

③ CMOS 驱动 TTL 电路。CMOS 的输出电平能满足 TTL 对输入电平的要求，而驱动电流将受限制，主要是低电平时的负载能力。表 4-9 列出了一般 CMOS 电路驱动 TTL 电路的扇出系数，从表中可见，除了 74HC 系列外的其他 CMOS 电路驱动 TTL 的能力都较低。

表 4-9 COM 电路驱动 TTL 电路的扇出系数

	LS−TTL	. L−TTL	TTL	ASL−TTL
C0 C401B 系列	1	2	0	2
MC14001B 系列	1	2	0	2
MM74HC 及 74HCT 系列	10	20	2	20

既要使用此系列又要提高其驱动能力时，可采用以下两种方法：

- 采用 CMOS 驱动器，如 CC4049、CC4050 是专为给出较大驱动能力而设计的 CMOS 电路。
- 几个同功能的 CMOS 电路并联使用，即将其输入端并联和输出端并联（TTL 电路是不允许并联的）。

④ CMOS 与 CMOS 的衔接。CMOS 电路之间的连接十分方便，不需另加外接元件。对直流参数来讲，一个 CMOS 电路可带动的 CMOS 电路数量是不受限制的，但在实际使用时，应当考虑后级门输入电容对前级门的传输速度的影响，电容太大时，传输速度要下降，因此，在高速使用时要从负载电容来考虑，例如 CC4000T 系列。CMOS 电路在 10 MHz 以上频率运用时应限制在 20 个门以下。

3. 实验设备与器件

（1）+5 V 直流电源；

（2）逻辑电平开关；

（3）逻辑电平显示器；

（4）逻辑笔；

（5）直流数字电压表；

（6）直流毫安表；

（7）电路元器件：74LS00×2，CC4001，74HC00，100 Ω、470 Ω、3 kΩ，47 kΩ、10 kΩ、4.7 kΩ电位器。

4．实验内容

（1）测试 TTL 电路 74LS00 及 CMOS 电路 CC4001 的输出特性

图 4-15 为 74LS00 及 CC4001 的引脚功能图，测试电路如图 4-16 所示，图中以与非门 74LS00 为例画出了高、低电平两种输出状态下输出特性的测量方法。改变电位器 R_W 的阻值，从而获得输出特性曲线，R 为限流电阻。

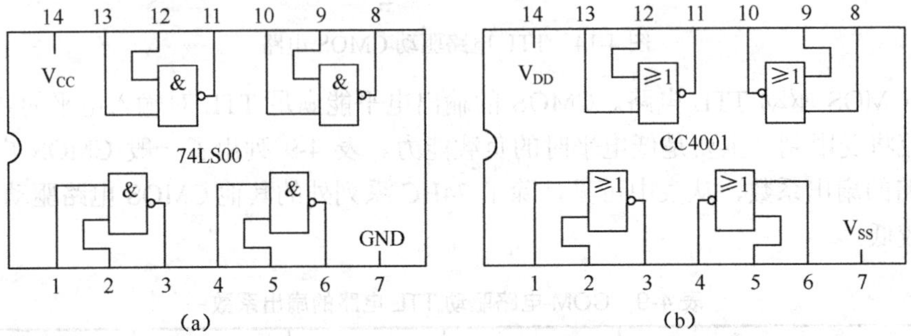

图 4-15　74LS00 与非门与 CC4001 或非门电路引脚排列

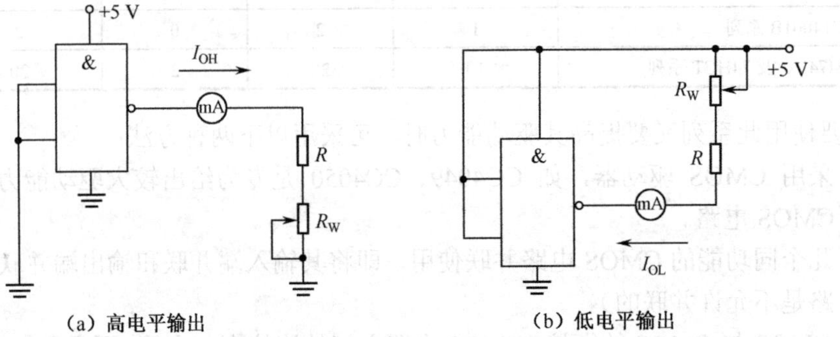

图 4-16　与非门电路输出特性测试电路

① 测试 TTL 电路 74LS00 的输出特性。在实验装置的合适位置选取一个 14P 插座，插入 74LS00，R 取为 100 Ω，高电平输出时，R_W 取为 47 kΩ，低电平输出时，R_W 取为 10 kΩ。高电平测试时应测量空载到最小允许高电平（2.7 V）之间的一系列点，低电平测试时应测量空载到最大允许低电平（0.4 V）之间的一系列点。

② 测试 CMOS 电路 CC4001 的输出特性。测试时 R 取为 470 Ω，R_W 取为 4.7 kΩ。高电平测试时应测量从空载到输出电平降到 4.6 V 为止的一系列点，低电平测试时应测量从空载到输出电平升到 0.4 V 为止的一系列点。

（2）TTL 电路驱动 CMOS 电路

用 74LS00 的一个门来驱动 CC4001 的四个门，实验电路如图 4-14 所示，R 取为 3 kΩ。测量连接 3 kΩ电阻与不连接 3 kΩ电阻时 74LS00 的输出高、低电平及 CC4001 的逻辑功能。测试逻辑功能时，可用实验装置上的逻辑笔进行测试，逻辑笔的电源$+V_{CC}$接+5V，其输入口 1NPVT 通过一根导线接至所需的测试点。

（3）CMOS 电路驱动 TTL 电路

电路如图 4-17 所示，被驱动的电路用 74LS00 的八个门并联。电路的输入端接逻辑开关输出插口，八个输出端分别接逻辑电平显示的输入插口。先用 CC4001 的一个门来驱动，观测 CC4001 的输出电平和 74LS00 的逻辑功能。然后将 CC4001 的其余三个门，一个个并联到第一个门上（输入与输入并联、输出与输出并联），分别观察 CMOS 的输出电平及 74LS00 的逻辑功能。最后用 1/4 74HC00 代替 1/4 CC4001，测试其输出电平及系统的逻辑功能。

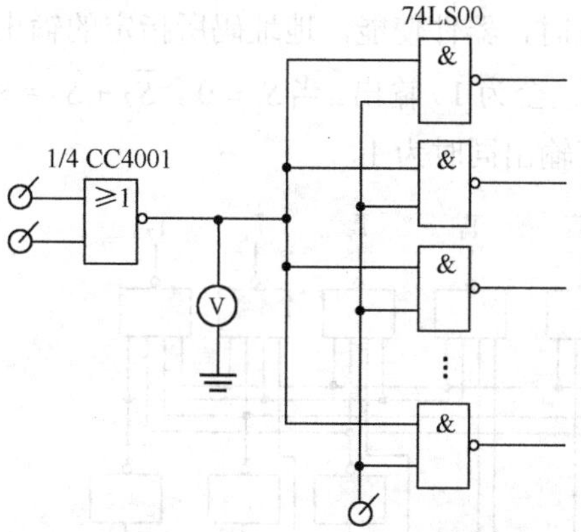

图 4-17　CMOS 驱动 TTL 电路

5．预习要求

（1）自拟各实验记录用的数据表格及逻辑电平记录表格。

（2）熟悉所用集成电路的引脚功能。

6．实验报告

（1）整理实验数据，作出输出特性曲线，并加以分析。

（2）通过本次实验，你对不同集成门电路的衔接得出什么结论？

4.2.2　译码器及其应用

1．实验目的

（1）掌握中规模集成译码器的逻辑功能和使用方法。

（2）熟悉数码管的使用。

2．实验原理

译码器是一个多输入、多输出的组合逻辑电路。它的作用是把给定的代码进行“翻译”，变成相应的状态，使输出通道中相应的一路有信号输出。译码器在数字系统中有广泛的用途，不仅用于代码的转换和终端的数字显示，还用于数据分配、存储器寻址和组合控制信号等。不同的功能可选用不同种类的译码器。

译码器可分为通用译码器和显示译码器两大类。前者又分为变量译码器和代码变换译码器。

（1）变量译码器

变量译码器（又称二进制译码器），用以表示输入变量的状态，如 2 线—4 线、3 线—8 线和 4 线—16 线译码器。若有 n 个输入变量，则有 2^n 个不同的组合状态，就有 2^n 个输出端供其使用。而每一个输出所代表的函数对应于 n 个输入变量的最小项。

以 3 线—8 线译码器 74LS138 为例进行分析，图 4-18（a）、（b）所示分别为其逻辑图及引脚排列。其中 A_2、A_1、A_0 为地址输入端，$\overline{Y}_0$～$\overline{Y}_7$ 为译码输出端，S_1、$\overline{S}_2$、$\overline{S}_3$ 为使能端。表 4-10 所示为 74LS138 逻辑功能表，其中×表示任意态。

当 $S_1=1$，$\overline{S}_2+\overline{S}_3=0$ 时，器件使能，地址码所指定的输出端有信号（为 0）输出，其他所有输出端均无信号（全为 1）输出。当 $S_1=0$，$\overline{S}_2+\overline{S}_3=\times$ 时，或 $S_1=\times$，$\overline{S}_2+\overline{S}_3=1$ 时，译码器被禁止，所有输出同时为 1。

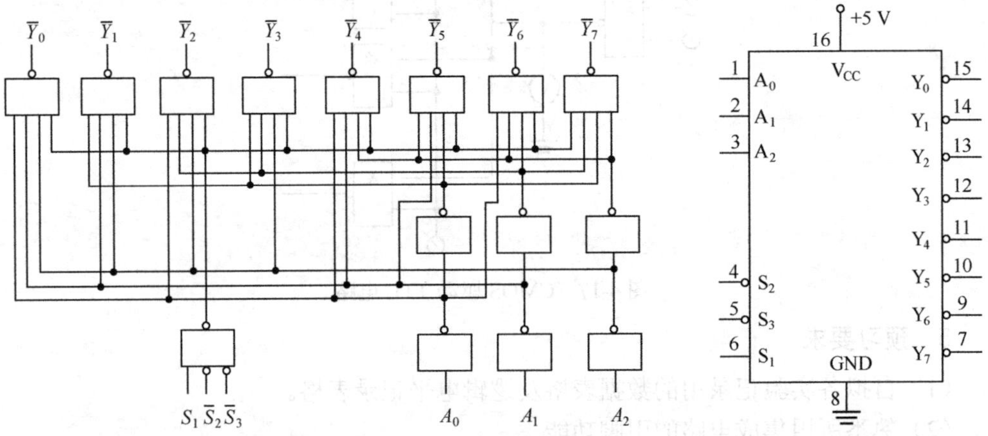

（a）　　（b）

图 4-18　3 线—8 线译码器 74LS138 逻辑图及引脚排列

表 4-10　74LS138 逻辑功能表

输入					输出							
S_1	$\overline{S}_2+\overline{S}_3$	A_2	A_1	A_0	$\overline{Y}_0$	$\overline{Y}_1$	$\overline{Y}_2$	$\overline{Y}_3$	$\overline{Y}_4$	$\overline{Y}_5$	$\overline{Y}_6$	$\overline{Y}_7$
1	0	0	0	0	0	1	1	1	1	1	1	1
1	0	0	0	1	1	0	1	1	1	1	1	1
1	0	0	1	0	1	1	0	1	1	1	1	1
1	0	0	1	1	1	1	1	0	1	1	1	1
1	0	1	0	0	1	1	1	1	0	1	1	1
1	0	1	0	1	1	1	1	1	1	0	1	1
1	0	1	1	0	1	1	1	1	1	1	0	1
1	0	1	1	1	1	1	1	1	1	1	1	0
0	×	×	×	×	1	1	1	1	1	1	1	1
×	1	×	×	×	1	1	1	1	1	1	1	1

二进制译码器实际上也是负脉冲输出的脉冲分配器。若利用使能端中的一个输入端输入数据信息，器件就成为一个数据分配器（又称多路分配器），如图 4-19 所示。若在 S_1 输入端输入数据信息，$\overline{S}_2=\overline{S}_3=0$，地址码所对应的输出是 S_1 数据信息的反码；若从 $\overline{S}_2$ 端输入数据信息，令 $S_1=1$、$\overline{S}_3=0$，地址码所对应的输出就是 $\overline{S}_2$ 端数据信息的原码。若数据信息是时钟脉冲，则数据分配器便成为时钟脉冲分配器。

根据输入地址的不同组合，译出唯一地址，故可用做地址译码器。接成多路分配器，可将一个信号源的数据信息传输到不同的地点。

二进制译码器还能方便地实现逻辑函数，如图 4-20 所示，实现的逻辑函数为

$$Z=\overline{A}\,\overline{B}\,\overline{C}+\overline{A}B\overline{C}+A\overline{B}\,\overline{C}+ABC \tag{4-5}$$

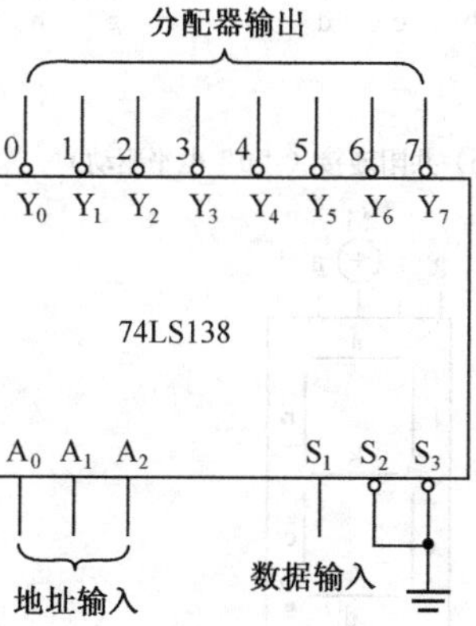

图 4-19 实现数据分配器

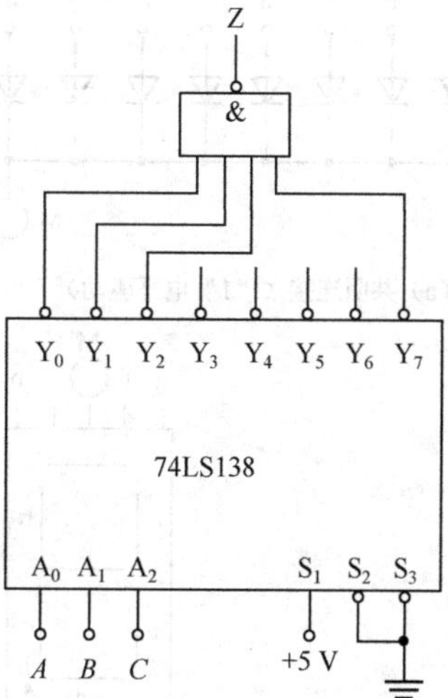

图 4-20 实现逻辑函数

74LS138 利用使能端能方便地将两个 3 线—8 线译码器组合成一个 4 线—16 线译码器，如图 4-21 所示，74LS138（1）片的三个地址输入端分别与 74LS138（2）片的三个地址输入端相接，控制输入端也按照图中规律进行连接。

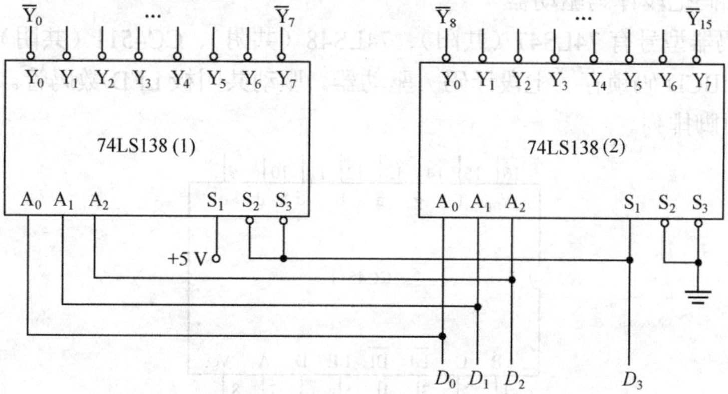

图 4-21 用两片 74LS138 组合成 4 线—16 线译码器

（2）数码显示译码器

① 七段发光二极管（LED）数码管

LED 数码管是目前最常用的数字显示器，图 4-22（a）、（b）分别为共阴管和共阳管的电路，图 4-22（c）为两种不同出线形式的引出脚功能图。

一个 LED 数码管可用来显示一位 0～9 十进制数和一个小数点。小型数码管（0.5 英寸和 0.36 英寸）每段发光二极管的正向压降随显示光（通常为红、绿、黄、橙色）的颜色不同略有差别，通常约为 2～2.5 V，每个发光二极管的点亮电流在 5～10 mA。LED 数码管要显示 BCD 码所表示的十进制数就需要一个专门的译码器，该译码器不但要完成译码功能，还要有相当的驱动能力。

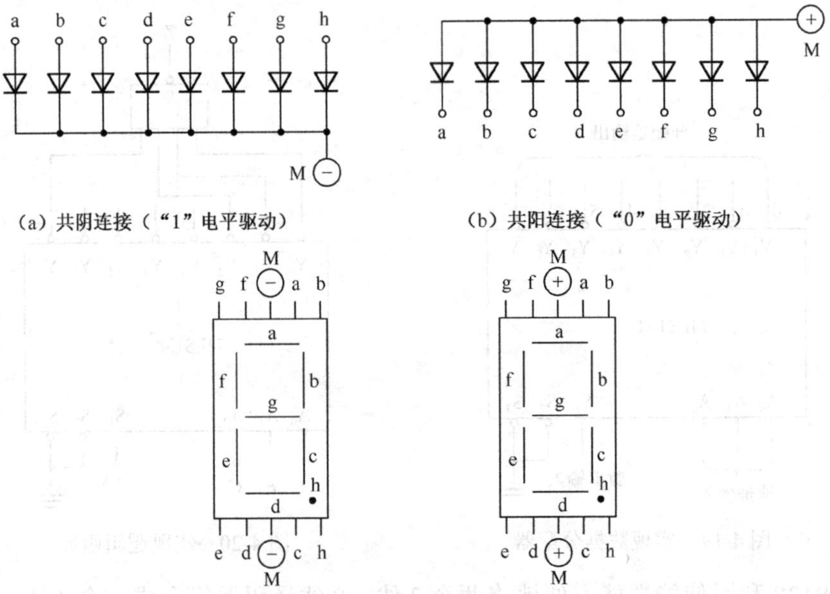

（a）共阴连接（“1”电平驱动）　（b）共阳连接（“0”电平驱动）

（c）符号及引脚功能

图 4-22　LED 数码管

② BCD 码七段译码驱动器

此类译码器型号有 74LS47（共阳）、74LS48（共阴）、CC4511（共阴）等，本实验采用 CC4511 BCD 码锁存 / 七段译码 / 驱动器。驱动共阴极 LED 数码管。图 4-23 所示为 CC4511 引脚排列。

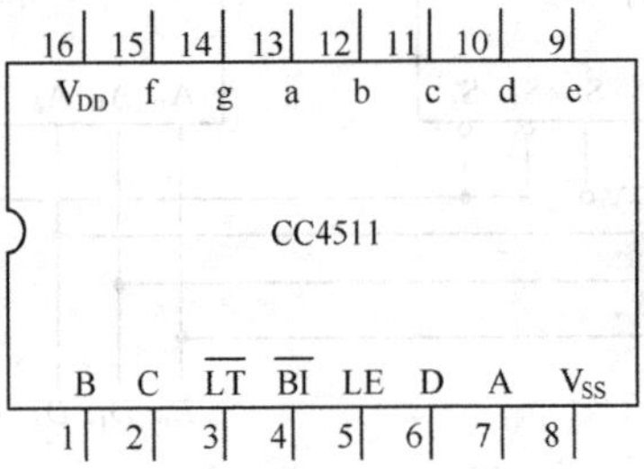

图 4-23　CC4511 引脚排列

其中 A、B、C、D 为 BCD 码输入端，a、b、c、d、e、f、g 为译码的输出端，输出“1”有效，用来驱动共阴极 LED 数码管。$\overline{LT}$ 为测试输入端，$\overline{LT}=0$ 时，译码输出全为“1”。

$\overline{BI}$ 为消隐输入端，$\overline{BI}=0$ 时，译码输出全为“0”。LE 为锁定端，LE=1 时译码器处于锁定（保持）状态，译码输出保持在 LE=0 时的数值，LE=0 为正常译码。

表 4-11 为 CC4511 逻辑功能表，基中×表示任意态。CC4511 内接有上拉电阻，故只需在输出端与数码管笔段之间串入限流电阻即可工作。译码器还有拒伪码功能，当输入码超过 1001 时，输出全为“0”，数码管熄灭。

表 4-11　CC4511 逻辑功能表

输　入							输　出							
LE	$\overline{BI}$	$\overline{LT}$	D	C	B	A	a	b	c	d	e	f	g	显示字形
×	×	0	×	×	×	×	1	1	1	1	1	1	1	8
×	0	1	×	×	×	×	0	0	0	0	0	0	0	消隐
0	1	1	0	0	0	0	1	1	1	1	1	1	0	0
0	1	1	0	0	0	1	0	1	1	0	0	0	0	1
0	1	1	0	0	1	0	1	1	0	1	1	0	1	2
0	1	1	0	0	1	1	1	1	1	1	0	0	1	3
0	1	1	0	1	0	0	0	1	1	0	0	1	1	4
0	1	1	0	1	0	1	1	0	1	1	0	1	1	5
0	1	1	0	1	1	0	0	0	1	1	1	1	1	6
0	1	1	0	1	1	1	1	1	1	0	0	0	0	7
0	1	1	1	0	0	0	1	1	1	1	1	1	1	8
0	1	1	1	0	0	1	1	1	1	0	0	1	1	9
0	1	1	1	0	1	0	0	0	0	0	0	0	0	消隐
0	1	1	1	0	1	1	0	0	0	0	0	0	0	消隐
0	1	1	1	1	0	0	0	0	0	0	0	0	0	消隐
0	1	1	1	1	0	1	0	0	0	0	0	0	0	消隐
0	1	1	1	1	1	0	0	0	0	0	0	0	0	消隐
0	1	1	1	1	1	1	0	0	0	0	0	0	0	消隐
1	1	1	×	×	×	×	锁　存							锁存

部分实验装置上已完成了译码器 CC4511 和数码管 BS202 之间的连接。实验时，只要接通+5 V 电源和将十进制数的 BCD 码接至译码器的相应输入端 A、B、C、D，即可显示 0～9 的数字。四位数码管可接收四组 BCD 码输入。CC4511 与 LED 数码管的连接如图 4-24 所示，其中 LED 数码管为共阴极接法。

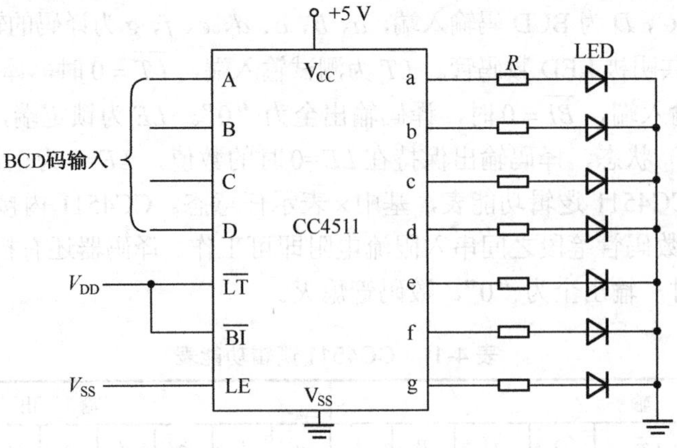

图 4-24　CC4511 驱动一位 LED 数码管

3. 实验设备与器件

（1）+5 V 直流电源；

（2）双踪示波器；

（3）连续脉冲源；

（4）逻辑电平开关；

（5）逻辑电平显示器；

（6）拨码开关组；

（7）译码显示器；

（8）电路元器件：74LS138×2，CC4511。

4. 实验内容

（1）数据拨码开关的使用

将实验装置上的四组拨码开关的输出 A_i、B_i、C_i、D_i 分别接至 4 组显示译码 / 驱动器 CC4511 的对应输入口，LE、$\overline{BI}$、$\overline{LT}$ 接至三个逻辑开关的输出插口，接上+5V 显示器的电源，然后按功能表 4-11 输入的要求揿动四个数码的增减键（“+”与“−”键）和操作与 LE、$\overline{BI}$、$\overline{LT}$ 对应的三个逻辑开关，观测拨码盘上的四位数与 LED 数码管显示的对应数字是否一致，以及译码显示是否正常。

（2）74LS138 译码器逻辑功能测试

将译码器使能端 S_1、$\overline{S_2}$、$\overline{S_3}$ 及地址端 A_2、A_1、A_0 分别接至逻辑电平开关输出口，八个输出端 $\overline{Y}_7 \cdots \overline{Y}_0$ 依次连接在逻辑电平显示器的八个输入口上，拨动逻辑电平开关，按表 4-10 逐项测试 74LS138 的逻辑功能。

（3）用 74LS138 构成时序脉冲分配器

参照图 4-19 和实验原理说明，时钟脉冲 CP 的频率约为 10 kHz，要求分配器输出端 $\overline{Y}_0 \cdots \overline{Y}_7$ 的信号与 CP 输入信号同相。

画出分配器的实验电路，用示波器观察并记录在地址端 A_2、A_1、A_0 分别取 000～111

8 种不同状态时 $\overline{Y}_0\cdots\overline{Y}_7$ 端的输出波形，注意输出波形与 CP 输入波形之间的相位关系。

用两片 74LS138 组合成一个 4 线—16 线译码器，并进行实验。

5．实验预习要求

（1）复习有关译码器和分配器的原理。

（2）根据实验任务，画出所需的实验线路及记录表格。

6．实验报告

（1）画出实验线路，把观察到的波形画在坐标纸上，并标上对应的地址码。

（2）对实验结果进行分析和讨论。

4.2.3 数据选择器及其应用

1．实验目的

（1）掌握中规模集成数据选择器的逻辑功能及使用方法。

（2）学习用数据选择器构成组合逻辑电路的方法。

2．实验原理

数据选择器又叫“多路开关”。数据选择器在地址码（或叫选择控制）电位的控制下，从几个数据输入中选择一个并将其送到一个公共的输出端。数据选择器的功能类似一个多掷开关，如图 4-25 所示，图中有四路数据 $D_0\sim D_3$，通过选择控制信号 A_1、A_0（地址码）从四路数据中选中某一路数据送至输出端 Q。

数据选择器是目前逻辑设计中应用十分广泛的逻辑部件，它有 2 选 1、4 选 1、8 选 1、16 选 1 等类别。数据选择器的电路结构一般由与或门阵列组成，也有用传输门开关和门电路混合而成的。

（1）8 选 1 数据选择器 74LS151

74LS151 为互补输出的 8 选 1 数据选择器，引脚排列如图 4-26 所示，功能表如表 4-12 所示，其中×表示任意态。选择控制端（地址端）为 $A_2\sim A_0$，按二进制译码，从 8 个输入数据 $D_0\sim D_7$ 中，选择一个需要的数据送到输出端 Q，$\overline{S}$ 为使能端，低电平有效。

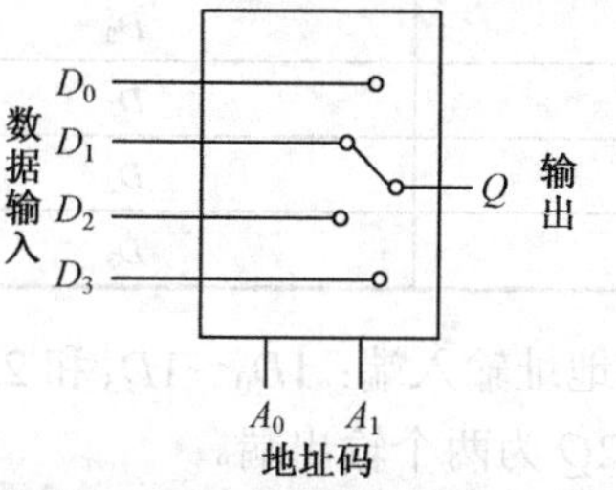

图 4-25 4 选 1 数据选择器示意图

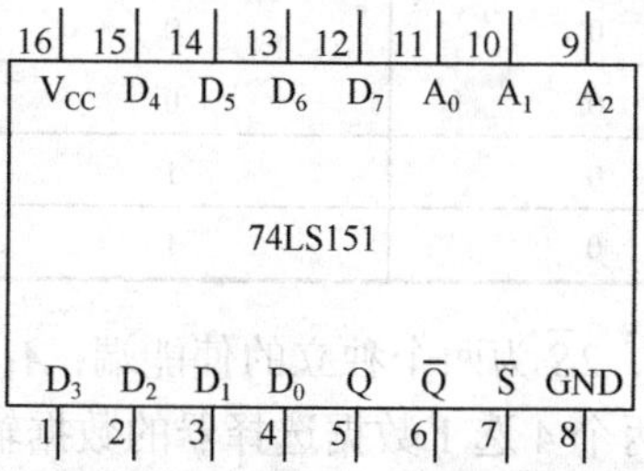

图 4-26 74LS151 引脚排列

表 4-12　74LS151 逻辑功能表

输入				输出	
$\overline{S}$	A_2	A_1	A_0	Q	$\overline{Q}$
1	×	×	×	0	1
0	0	0	0	D_0	$\overline{D_0}$
0	0	0	1	D_1	$\overline{D_1}$
0	0	1	0	D_2	$\overline{D_2}$
0	0	1	1	D_3	$\overline{D_3}$
0	1	0	0	D_4	$\overline{D_4}$
0	1	0	1	D_5	$\overline{D_5}$
0	1	1	0	D_6	$\overline{D_6}$
0	1	1	1	D_7	$\overline{D_7}$

① 使能端 $\overline{S}=1$ 时，不论 A_2～A_0 状态如何，均无输出（$Q=0, \overline{Q}=1$），多路开关被禁止。

② 使能端 $\overline{S}=0$ 时，多路开关正常工作，根据地址码 A_2、A_1、A_0 的状态选择 D_0～D_7 中某一个通道的数据输送到输出端 Q。

例如，$A_2A_1A_0$=000，则选择 D_0 数据到输出端，即 Q=D_0。

例如，$A_2A_1A_0$=001，则选择 D_1 数据到输出端，即 Q=D_1，其余类推。

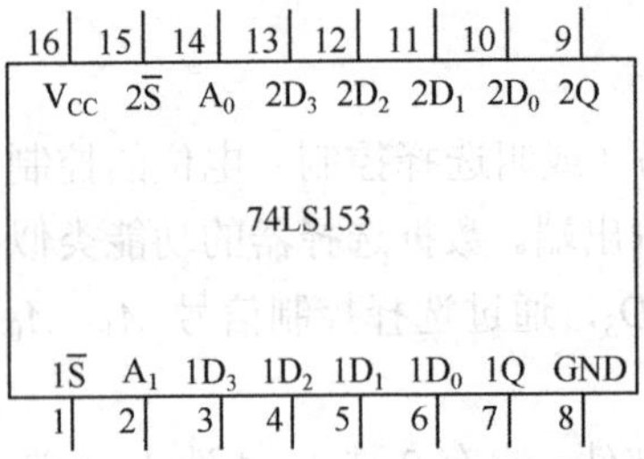

图 4-27　74LS153 引脚功能

（2）双 4 选 1 数据选择器 74LS153

所谓双 4 选 1 数据选择器就是在一块集成芯片上有两个 4 选 1 数据选择器。引脚排列如图 4-27 所示，功能表如表 4-13 所示，其中×表示任意态。

表 4-13　74LS153 功能表

输入			输出
$\overline{S}$	A_1	A_0	Q
1	×	×	0
0	0	0	D_0
0	0	1	D_1
0	1	0	D_2
0	1	1	D_3

$1\overline{S}$、$2\overline{S}$ 为两个独立的使能端；A_1、A_0 为公用的地址输入端；$1D_0$～$1D_3$ 和 $2D_0$～$2D_3$ 分别为两个 4 选 1 数据选择器的数据输入端；$1Q$、$2Q$ 为两个输出端。

① 当使能端 $1\overline{S}$（$2\overline{S}$）=1 时，多路开关被禁止，无输出，Q=0。

② 当使能端 $1\overline{S}$（$2\overline{S}$）=0 时，多路开关正常工作，根据地址码 A_1、A_0 的状态，将相应的数据 D_0～D_3 送到输出端 Q。

例如，A_1A_0=00，则选择 D_0 数据输出到输出端，即 $Q=D_0$；A_1A_0=01，则选择 D_1 数据输出到输出端，即 $Q=D_1$，其余类推。

数据选择器的用途很多，例如多通道传输、数码比较、并行码变串行码，以及实现逻辑函数等。

（3）用数据选择器实现逻辑函数

例 1：用 8 选 1 数据选择器 74LS151 实现函数 $F = A\overline{B} + \overline{A}C + B\overline{C}$。

采用 8 选 1 数据选择器 74LS151 可实现任意三输入变量的组合逻辑函数。

作出函数 F 的功能表，如表 4-14 所示，将函数 F 功能表与 8 选 1 数据选择器的功能表相比较，将输入变量 C、B、A 作为 8 选 1 数据选择器的地址码 A_2、A_1、A_0，使 8 选 1 数据选择器的各数据输入 D_0～D_7 分别与函数 F 的输出值一一对应。

即：$A_2A_1A_0=CBA$，$D_0=D_7=0$，$D_1=D_2=D_3=D_4=D_5=D_6=1$。则 8 选 1 数据选择器的输出 Q 便实现了函数 $F = A\overline{B} + \overline{A}C + B\overline{C}$。接线图如图 4-28 所示。显然，采用具有 n 个地址端的数据选择实现 n 变量的逻辑函数时，应将函数的输入变量加到数据选择器的地址端（A），选择器的数据输入端（D）按次序以函数 F 输出值来赋值。

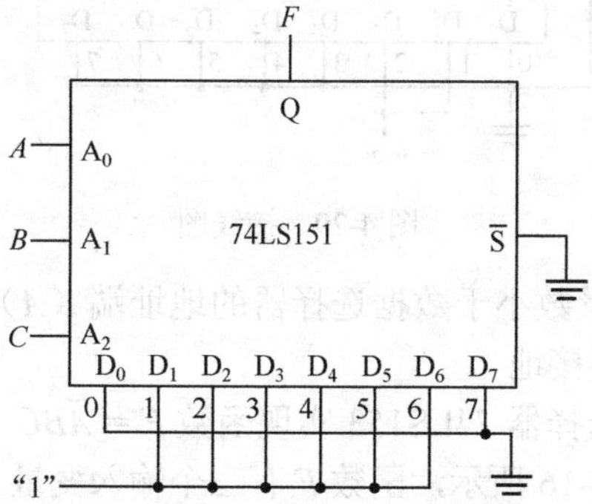

图 4-28 用 8 选 1 数据选择器实现 $F = A\overline{B} + \overline{A}C + B\overline{C}$

表 4-14 函数 F 的功能表

输入			输出
C	B	A	F
0	0	0	0
0	0	1	1
0	1	0	1
0	1	1	1
1	0	0	1
1	0	1	1
1	1	0	1
1	1	1	0

例 2：用 8 选 1 数据选择器 74LS151 实现函数 $F = A\overline{B} + \overline{A}B$。

首先，列出函数 F 的功能表如表 4-15 所示。

然后，将 A、B 加到地址端 A_1、A_0，而 A_2 接地，由表 4-15 可见，将 D_1、D_2 接"1"及 D_0、D_3 接地，其余数据输入端 D_4～D_7 都接地，则 8 选 1 数据选择器的输出 Q 便实现了函数 $F=A\overline{B}+B\overline{A}$。接线图如图 4-29 所示。

表 4-15 功能表

B	A	F
0	0	0
0	1	1
1	0	1
1	1	0

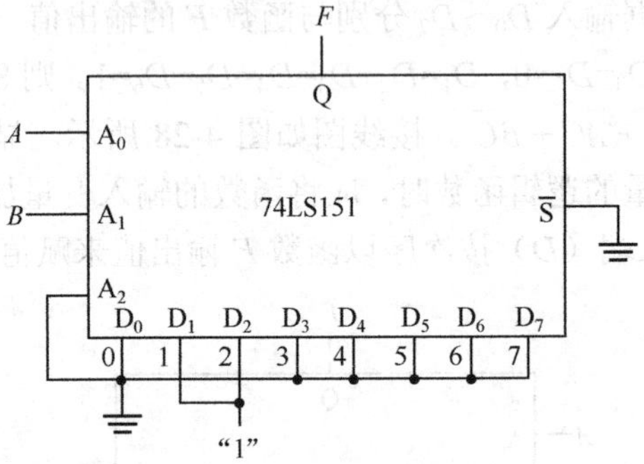

图 4-29 接线图

显然，当函数输入变量数小于数据选择器的地址端（A）时，应将不用的地址端及不用的数据输入端（D）都接地。

例 3：用 4 选 1 数据选择器 74LS153 实现函数 $F=\overline{A}BC+A\overline{B}C+AB\overline{C}+ABC$。

函数 F 的功能表如表 4-16 所示，函数 F 有三个输入变量 A、B、C，而数据选择器有两个地址端 A_1、A_0，少于函数输入变量个数，在设计时可任选 A 接 A_1，B 接 A_0。将函数功能表改画成表 4-17 形式，可见当将输入变量 A、B、C 中 A、B 接选择器的地址端 A_1、A_0 时，由表 4-17 不难看出：$D_0=0$，$D_1=D_2=C$，$D_3=1$。则 4 选 1 数据选择器的输出便实现了函数 $F=\overline{A}BC+A\overline{B}C+AB\overline{C}+ABC$。接线图如图 4-30 所示。

表 4-16 函数 F 功能表

输入			输出
A	B	C	F
0	0	0	0
0	0	1	0
0	1	0	0
0	1	1	1
1	0	0	0
1	0	1	1
1	1	0	1
1	1	1	1

表 4-17　函数功能表

输　入			输　出	中选 数据端
A	*B*	*C*	*F*	
0	0	0	0	$D_0=0$
		1	0	
0	1	0	0	$D_1=C$
		1	1	
1	0	0	0	$D_2=C$
		1	1	
1	1	0	1	$D_3=1$
		1	1	

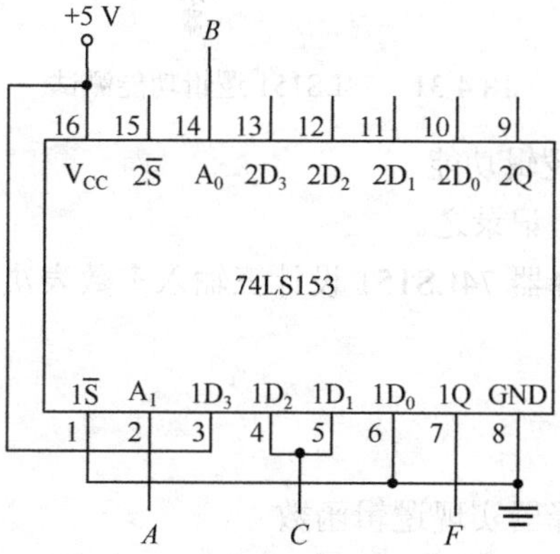

图 4-30　用 4 选 1 数据选择器实现接线图

当函数输入变量大于数据选择器地址端（*A*）时，可能随着选用函数输入变量作为地址的方案不同，而使其设计结果不同，需对几种方案进行比较，以获得最佳方案。

3．实验设备与器件

（1）+5 V 直流电源；

（2）逻辑电平开关；

（3）逻辑电平显示器；

（4）电路元器件：74LS151（或 CC4512），74LS153（或 CC4539）。

4．实验内容

（1）测试数据选择器 74LS151 的逻辑功能

按图 4-31 接线，地址端 A_2、A_1、A_0、数据端 D_0～D_7、使能端 $\overline{S}$ 接逻辑开关，输出端 Q 接逻辑电平显示器，按 74LS151 功能表逐项进行测试，记录测试结果。

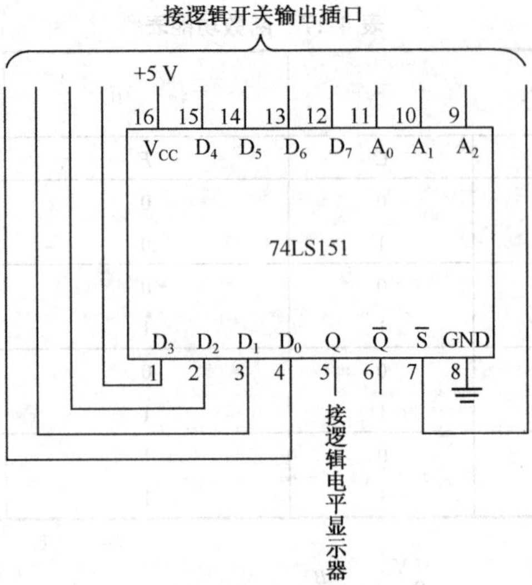

图 4-31　74LS151 逻辑功能测试

（2）测试 74LS153 的逻辑功能

测试方法及步骤同上，记录之。

（3）用 8 选 1 数据选择器 74LS151 设计三输入多数表决电路

① 写出设计过程；

② 画出接线图；

③ 验证逻辑功能。

（4）用 8 选 1 数据选择器实现逻辑函数

① 写出设计过程；

② 画出接线图；

③ 验证逻辑功能。

（5）用双 4 选 1 数据选择器 74LS153 实现全加器

① 写出设计过程；

② 画出接线图；

③ 验证逻辑功能。

5．预习内容

（1）复习数据选择器的工作原理。

（2）用数据选择器对实验内容中各函数式进行预设计。

6．实验报告

用数据选择器对实验内容进行设计、写出设计全过程、画出接线图、进行逻辑功能测试；总结实验收获和体会。

4.2.4 触发器及其应用

1．实验目的

（1）掌握基本 RS、JK、D 和 T 触发器的逻辑功能。

（2）掌握集成触发器的逻辑功能及使用方法。

（3）熟悉触发器之间相互转换的方法。

2．实验原理

触发器具有两个稳定状态，用以表示逻辑状态“1”和“0”，在一定的外界信号作用下，可以从一个稳定状态翻转到另一个稳定状态，它是一个具有记忆功能的二进制信息存储器件，是构成各种时序电路的最基本逻辑单元。

（1）基本 RS 触发器

图 4-32 为由两个与非门交叉耦合构成的基本 RS 触发器，它是无时钟控制低电平直接触发的触发器。基本 RS 触发器具有置“0”、置“1”和“保持”三种功能。通常称$\overline{S}$为置“1”端，因为$\overline{S}=0$（$\overline{R}=1$）时触发器被置“1”；$\overline{R}$为置“0”端，因为$\overline{R}=0$（$\overline{S}=1$）时触发器被置“0”，当$\overline{S}=\overline{R}=1$时状态保持；$\overline{S}=\overline{R}=0$时，触发器状态不定，应避免此种情况发生，表 4-18 所示为基本 RS 触发器的功能表，其中ϕ表示不定态。

基本 RS 触发器也可以用两个“或非门”组成，此时为高电平触发有效。

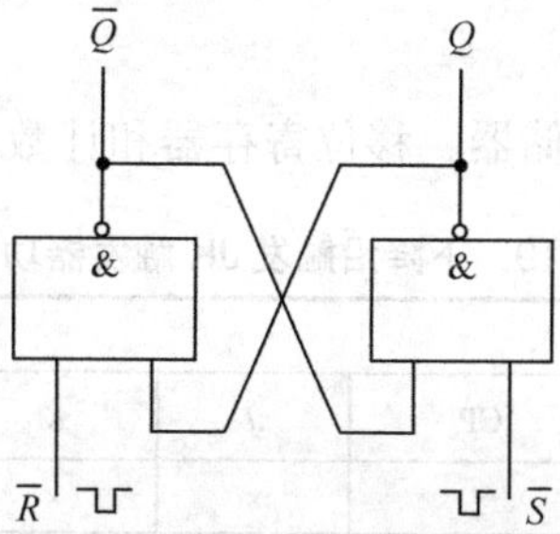

图 4-32 基本 RS 触发器

表 4-18 基本 RS 触发器功能表

输入		输出	
$\overline{S}$	$\overline{R}$	Q^{n+1}	$\overline{Q}^{n+1}$
0	1	1	0
1	0	0	1
1	1	Q^n	$\overline{Q}^n$
0	0	ϕ	ϕ

（2）JK 触发器

在输入信号为双端的情况下，JK 触发器是功能完善、使用灵活和通用性较强的一种触发器。本实验采用 74LS112 双 JK 触发器，是下降边沿触发的边沿触发器。引脚功能及逻辑符号如图 4-33 所示。

JK 触发器的状态方程为

$$Q^{n+1} = J\overline{Q^n} + \overline{K}Q^n \tag{4-6}$$

J 和 K 是数据输入端，是触发器状态更新的依据，若 J、K 有两个或两个以上输入端时，组成“与”的关系。Q 与 $\overline{Q}$ 为两个互补输出端。通常把 $Q=0$、$\overline{Q}=1$ 的状态定为触发器“0”状态；而把 $Q=1$，$\overline{Q}=0$ 定为“1”状态。

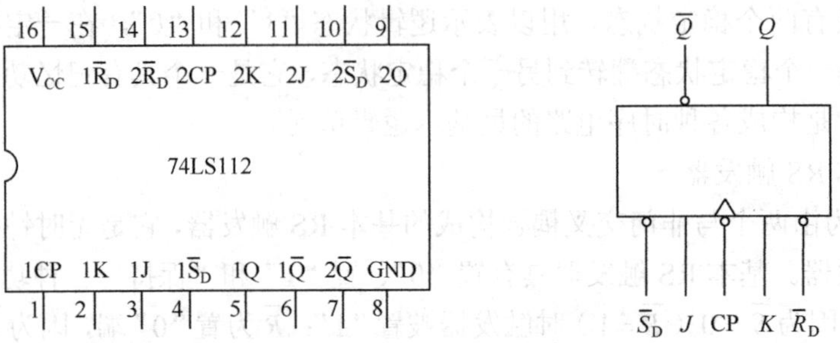

图 4-33　74LS112 双 JK 触发器引脚排列及逻辑符号

下降沿触发 JK 触发器的功能表如表 4-19 所示，其中，“×”表示任意态；“↓”表示高电平到低电平跳变；“↑”表示低电平到高电平跳变；Q^n（$\overline{Q}^n$）表示现态；Q^{n+1}（$\overline{Q}^{n+1}$）表示次态；ϕ表示不定态。

JK 触发器常被用做缓冲存储器、移位寄存器和计数器。

表 4-19　下降沿触发 JK 触发器功能表

输入					输出	
$\overline{S}_D$	$\overline{R}_D$	CP	J	K	Q^{n+1}	$\overline{Q}^{n+1}$
0	1	×	×	×	1	0
1	0	×	×	×	0	1
0	0	×	×	×	ϕ	ϕ
1	1	↓	0	0	Q^n	$\overline{Q}^n$
1	1	↓	1	0	1	0
1	1	↓	0	1	0	1
1	1	↓	1	1	$\overline{Q}^n$	Q^n
1	1	↑	×	×	Q^n	$\overline{Q}^n$

（3）D 触发器

在输入信号为单端的情况下，D 触发器用起来最为方便，其状态方程为 $Q^{n+1}=Q^n$，其输出状态的更新发生在 CP 脉冲的上升沿，故又称为上升沿触发的边沿触发器，触发器的状态只取决于时钟到来前 D 端的状态。D 触发器的应用很广，可用做数字信号的寄存、移位寄存、分频和波形发生等。有很多种型号可供各种用途的需要而选用，如双D74LS74、四D 74LS175、六D 74LS174等。

图4-34为双D 74LS74的引脚排列及逻辑符号，表4-20所示为其逻辑功能表，其中×表示任意态。

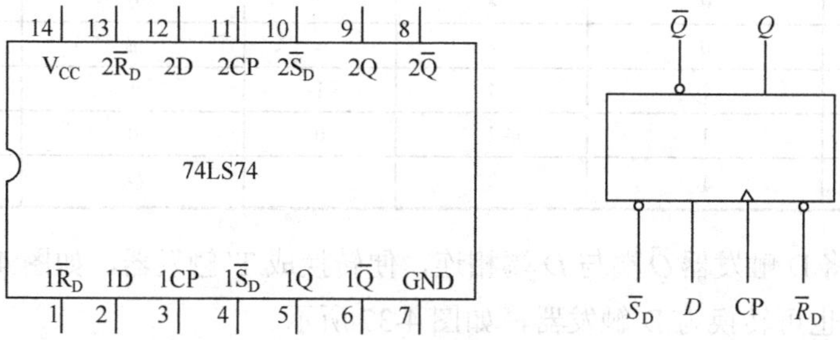

图4-34 74LS74引脚排列及逻辑符号

表4-20 74LS74逻辑功能表

输入				输出
$\overline{S}^D$	$\overline{R}^D$	CP	T	Q^{n+1}
0	1	×	×	1
1	0	×	×	0
1	1	↓	0	Q^n
1	1	↓	1	$\overline{Q}^n$

（4）触发器之间的相互转换

在集成触发器的产品中，每一种触发器都有自己固定的逻辑功能，但可以利用转换的方法获得具有其他功能的触发器。例如，将JK触发器的J、K两端连在一起，并认它为T端，就得到所需的T触发器，如图4-35（a）所示。其状态方程为：$Q^{n+1}=T\overline{Q^n}+\overline{T}Q^n$

T触发器的功能表如表4-21所示。由功能表可见，当T=0时，时钟脉冲作用后，其状态保持不变；当T=1时，时钟脉冲作用后，触发器状态翻转。所以，若将T触发器的T端置“1”，如图4-35（b）所示，即得T′触发器。在T′触发器的CP端每来一个CP脉冲信号，触发器的状态就翻转一次，故称为反转触发器，它广泛用于计数电路中。

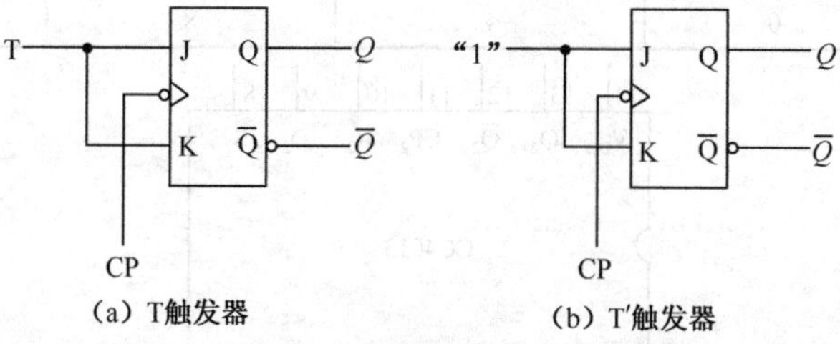

图4-35 JK触发器转换为T、T′触发器

表 4-21　T 触发器逻辑功能表

输　入				输　出	
$\overline{S}_D$	$\overline{R}_D$	CP	D	Q^{n+1}	$\overline{Q}^{n+1}$
0	1	×	×	1	0
1	0	×	×	0	1
0	0	×	×	ϕ	ϕ
1	1	↑	1	1	0
1	1	↑	0	0	1
1	1	↓	×	Q^n	$\overline{Q}^n$

同样，若将 D 触发器 $\overline{Q}$ 端与 D 端相连，便转换成 T′ 触发器，如图 4-36 所示。

JK 触发器也可转换为 D 触发器，如图 4-37 所示。

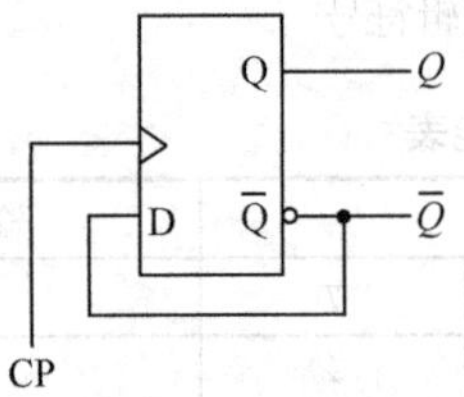

图 4-36　D 触发器转换成 T 触发器

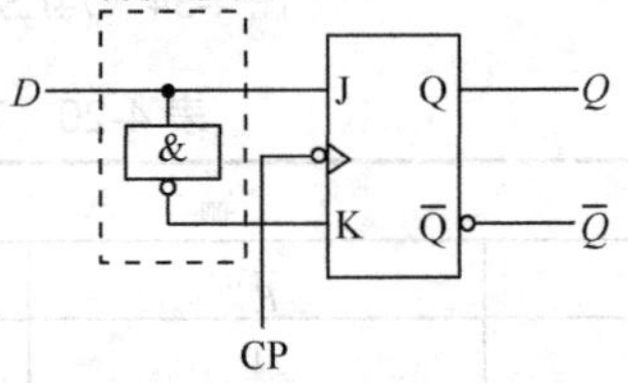

图 4-37　JK 触发器转换成 D 触发器

（5）CMOS 触发器

① CMOS 边沿型 D 触发器

CC4013 是由 CMOS 传输门构成的边沿型 D 触发器。它是上升沿触发的双 D 触发器，表 4-22 所示为其功能表，图 4-38 所示为引脚排列。

表 4-22　CC4013 逻辑功能表

输　入				输　出
S	R	CP	D	Q^{n+1}
1	0	×	×	1
0	1	×	×	0
1	1	×	×	ϕ
0	0	↑	1	1
0	0	↑	0	0
0	0	↓	×	Q^n

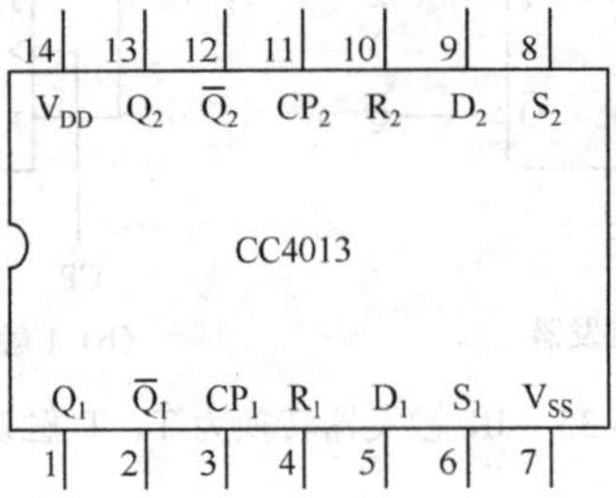

图 4-38　CC4013 引脚排列图

② CMOS 边沿型 JK 触发器

CC4027 是由 CMOS 传输门构成的边沿型 JK 触发器，它是上升沿触发的双 JK 触发器，表 4-23 所示为其功能表，图 4-39 所示为引脚排列图。

表 4-23 CC4027 逻辑功能表

输入					输出
S	R	CP	J	K	Q^{n+1}
1	0	×	×	×	1
0	1	×	×	×	0
1	1	×	×	×	ϕ
0	0	↑	0	0	Q^n
0	0	↑	1	0	1
0	0	↑	0	1	0
0	0	↑	1	1	$\bar{Q}^n$
0	0	↓	×	×	Q^n

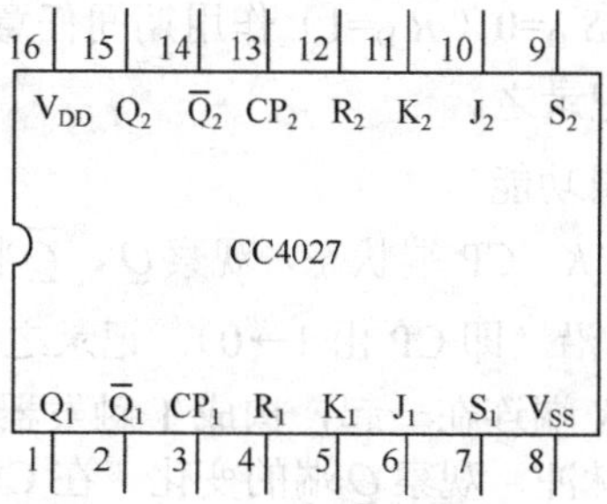

图 4-39 CC4027 引脚排列图

CMOS 触发器的直接置位、复位输入端 S 和 R 是高电平有效，当 S=1（或 R=1）时，触发器将不受其他输入端所处状态的影响，使触发器直接置 1（或置 0）。但直接置位、复位输入端 S 和 R 必须遵守 RS=0 的约束条件。CMOS 触发器在按逻辑功能工作时，S 和 R 必须均置 0。

3．实验设备与器件

（1）+5 V 直流电源；

（2）双踪示波器；

（3）连续脉冲源；

（4）单次脉冲源；

（5）逻辑电平开关；

（6）逻辑电平显示器；

（7）电路元器件：74LS112（或 CC4027），74LS00（或 CC4011），74LS74（或 CC4013）。

4．实验内容

（1）测试基本 RS 触发器的逻辑功能

按图 4-32，用两个与非门组成基本 RS 触发器，输入端 $\overline{R}$ 、$\overline{S}$ 接逻辑开关的输出插口，输出端 Q、$\overline{Q}$ 接逻辑电平显示输入插口，按表 4-24 要求测试，记录之。

表 4-24　基本 RS 触发器逻辑功能

$\overline{R}$	$\overline{S}$	Q	$\overline{Q}$
1	1→0		
	0→1		
1→0	1		
0→1			
0	0		

（2）测试双 JK 触发器 74LS112 逻辑功能

① 测试 $\overline{R}_D$、$\overline{S}_D$ 的复位和置位功能

任取一只 JK 触发器，$\overline{R}_D$、$\overline{S}_D$、J、K 端接逻辑开关输出插口，CP 端接单次脉冲源，Q、$\overline{Q}$ 端接至逻辑电平显示输入插口。要求改变 $\overline{R}_D$，$\overline{S}_D$（J、K、CP 处于任意状态），并在 $\overline{R}_D$=0（$\overline{S}_D$=1）或 $\overline{S}_D$=0（$\overline{R}_D$=1）作用期间任意改变 J、K 及 CP 的状态，观察 Q、$\overline{Q}$ 状态。自拟表格并记录之。

② 测试 JK 触发器的逻辑功能

按表 4-25 的要求改变 J、K、CP 端状态，观察 Q、$\overline{Q}$ 状态变化，观察触发器状态更新是否发生在 CP 脉冲的下降沿（即 CP 由 1→0），记录之。

（3）将 JK 触发器的 J、K 端连在一起，构成 T 触发器

在 CP 端输入 1 Hz 连续脉冲，观察 Q 端的变化。在 CP 端输入 1 kHz 连续脉冲，用双踪示波器观察 CP、Q、$\overline{Q}$ 端波形，注意相位关系，描绘之。

表 4-25　基本 RS 触发器逻辑功能

J	K	CP	Q^{n+1}	
			Q^n=0	Q^n=1
0	0	0→1		
		1→0		
0	1	0→1		
		1→0		
1	0	0→1		
		1→0		
1	1	0→1		
		1→0		

（4）测试双 D 触发器 74LS74 的逻辑功能

① 测试 $\overline{R}_D$、$\overline{S}_D$ 的复位和置位功能

测试方法同实验内容（1）和（2），自拟表格记录。

② 测试D触发器的逻辑功能

按表4-26要求进行测试，并观察触发器状态更新是否发生在CP脉冲的上升沿（即由0→1），记录之。

表4-26 D触发器逻辑功能

D	CP	Q^{n+1}	
		Q^n=0	Q^n=1
0	0→1		
	1→0		
1	0→1		
	1→0		

③ 将D触发器的$\overline{Q}$端与D端相连接，构成T′触发器

测试方法同实验内容（2）和（3），自拟表格记录之。

（5）双相时钟脉冲电路

用JK触发器及与非门构成的双相时钟脉冲电路如图4-40所示，此电路是用来将时钟脉冲CP转换成两相时钟脉冲CP_A及CP_B，其频率相同、相位不同。

分析电路工作原理，并按图4-40接线，用双踪示波器同时观察CP、CP_A；CP、CP_B及CP_A、CP_B波形，并描绘之。

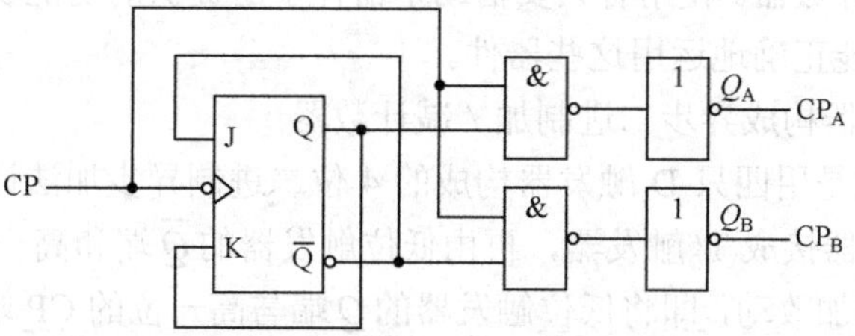

图4-40 双相时钟脉冲电路

（6）乒乓球练习电路

电路功能要求：模拟两名动运员在练球时，乒乓球能往返运转。（提示：采用双D触发器74LS74设计实验线路，两个CP端触发脉冲分别由两名运动员操作，两触发器的输出状态用逻辑电平显示器显示。）

5．预习内容

（1）复习有关触发器内容。

（2）列出各触发器功能测试表格。

（3）按实验内容4、5的要求设计线路，拟定实验方案。

6．实验报告

（1）列表整理各类触发器的逻辑功能。

（2）总结观察到的波形，说明触发器的触发方式。

（3）体会触发器的应用。

（4）利用普通的机械开关组成的数据开关所产生的信号是否可作为触发器的时钟脉冲信号？为什么？是否可以用做触发器的其他输入端的信号？又是为什么？

4.2.5 计数器及其应用

1．实验目的

（1）学习用集成触发器构成计数器的方法。

（2）掌握中规模集成计数器的使用及功能测试方法。

（3）运用集成计数器构成 1/*N* 分频器。

2．实验原理

计数器是一个用以实现计数功能的时序部件，它不仅可用来计算脉冲数，还常用做数字系统的定时、分频和执行数字运算以及其他特定的逻辑功能。

计数器种类很多。按构成计数器中的各触发器是否使用一个时钟脉冲源来分，有同步计数器和异步计数器。根据计数制的不同，可分为二进制计数器、十进制计数器和任意进制计数器。根据计数的增减趋势，又分为加法、减法和可逆计数器。还有可预置数和可编程序功能计数器，等等。目前，无论是 TTL 还是 CMOS 集成电路，都有品种较齐全的中规模集成计数器。使用者只要借助于器件手册提供的功能表和工作波形图以及引出端的排列，就能正确地运用这些器件。

（1）用 D 触发器构成异步二进制加 / 减计数器

图 4-41 所示的是用四只 D 触发器构成的 4 位二进制异步加法计数器，它的连接特点是将每只 D 触发器接成 T′触发器，再由低位触发器的 $\overline{Q}$ 端和高一位的 CP 端相连接。

若将图 4-41 稍加改动，即将低位触发器的 Q 端与高一位的 CP 端相连接，即构成了一个 4 位二进制减法计数器。

（2）中规模十进制计数器

CC40192 是同步十进制可逆计数器，具有双时钟输入，并具有清除和置数等功能，其引脚排列及逻辑符号如图 4-42 所示。

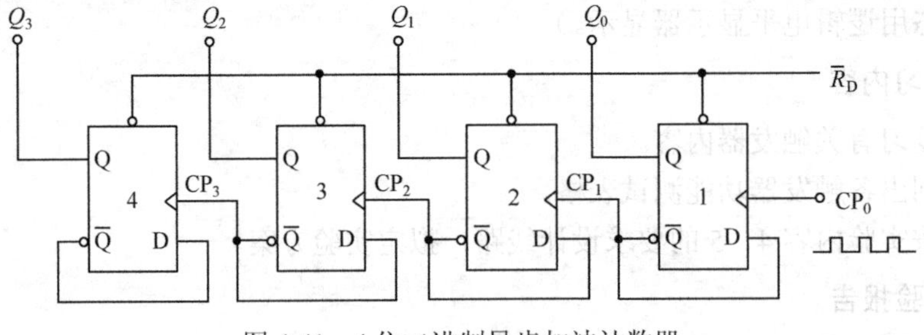

图 4-41 4 位二进制异步加法计数器

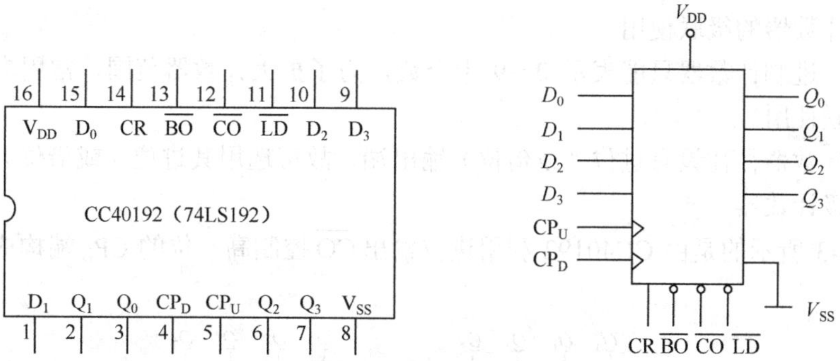

图 4-42　CC40192 引脚排列及逻辑符号

图中 $\overline{LD}$ 为置数端，CP_U 为加计数端，CP_D 为减计数端，$\overline{CO}$ 为非同步进位输出端，$\overline{BO}$ 为非同步借位输出端。D_0、D_1、D_2、D_3 为计数器输入端，Q_0、Q_1、Q_2、Q_3 为数据输出端，CR 为清除端。

CC40192（同 74LS192，二者可互换使用）的功能如表 4-27 所示。

表 4-27　CC40192（74LS192）逻辑功能表

输　入								输　出			
CR	$\overline{LD}$	CP_U	CP_D	D_3	D_2	D_1	D_0	Q_3	Q_2	Q_1	Q_0
1	×	×	×	×	×	×	×	0	0	0	0
0	0	×	×	d	c	b	a	d	c	b	a
0	1	↑	1	×	×	×	×	加　计　数			
0	1	1	↑	×	×	×	×	减　计　数			

在表 4-27 中，d，c，b，a 分别对应表示 D_3，D_2，D_1，D_0 输入的任意二进制数值。

当清除端 CR 为高电平“1”时，计数器直接清零；CR 置低电平则执行其他功能。

当 CR 为低电平，置数端 $\overline{LD}$ 也为低电平时，数据直接从置数端 D_0、D_1、D_2、D_3 置入计数器。

当 CR 为低电平，$\overline{LD}$ 为高电平时，执行计数功能。执行加计数时，减计数端 CP_D 接高电平，计数脉冲由 CP_U 输入；在计数脉冲上升沿进行 8421 码十进制加法计数。执行减计数时，加计数端 CP_U 接高电平，计数脉冲由减计数端 CP_D 输入，表 4-28 所示为 8421 码十进制加、减计数器的状态转换表。

表 4-28　8421 码十进制加、减计数器的状态转换表

加法计数 →

输入脉冲数		0	1	2	3	4	5	6	7	8	9
输出	Q_3	0	0	0	0	0	0	0	0	1	1
	Q_2	0	0	0	0	1	1	1	1	0	0
	Q_1	0	0	1	1	0	0	1	1	0	0
	Q_0	0	1	0	1	0	1	0	1	0	1

← 减法计数

（3）计数器的级联使用

一个十进制计数器只能表示 0～9 十个数，为了扩大计数器范围，常用多个十进制计数器级联使用。

同步计数器往往设有进位（或借位）输出端，故可选用其进位（或借位）输出信号驱动下一级计数器。

图 4-43 所示的是由 CC40192 利用进位输出 $\overline{CO}$ 控制高一位的 CP_U 端构成的加数级联图。

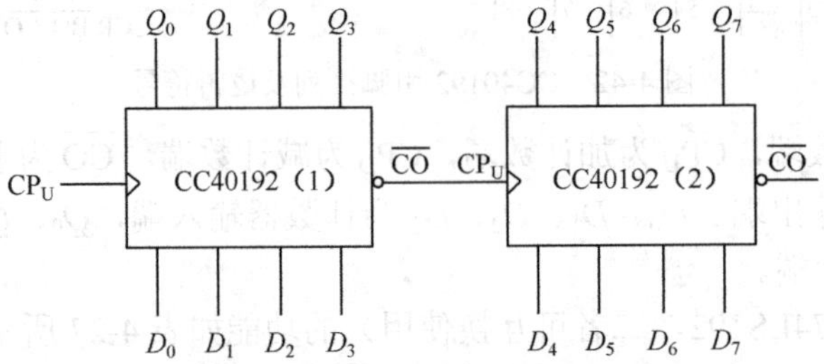

图 4-43　CC40192 级联电路

（4）实现任意进制计数器

① 用复位法获得任意进制计数器

假定已有 N 进制计数器，而需要得到一个 M 进制计数器时，只要 $M<N$，用复位法使计数器计数到 M 时置“0”，即获得 M 进制计数器。如图 4-44 所示为一个由 CC40192 十进制计数器接成的六进制计数器。

② 利用预置功能获得 M 进制计数器

图 4-45 所示为用三个 CC40192 组成的四二一进制计数器。外加的由与非门构成的锁存器可以克服器件计数速度的离散性，保证在反馈置“0”信号作用下计数器可靠置“0”。

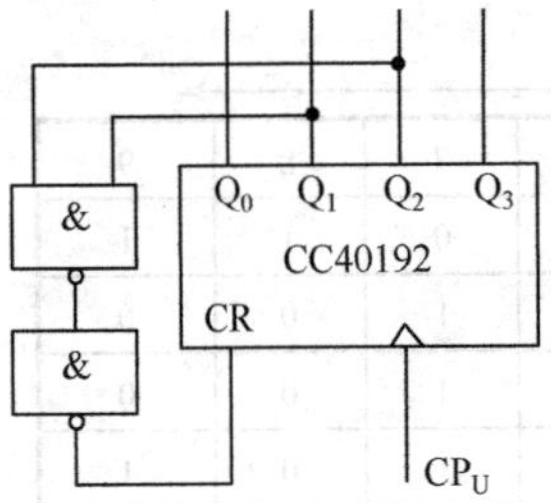

图 4-44　六进制计数器

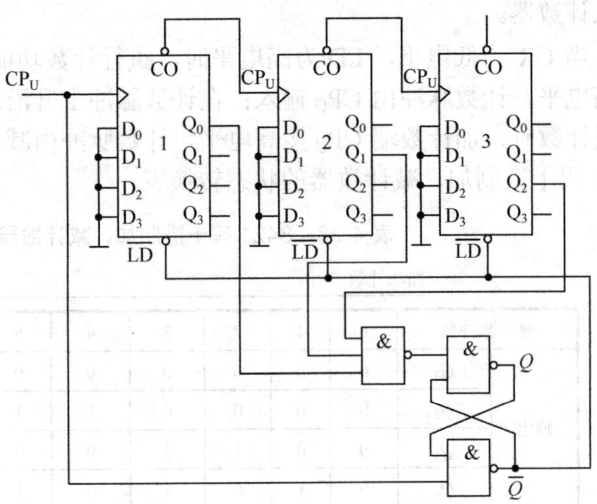

图 4-45　四二一进制计数器

图 4-46 所示的是一个特殊十二进制的计数器电路方案。在数字钟里，对时位的计数序列是 1、2、…、11，12、1、……是十二进制数的，且无 0 数。如图 4-46 所示，当计数到 13 时，通过与非门产生一个复位信号，使 CC40192（2）（时的十位）直接置成 0000，而 CC40192（1）（时的个位）直接置成 0001，从而实现了 1 至 12 的计数。

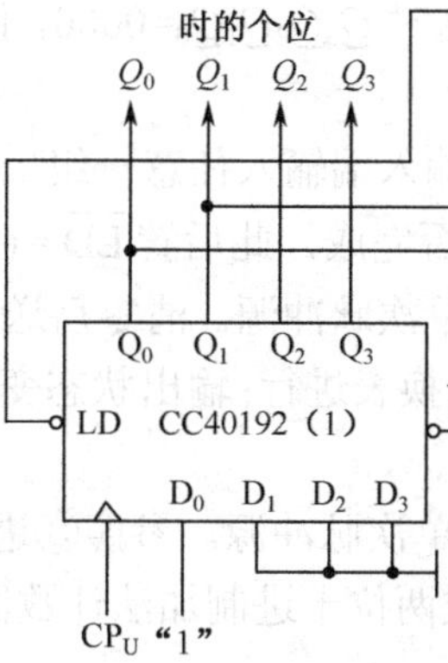

图 4-46 特殊十二进制计数器

3．实验设备与器件

（1）+5 V 直流电源；

（2）双踪示波器；

（3）连续脉冲源；

（4）单次脉冲源；

（5）逻辑电平开关；

（6）逻辑电平显示器；

（7）译码显示器；

（8）集成电路：CC4013×2（74LS74），CC40192×3（74LS192），CC4011（74LS00），CC4012（74LS20）。

4．实验内容

（1）用 CC4013 或 74LS74 D 触发器构成 4 位二进制异步加法计数器。

① 按图 4-41 接线，$\overline{R}_D$ 接至逻辑开关输出插口，将低位 CP_0 端接单次脉冲源，输出端 Q_3、Q_2、Q_1、Q_0 接逻辑电平显示输入插口，各 $\overline{S}_D$ 接高电平“1”。

② 清零后，逐个送入单次脉冲，观察并列表记录 Q_3～Q_0 状态。

③ 将单次脉冲改为 1 Hz 的连续脉冲，观察 Q_3～Q_0 的状态。

④ 将 1 Hz 的连续脉冲改为 1 kHz，用双踪示波器观察 CP、Q_3、Q_2、Q_1、Q_0 端波形，描绘之。

⑤ 将图 4-41 电路中的低位触发器的 Q 端与高一位的 CP 端相连接，构成减法计数器，按实验内容②③④进行实验，观察并列表记录 Q_3～Q_0 的状态。

（2）测试 CC40192 或 74LS192 同步十进制可逆计数器的逻辑功能。

计数脉冲由单次脉冲源提供，清除端 CR、置数端 $\overline{LD}$、数据输入端 D_3、D_2、D_1、D_0 分别接逻辑开关，输出端 Q_0、Q_1、Q_2、Q_3 接实验设备的一个译码显示输入相应插口 A、B、C、D；$\overline{CO}$ 和 $\overline{BO}$ 接逻辑电平显示插口。按表 4-26 逐项测试并判断该集成块的功能是否正常。

① 清除。令 CR=1，其他输入为任意态，这时 $Q_3Q_2Q_1Q_0$=0000，译码数字显示为 0。清除功能完成后，置 CR=0。

② 置数。CR=0、CP_U 和 CP_D 为任意，数据输入端输入任意一组二进制数，令 $\overline{LD}$=0，观察计数译码显示的输出，以确定予置功能是否完成，此后置 $\overline{LD}$=1。

③ 加计数。CR=0，$\overline{LD}$=CP_D=1，CP_U 接单次脉冲源。清零后送入 10 个单次脉冲，观察译码数字显示是否按 8421 码十进制状态转换表进行；输出状态变化是否发生在 CP_U 的上升沿。

④ 减计数。CR=0，$\overline{LD}$=CP_U=1，CP_D 接单次脉冲源。参照③进行实验。

（3）如图 4-43 所示，用两片 CC40192 组成两位十进制加法计数器，输入 1 Hz 连续计数脉冲，进行由 00 至 99 累加计数，记录之。

（4）将两位十进制加法计数器改为两位十进制减法计数器，实现由 99 至 00 递减计数，记录之。

（5）按图 4-44 电路进行实验，记录之。

（6）按图 4-45，或图 4-46 进行实验，记录之。

（7）设计一个数字钟移位六十进制计数器并进行实验。

5．实验预习要求

（1）复习有关计数器部分内容。

（2）绘出各实验内容的详细电路图。

（3）拟出各实验内容所需的测试记录表格。

（4）查手册，给出并熟悉实验所用各集成块的引脚排列图。

6．实验报告

（1）画出实验线路图，记录、整理实验现象及实验所得的有关波形。对实验结果进行分析。

（2）总结使用集成计数器的体会。

4.2.6 移位寄存器及其应用

1．实验目的

（1）掌握中规模 4 位双向移位寄存器逻辑功能及使用方法。

（2）熟悉移位寄存器的应用——实现数据的串行 / 并行转换和构成环形计数器。

2．实验原理

（1）移位寄存器是一个具有移位功能的寄存器，是指寄存器中所存的代码能够在移位脉冲的作用下依次左移或右移。既能左移又能右移的称为双向移位寄存器，只需要改变左、右移的控制信号便可实现双向移位要求。根据移位寄存器存取信息的方式不同可分为：串入串出、串入并出、并入串出、并入并出四种形式。

本实验选用的4位双向通用移位寄存器，型号为CC40194或74LS194，两者功能相同，可互换使用，图4-47所示为其逻辑符号及引脚排列图。

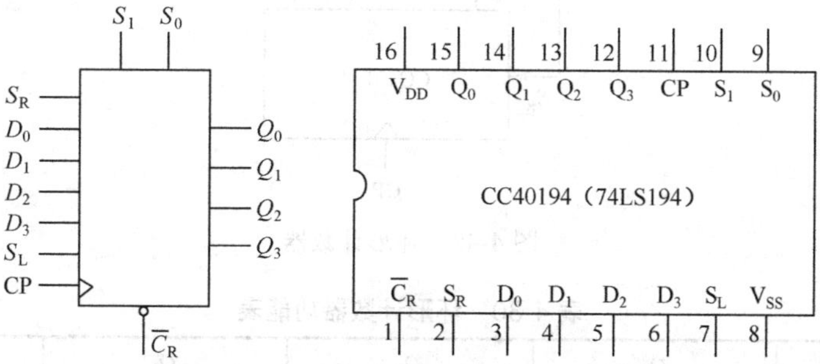

图4-47　CC40194的逻辑符号及引脚功能

在图4-47中，D_0、D_1、D_2、D_3为并行输入端；Q_0、Q_1、Q_2、Q_3为并行输出端；S_R为右移串行输入端；S_L为左移串行输入端；S_1、S_0为操作模式控制端；$\overline{C}_R$为直接无条件清零端；CP为时钟脉冲输入端。

CC40194有5种不同操作模式，即并行送数寄存、右移（方向由$Q_0 \rightarrow Q_3$）、左移（方向由$Q_3 \rightarrow Q_0$）、保持及清零。

表4-29所示为CC40194的逻辑功能表，其中S_1、S_0和$\overline{C}_R$端为控制端。

（2）移位寄存器应用很广，可构成移位寄存器型计数器、顺序脉冲发生器、串行累加器；可用做数据转换，即把串行数据转换为并行数据，或把并行数据转换为串行数据等。本实验研究移位寄存器用做环形计数器和数据的串行、并行转换。

表4-29　CC40194逻辑功能表

功能	输入										输出			
	CP	$\overline{C}_R$	S_1	S_0	S_R	S_L	D_0	D_1	D_2	D_3	Q_0	Q_1	Q_2	Q_3
清除	×	0	×	×	×	×	×	×	×	×	0	0	0	0
送数	↑	1	1	1	×	×	a	b	c	d	a	b	c	d
右移	↑	1	0	1	D_{SR}	×	×	×	×	×	D_{SR}	Q_0	Q_1	Q_2
左移	↑	1	1	0	×	D_{SL}	×	×	×	×	Q_1	Q_2	Q_3	D_{SL}
保持	↑	1	0	0	×	×	×	×	×	×	Q_0^n	Q_1^n	Q_2^n	Q_3^n
保持	↓	1	×	×	×	×	×	×	×	×	Q_0^n	Q_1^n	Q_2^n	Q_3^n

① 环形计数器。

把移位寄存器的输出反馈到它的串行输入端，就可以进行循环移位，如图4-48所示，把输出端Q_3和右移串行输入端S_R相连接，设初始状态$Q_0Q_1Q_2Q_3$=1 000，则在时钟

脉冲作用下 $Q_0Q_1Q_2Q_3$ 将依次变为 0100→0010→0001→1000→……，如表 4-30 所示，可见它是一个具有 4 个有效状态的计数器，这种类型的计数器通常称为环形计数器。图 4-48 电路可以由各个输出端输出在时间上有先后顺序的脉冲，因此也可作为顺序脉冲发生器。

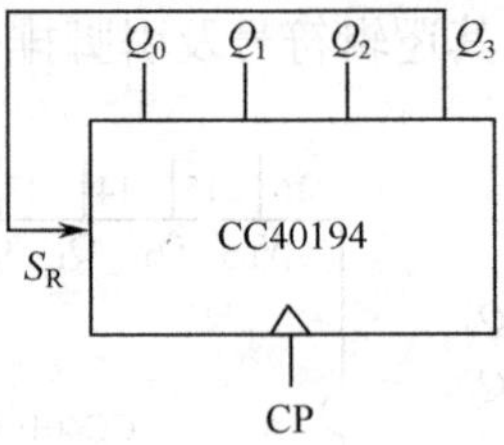

图 4-48　环形计数器

表 4-30　环形计数器功能表

CP	Q_0	Q_1	Q_2	Q_3
0	1	0	0	0
1	0	1	0	0
2	0	0	1	0
3	0	0	0	1

如果将输出 Q_0 与左移串行输入端 S_L 相连接，即可达左移循环移位。

② 实现数据串行 / 并行转换。

- 串行 / 并行转换器。

串行 / 并行转换器是指串行输入的数码，经转换电路之后变换成并行输出。图 4-49 所示的是用二片 CC40194（74LS194）四位双向移位寄存器组成的七位串行 / 并行数据转换电路。

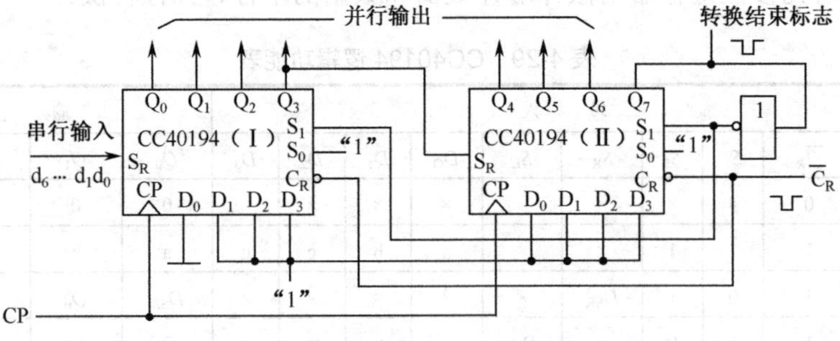

图 4-49　七位串行 / 并行转换器

电路中 S_0 端接高电平 1，S_1 受 Q_7 控制，二片寄存器连接成串行输入右移工作模式。Q_7 是转换结束标志。当 Q_7=1 时，S_1 为 0，使之成为 S_1S_0=01 的串行输入右移工作方式，当 Q_7=0 时，S_1=1，有 S_1S_0=10，则串行送数结束，标志着串行输入的数据已转换成并行输出了。

串行 / 并行转换的具体过程如下：

转换前，$\overline{C}_R$端加低电平，使 1、2 两片寄存器的内容清 0，此时 S_1S_0=11，寄存器执行并行输入工作方式。当第一个 CP 脉冲到来后，寄存器的输出状态 Q_0～Q_7 为 01111111，与此同时 S_1S_0 变为 01，转换电路变为执行串行输入右移工作方式，串行输入数据由 1 片的 S_R 端加入。随着 CP 脉冲的依次加入，输出状态的变化如表 4-31 所示。

表 4-31 移位寄存器逻辑功能表

CP	Q_0	Q_1	Q_2	Q_3	Q_4	Q_5	Q_6	Q_7	说明
0	0	0	0	0	0	0	0	0	清零
1	0	1	1	1	1	1	1	1	送数
2	d_0	0	1	1	1	1	1	1	右移操作七次
3	d_1	d_0	0	1	1	1	1	1	
4	d_2	d_1	d_0	0	1	1	1	1	
5	d_3	d_2	d_1	d_0	0	1	1	1	
6	d_4	d_3	d_2	d_1	d_0	0	1	1	
7	d_5	d_4	d_3	d_2	d_1	d_0	0	1	
8	d_6	d_5	d_4	d_3	d_2	d_1	d_0	0	
9	0	1	1	1	1	1	1	1	送数

由表 4-31 可见，右移操作七次之后，Q_7 变为 0，S_1S_0 又变为 11，说明串行输入结束。这时，串行输入的数码已经转换成了并行输出了。

当再来一个 CP 脉冲时，电路又重新执行一次并行输入，为第二组串行数码转换作好了准备。

- 并行 / 串行转换器。

并行 / 串行转换器是指并行输入的数码经转换电路之后，换成串行输出。图 4-50 是用两片 CC40194（74LS194）组成的七位并行 / 串行转换电路，它比图 4-49 多了两只与非门 G_1 和 G_2，电路工作方式同样为右移。

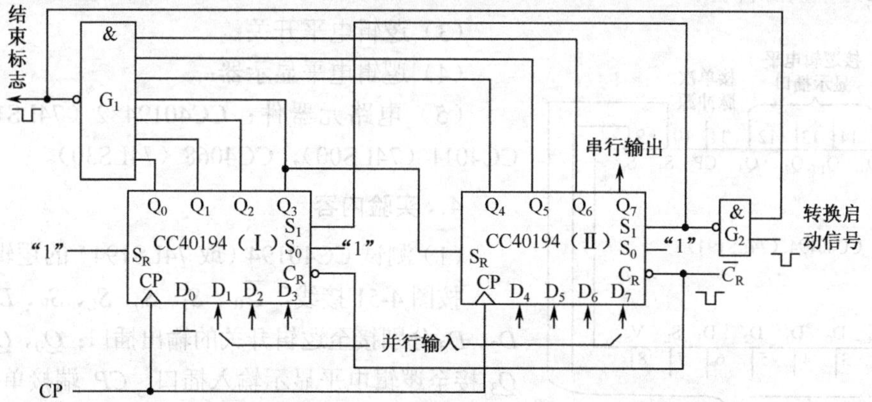

图 4-50 七位并行 / 串行转换器

寄存器清“0”后，加一个转换启动信号（负脉冲或低电平）。此时，由于方式控制 S_1S_0 为 11，转换电路执行并行输入操作。当第一个 CP 脉冲到来后，$Q_0Q_1Q_2Q_3Q_4Q_5Q_6Q_7$ 的状态为 $D_0D_1D_2D_3D_4D_5D_6D_7$，并行输入数码存入寄存器。从而使得 G_1 输出为 1，G_2 输出为 0，结果，S_1S_2 变为 01，转换电路随着 CP 脉冲的加入，开始执行右移串行输出，随着 CP 脉冲的依次加入，输出状态依次右移，待右移操作七次后，Q_0～Q_6 的状态都为高电平 1，与非门 G_1 输出为低电平，G_2 门输出为高电平，S_1S_2 又变为 11，表示并行/串行转换结束，且为第二次并行输入创造了条件。转换过程如表 4-32 所示。

表 4-32　并行转串行功能表

CP	Q_0	Q_1	Q_2	Q_3	Q_4	Q_5	Q_6	Q_7	串行输出						
0	0	0	0	0	0	0	0	0							
1	0	D_1	D_2	D_3	D_4	D_5	D_6	D_7							
2	1	0	D_1	D_2	D_3	D_4	D_5	D_6	D_7						
3	1	1	0	D_1	D_2	D_3	D_4	D_5	D_6	D_7					
4	1	1	1	0	D_1	D_2	D_3	D_4	D_5	D_6	D_7				
5	1	1	1	1	0	D_1	D_2	D_3	D_4	D_5	D_6	D_7			
6	1	1	1	1	1	0	D_1	D_2	D_3	D_4	D_5	D_6	D_7		
7	1	1	1	1	1	1	0	D_1	D_2	D_3	D_4	D_5	D_6	D_7	
8	1	1	1	1	1	1	1	0	D_1	D_2	D_3	D_4	D_5	D_6	D_7
9	0	D_1	D_2	D_3	D_4	D_5	D_6	D_7							

中规模集成移位寄存器，其位数往往以 4 位居多，当需要的位数多于 4 位时，可把几片移位寄存器用级连的方法来扩展位数。

3．实验设备及器件

（1）+5 V 直流电源；

（2）单次脉冲源；

（3）逻辑电平开关；

（4）逻辑电平显示器；

（5）电路元器件：CC40194×2（74LS194），CC4011（74LS00），CC4068（74LS30）。

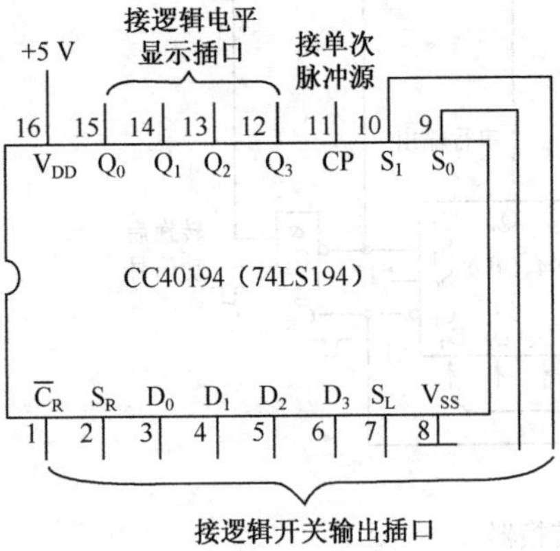

图 4-51　CC40194 逻辑功能测试

4．实验内容

（1）测试 CC40194（或 74LS194）的逻辑功能。

按图 4-51 接线，$\overline{C}_R$、S_1、S_0、S_L、S_R、D_0、D_1、D_2、D_3 分别接至逻辑开关的输出插口；Q_0、Q_1、Q_2、Q_3 接至逻辑电平显示输入插口。CP 端接单次脉冲源。按表 4-33 所规定的输入状态，逐项进行测试。

① 清除：令 $\overline{C}_R$=0，其他输入均为任意态，这

时寄存器输出 Q_0、Q_1、Q_2、Q_3 应均为 0。清除后，置 $\overline{C}_R=1$。

② 送数：令 $\overline{C}_R=S_1=S_0=1$，送入任意 4 位二进制数，如 $D_0D_1D_2D_3=abcd$，加 CP 脉冲，观察 CP=0、CP 由 0→1、CP 由 1→0 三种情况下寄存器输出状态的变化，观察寄存器输出状态变化是否发生在 CP 脉冲的上升沿。

③ 右移：清零后，令 $\overline{C}_R=1$，$S_1=0$，$S_0=1$，由右移输入端 S_R 送入二进制数如 0100，由 CP 端连续加 4 个脉冲，观察输出情况，记录之。

④ 左移：先清零或预置，再令 $\overline{C}_R=1$，$S_1=1$，$S_0=0$，由左移输入端 S_L 送入二进制数如 1111，连续加四个 CP 脉冲，观察输出端情况，记录之。

⑤ 保持：寄存器预置任意 4 位二进制数 abcd，令 $\overline{C}_R=1$，$S_1=S_0=0$，加 CP 脉冲，观察寄存器输出状态，记录之。

表 4-33　CC40194 逻辑功能表

清除	模式		时钟	串行		输入	输出	功能总结
$\overline{C}_R$	S_1	S_0	CP	S_L	S_R	$D_0D_1D_2D_3$	$Q_0Q_1Q_2Q_3$	
0	×	×	×	×	×	××××		
1	1	1	↑	×	×	abcd		
1	0	1	↑	×	0	××××		
1	0	1	↑	×	1	××××		
1	0	1	↑	×	0	××××		
1	0	1	↑	×	0	××××		
1	1	0	↑	1	×	××××		
1	1	0	↑	1	×	××××		
1	1	0	↑	1	×	××××		
1	1	0	↑	1	×	××××		
1	0	0	↑	×	×	××××		

（2）环形计数器

自拟实验线路用并行送数法预置寄存器为某二进制数（如 0100），然后进行右移循环，观察寄存器输出端状态的变化，记入表 4-34 中。

表 4-34　环形计数器功能表

CP	Q_0	Q_1	Q_2	Q_3
0	0	1	0	0
1				
2				
3				
4				

（3）实现数据的串行 / 并行转换

① 串行输入、并行输出

按图 4-49 接线，进行右移串入（串行输入）、并出（并行输出）实验，串入数码自定；改接电路用左移方式实现并行输出。自拟表格，记录之。

② 并行输入、串行输出

按图 4-50 接线，进行右移并入（并行输入）、串出（串行输出）实验，并入数码自定。再改接电路用左移方式实现串行输出。自拟表格，记录之。

4．预习内容

（1）复习有关寄存器及串行 / 并行转换器有关内容。

（2）查阅 CC40194、CC4011 及 CC4068 逻辑电路。熟悉其逻辑功能及引脚排列。

（3）在对 CC40194 进行送数后，若要使输出端改成另外的数码，是否一定要使寄存器清零？

（4）使寄存器清零，除采用 $\overline{C}_R$ 输入低电平外，可否采用右移或左移的方法？可否使用并行送数法？若可行，如何进行操作？

（5）若进行循环左移，图 4-50 所示的接线应如何改接？

（6）画出用两片 CC40194 构成的七位左移串行 / 并行转换器电路。

（7）画出用两片 CC40194 构成的七位左移并行 / 串行转换器电路。

5．实验报告

（1）分析表 4-31 所示的实验结果，总结移位寄存器 CC40194 的逻辑功能并写入表格功能总结一栏中。

（2）根据实验内容（环形计数器）的结果，画出 4 位环形计数器的状态转换图及波形图。

（3）分析串行 / 并行、并行 / 串行转换器所得结果的正确性。

4.2.7 脉冲分配器及其应用

1．实验目的

（1）熟悉集成时序脉冲分配器的使用方法及其应用。

（2）学习步进电动机的环形脉冲分配器的组成方法。

2．实验原理

（1）脉冲分配器

脉冲分配器的作用是产生多路顺序脉冲信号，它可以由计数器和译码器组成，也可以由环形计数器构成，图 4-52 中所示的 CP 端上的系列脉冲经 N 位二进制计数器和相应的译码器，可以转变为 2^N 路顺序输出脉冲。

（2）集成时序脉冲分配器 CC4017

CC4017 是按 BCD 计数 / 时序译码器组成的分配器。其逻辑符号及引脚功能如图 4-53 所示，表 4-35 所示为其逻辑功能表。

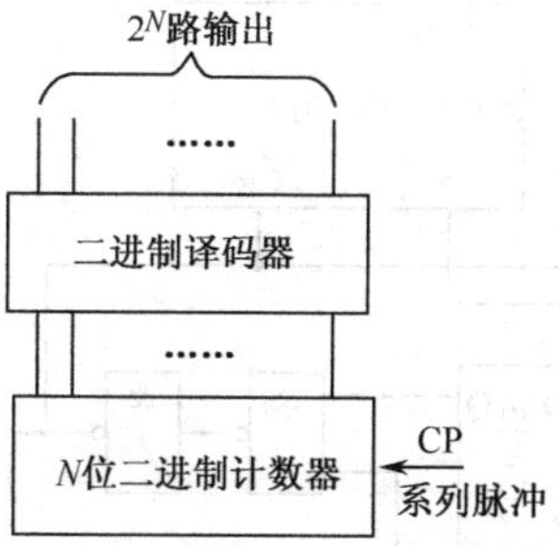

图 4-52　脉冲分配器的组成

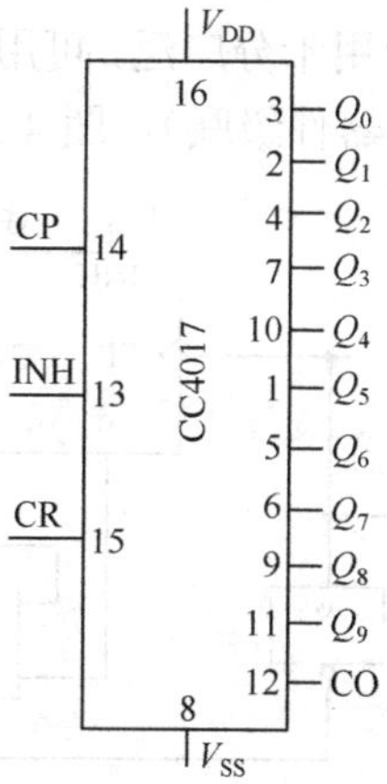

图 4-53　CC4017 的逻辑符号

表 4-35　集成时序脉冲分配器 CC4017 功能表

输　入			输　出	
CP	INH	CR	Q_0～Q_9	CO
×	×	1	Q_0	计数脉冲为 Q_0～Q_4 时，CO=1
↑	0	0	计　数	
1	↓	0		
0	×	0	保　持	计数脉冲为 Q_5～Q_9 时，CO=0
×	1	0		
↓	×	0		
×	↑	0		

其中，CO 为进位脉冲输出端；CP 为时钟输入端；CR 为清除端；INH 为禁止端；Q_0～Q_9 为计数脉冲输出端。CC4017 的输出波形如图 4-54 所示。

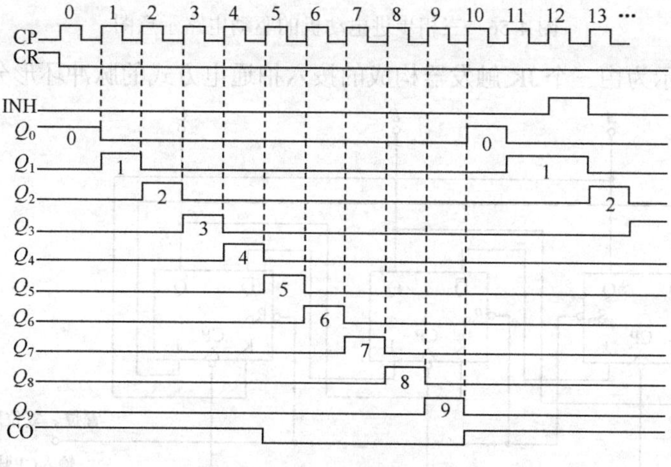

图 4-54　CC4017 的波形图

CC4017 应用十分广泛，可用于十进制计数、分频、1/*N* 计数（*N*=2～10 只需用一块，*N*>10 可用多块器件级联）。图 4-55 所示为由两片 CC4017 组成的 60 分频的电路。

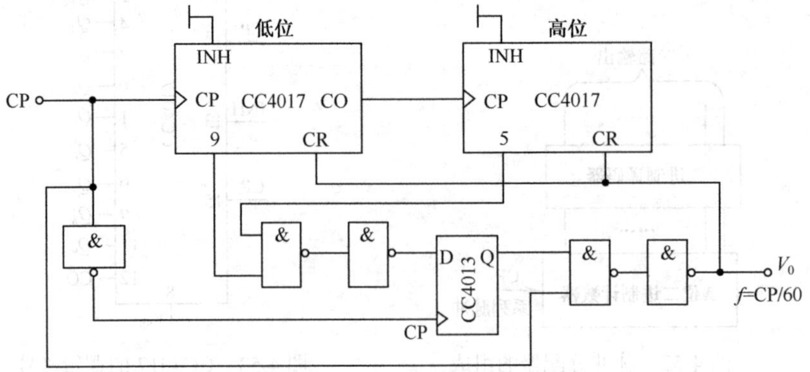

图 4-55　60 分频电路

（3）步进电动机的环形脉冲分配器

图 4-56 所示为某一三相步进电动机的驱动电路示意图。

A、*B*、*C* 分别表示步进电动机的三相绕组。步进电动机按三相六拍方式运行，即要求步进电动机正转时，控制端 *X*=1，使电动机三相绕组的通电顺序为

A— → *AB*— → *B*— → *BC*— → *C*— → *CA*

要求步进电动机反转时，令控制端 *X*=0，三相绕组的通电顺序改为

A— → *AC*— → *C*— → *BC*— → *B*— → *AB*

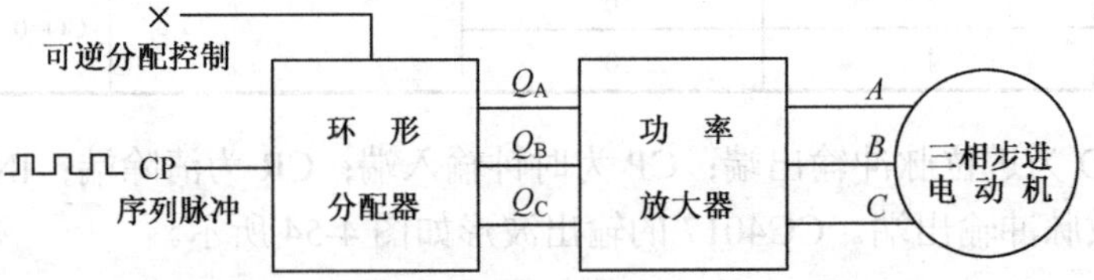

图 4-56　三相步进电动机的驱动电路示意图

图 4-57 所示为由三个 JK 触发器构成的按六拍通电方式的脉冲环形分配器，供参考。

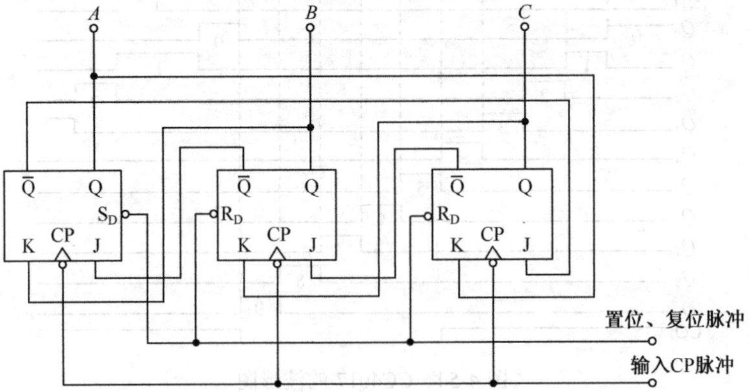

图 4-57　六拍通电方式的脉冲环行分配器逻辑图

要使步进电机反转，通常应加有正转脉冲输入控制端和反转脉冲输入控制端。

此外，由于步进电动机三相绕组任何时刻都不得出现 A、B、C 三相同时通电或同时断电的情况，所以，脉冲分配器的三路输出不允许出现 111 和 000 两种状态，为此，可以给电路加初态预置环节。

3．实验设备与器件

（1）+5 V 直流电源；

（2）双踪示波器；

（3）连续脉冲源；

（4）单次脉冲源；

（5）逻辑电平开关；

（6）逻辑电平显示器；

（7）电路元器件：CC4017×2，CC4013×2，CC4027×2，CC4011×2，CC4085×2。

4．实验内容

（1）CC4017 逻辑功能测试。

① 参照图 4-53（a），INH、CR 接逻辑开关的输出插口。CP 接单次脉冲源，0～9 十个输出端接至逻辑电平显示输入插口，按功能表要求操作各逻辑开关。清零后，连续送出 10 个脉冲信号，观察 10 个发光二极管的显示状态，并列表记录。

② CP 改接为 1Hz 连续脉冲，观察并记录输出状态。

（2）按图 4-55 所示的电路接线，自拟实验方案验证 60 分频电路的正确性。

（3）参照图 4-57 所示的电路，设计一个用环形分配器构成的驱动三相步进电动机可逆运行的三相六拍环形分配器电路。要求：

① 环形分配器由 CC4013 双 D 触发器和 CC4085 与或非门组成。

② 由于电动机三相绕组在任何时刻都不应出现同时通电和同时断电情况，因而在设计中要求做到这一点。

③ 电路安装好后，先用手控送入 CP 脉冲进行调试，然后加入系列脉冲进行动态实验。

④ 整理数据并分析实验中出现的问题，作出实验报告。

5．实验预习要求

（1）复习有关脉冲分配器的原理。

（2）按实验任务要求，设计实验电路，并拟定实验方案及步骤。

6．实验报告

（1）画出完整的实验电路。

（2）总结分析实验结果。

4.3 设计性实验

数字电子技术是一门应用性很强的专业基础课程，通过课程的学习，以及前面两个验证性实验和研究性实验的学习，我们掌握了实验的方法和步骤。下面我们就利用一些常用的逻辑器件设计出一些简单的数字电路，来实现或是完成预定的目的，这就是设计性实验。

4.3.1 组合逻辑电路的设计与测试

1. 实验目的

掌握组合逻辑电路的设计与测试方法。

2. 实验原理

（1）组合逻辑电路设计流程

使用中、小规模集成电路来设计组合电路是最常见的组合逻辑电路。设计组合逻辑电路的一般步骤如图 4-58 所示，根据设计任务的要求建立输入、输出变量，并列出真值表。然后用逻辑代数或卡诺图化简法求出简化的逻辑表达式，并按实际选用逻辑门的类型修改逻辑表达式。根据简化后的逻辑表达式，画出逻辑图，用标准器件构成逻辑电路。最后，用实验来验证设计的正确性。

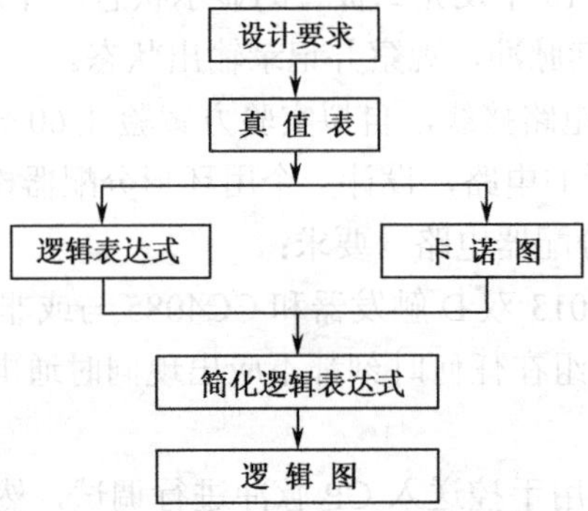

图 4-58 组合逻辑电路设计流程图

（2）组合逻辑电路设计举例

用“与非”门设计一个表决电路。当四个输入端中有三个或四个为“1”时，输出端才为“1”。设计步骤：首先根据题意列出真值表如表 4-36 所示，再填入卡诺图表 4-37 中。

表 4-36 表决电路真值表

A	0	0	0	0	0	0	0	0	1	1	1	1	1	1	1	1
B	0	0	0	0	1	1	1	1	0	0	0	0	1	1	1	1
C	0	0	1	1	0	0	1	1	0	0	1	1	0	0	1	1
D	0	1	0	1	0	1	0	1	0	1	0	1	0	1	0	1
Z	0	0	0	0	0	0	0	1	0	0	0	1	0	1	1	1

表 4-37 表决电路卡诺图

AB \ CD	00	01	11	10
00				
01			1	
11		1	1	1
10			1	

由卡诺图得出逻辑表达式，并演化成“与非”的形式，表示为

$$\begin{aligned} Z &= ABC + BCD + ACD + ABD \\ &= \overline{\overline{ABC} \cdot \overline{BCD} \cdot \overline{ACD} \cdot \overline{ABC}} \end{aligned} \tag{4-7}$$

然后，根据逻辑表达式画出用“与非门”构成的逻辑电路如图 4-59 所示。

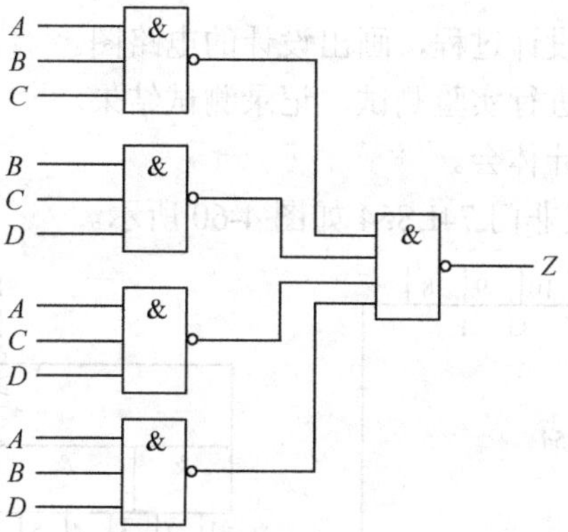

图 4-59 表决电路逻辑图

下面我们用实验验证逻辑功能。在实验装置的适当位置选定三个 14P 插座，按照集成块定位标记插好集成块 CC4012。按图 4-59 接线，输入端 *A*、*B*、*C*、*D* 接至逻辑开关输出插口；输出端 *Z* 接逻辑电平显示输入插口。按真值表（自拟）要求，逐次改变输入变量，测量相应的输出值，验证逻辑功能，最后与表 4-36 进行比较，验证所设计的逻辑电路是否符合要求。

3．实验设备与器件

（1）+5 V 直流电源；

（2）逻辑电平开关；

（3）逻辑电平显示器；

（4）直流数字电压表；

（5）电路元件：CC4011×2（74LS00），CC4012×3（74LS20），CC4030（74LS86），CC4081（74LS08），74LS54×2（CC4085），CC4001（74LS02）。

4．实验内容

（1）设计用与非门及用异或门、与门实现的半加器电路。

要求按本文所述的设计步骤进行，直到测试电路逻辑功能符合设计要求为止。

（2）设计一个一位全加器，要求用异或门、与门和或门实现。

（3）设计一位全加器，要求用与或非门实现。

（4）设计一个对两个两位无符号的二进制数进行比较的电路。根据第一个数是否大于、等于、小于第二个数，使相应的三个输出端中的一个输出为“1”，要求用与门、与非门及或非门实现。

5．实验预习要求

（1）根据实验任务要求设计组合电路，并根据所给的标准器件画出逻辑图。

（2）如何用最简单的方法验证“与或非”门的逻辑功能是否完好？

（3）在“与或非”门中，当某一组“与”端不用时，应如何处理？

6．实验报告

（1）列写实验任务的设计过程，画出设计的电路图。

（2）对所设计的电路进行实验测试，记录测试结果。

（3）给出组合电路设计体会。

四路 2-3-3-2 输入与或非门 74LS54 如图 4-60 所示。

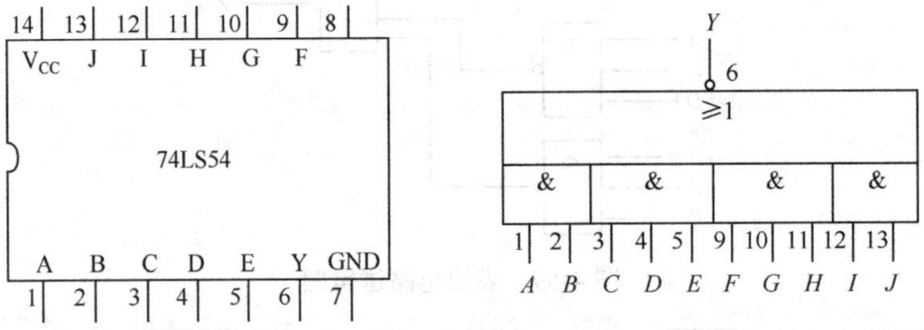

图 4-60 74LS54 引脚排列及逻辑图

逻辑表达式 $$Y=\overline{A\cdot B+C\cdot D\cdot E+F\cdot G\cdot H+I\cdot J} \tag{4-8}$$

4.3.2 自激多谐振荡器的设计

1．实验目的

（1）掌握使用门电路构成脉冲信号产生电路的基本方法。

（2）掌握影响输出脉冲波形参数的定时元器件数值的计算方法。

（3）学习石英晶体稳频原理和使用石英晶体构成振荡器的方法。

2．实验原理

与非门作为一个开关倒相器件，可用以构成各种脉冲波形的产生电路。电路的基本工作原理是利用电容器的充放电，当输入电压达到与非门的阈值电压 V_T 时，门的输出状态即发生变化。因此，电路输出的脉冲波形参数直接取决于电路中阻容元件的数值。

（1）非对称型多谐振荡器

如图 4-61 所示，非门 3 用于输出波形整形。非对称型多谐振荡器的输出波形是不对称的，当用 TTL 与非门组成时，输出脉冲宽度 $t_{w1}=RC$，$t_{w2}=1.2RC$，$T=2.2RC$，调节 R 和 C 值，可改变输出信号的振荡频率。通常，用改变 C 实现输出频率的粗调，改变电位器 R 实现输出频率的细调。

（2）对称型多谐振荡器

如图 4-62 所示，由于电路完全对称，电容器的充放电时间常数相同，故输出为对称的方波。改变 R 和 C 的值，可以改变输出振荡频率。非门 3 用于输出波形整形。

一般取 $R\leqslant 1\ \text{k}\Omega$，当 $R=1\ \text{k}\Omega$，$C=100\ \text{pF}\sim100\ \mu\text{F}$ 时，$f=n\text{Hz}\sim n\text{MHz}$，脉冲宽度 $t_{w1}=t_{w2}=0.7RC$，$T=1.4RC$。

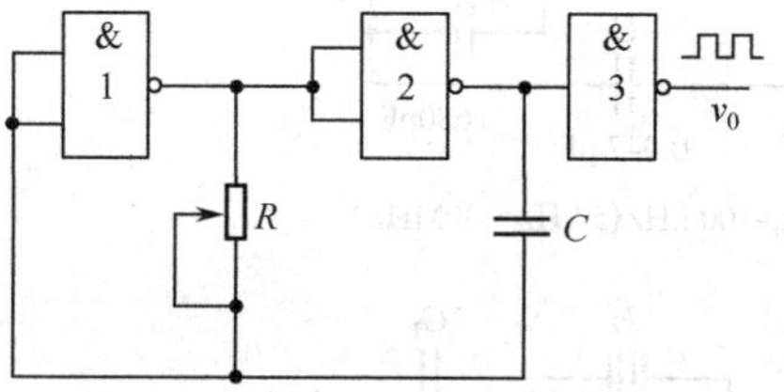

图 4-61　非对称型振荡器

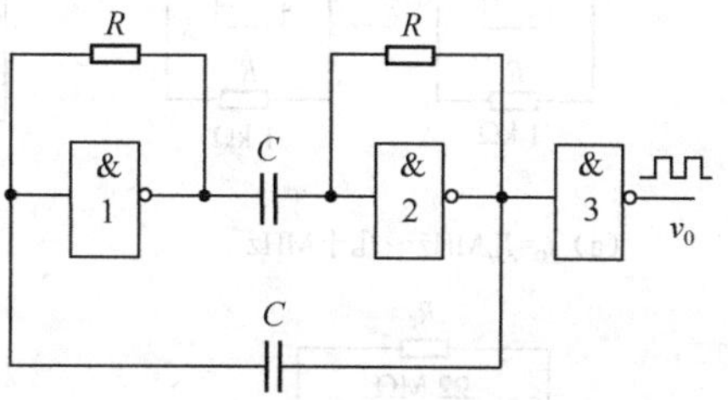

图 4-62　对称型振荡器

（3）带 RC 电路的环形振荡器

电路如图 4-63 所示，非门 4 用于输出波形整形；R 为限流电阻，一般取 100 Ω；电位器 R_W 要求$\leqslant$1 kΩ；电路利用电容 C 的充放电过程，控制 D 点电压 V_D，从而控制与非门的自动启闭，形成多谐振荡，电容 C 的充电时间 t_{w1}、放电时间 t_{w2} 和总的振荡周期 T 分别为 $t_{w1}\approx0.94RC$，$t_{w2}\approx1.26RC$，$T\approx2.2RC$。调节 R 和 C 的大小可改变电路输出的振荡频率。

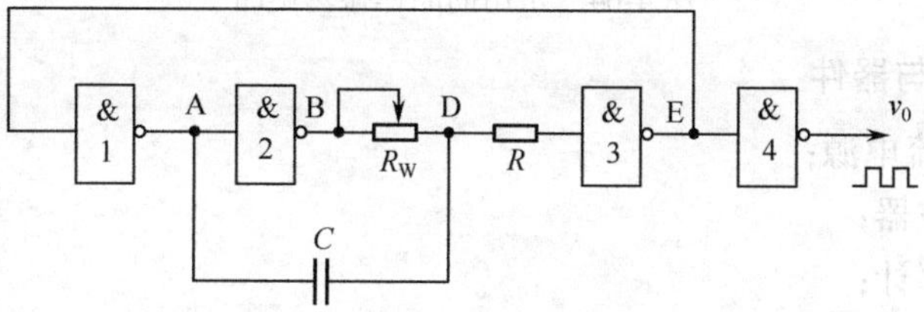

图 4-63　带有 RC 电路的环形振荡器

以上这些电路的状态转换都发生在与非门输入电平达到门的阈值电平 V_T 的时刻。在 V_T 附近电容器的充放电速度已经缓慢，而且 V_T 本身也不够稳定，易受温度、电源电压变化等因素以及干扰的影响。因此，电路输出频率的稳定性较差。

（4）石英晶体稳频的多谐振荡器

当要求多谐振荡器的工作频率稳定性很高时，上述几种多谐振荡器的精度已不能满足要求。为此常用石英晶体作为信号频率的基准。用石英晶体与门电路构成的多谐振荡器常用来为微型计算机等提供时钟信号。

图 4-64 所示为常用的晶体稳频多谐振荡器。图 4-64（a)、(b）所示为 TTL 器件组成的晶体振荡电路；图 4-64（c)、(d）所示为 CMOS 器件组成的晶体振荡电路，一般用于电子表中，其中晶体的 f_0=32 768 Hz。

在图 4-64（c）中，门 1 用于振荡，门 2 用于缓冲整形。R_f 是反馈电阻，通常在几十 MΩ之间选取，一般选 22 MΩ。R 起稳定振荡作用，通常取十至几百 kΩ。C_1 是频率微调电容器，C_2 用于温度特性校正。

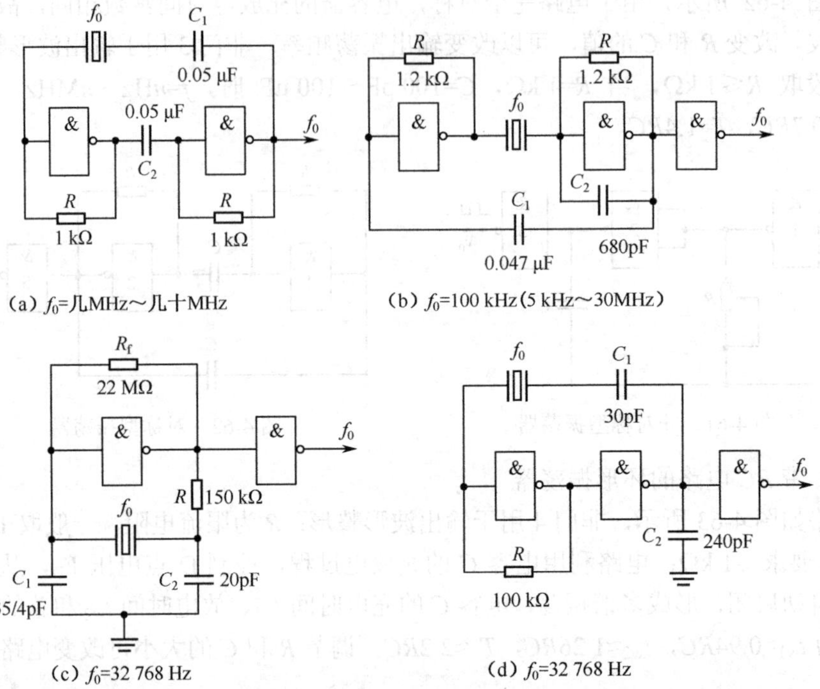

（a）f_0=几MHz～几十MHz　（b）f_0=100 kHz（5 kHz～30MHz）

（c）f_0=32 768 Hz　（d）f_0=32 768 Hz

图 4-64　常用的晶体振荡电路

3．实验设备与器件

（1）+5 V 直流电源；

（2）双踪示波器；

（3）数字频率计；

（4）电路元器件：74LS00（或 CC4011），晶振 32 768 Hz，电位器、电阻、电容若干。

4．实验内容

（1）用与非门 74LS00 按图 4-61 构成多谐振荡器，其中 R 为 10 kΩ电位器，C 为 0.01 μF。

① 用示波器观察输出波形及电容 C 两端的电压波形，列表记录之。

② 调节电位器观察输出波形的变化，测出上、下限频率。

③ 用一只 100 μF 电容器跨接在 74LS00 的 14 脚与 7 脚之间，观察输出波形的变化

及电源上纹波信号的变化，记录之。

（2）用 74LS00 按图 4-62 接线，取 R=1 kΩ，C=0.047 μF，用示波器观察输出波形，记录之。

（3）用 74LS00 按图 4-63 接线，其中定时电阻 R_W 用一个 510 Ω与一个 1 kΩ的电位器串联，取 R=100 Ω，C=0.1μF。

① R_W 调到最大时，观察并记录 A、B、D、E 及 v_0 各点电压的波形，测出 v_0 的周期 T 和负脉冲宽度（电容 C 的充电时间）并与理论计算值比较。

② 改变 R_W 值，观察输出信号 v_0 波形的变化情况。

（4）按图 4-64（c）接线，晶振选用电子表晶振频率为 32 768 Hz，与非门选用 CC4011，用示波器观察输出波形，用频率计测量输出信号频率，记录之。

5．实验预习要求

（1）复习自激多谐振荡器的工作原理。

（2）画出实验用的详细实验电路图。

（3）拟好记录、实验数据表格等。

6．实验报告

（1）画出实验电路，整理实验数据并与理论值进行比较。

（2）用方格纸画出实验观测到的工作波形图，对实验结果进行分析。

4.3.3 脉冲延时与波形整形电路的设计与分析

1．实验目的

（1）掌握使用集成门电路构成单稳态触发器的基本方法。

（2）熟悉集成单稳态触发器的逻辑功能及其使用方法。

（3）熟悉集成施密特触发器的性能及其应用。

2．实验原理

在数字电路中常使用的矩形脉冲作为信号，进行信息传递，或作为时钟信号用来控制和驱动电路，使各部分协调动作。实验 4.3.2 是自激多谐振荡器，它是不需要外加信号触发的矩形波发生器。另一类是他激多谐振荡器，有单稳态触发器，它需要在外加触发信号的作用下输出具有一定宽度的矩形脉冲波；有施密特触发器（整形电路），它对外加输入的正弦波等波形进行整形，使电路输出矩形脉冲波。

（1）用与非门组成单稳态触发器。

利用与非门做开关，依靠定时元件 RC 电路的充放电路来控制与非门的启闭。单稳态电路有微分型与积分型两大类，这两类触发器对触发脉冲的极性与宽度有不同的要求。

① 微分型单稳态触发器。

图 4-65 为微分型单稳态触发器的电路图，该电路为负脉冲触发。其中 R_P、C_P 构成

输入端微分隔直流电路。R、C 构成微分型定时电路，定时元件 R、C 的取值不同，输出脉宽 t_W 也不同。$t_W \approx (0.7\sim1.3)RC$。与非门 G_3，起整形和倒相作用。

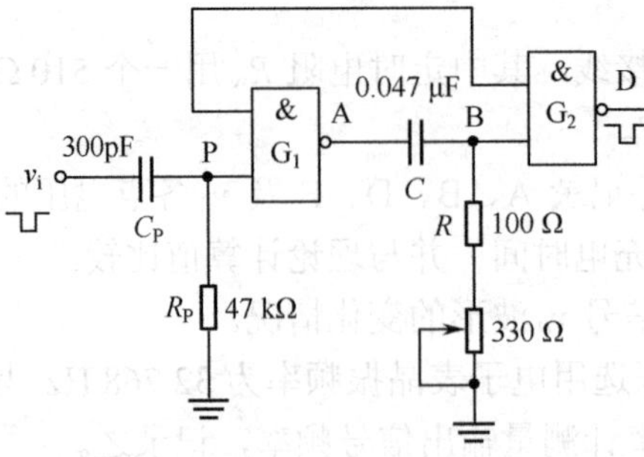

图 4-65　微分型单稳态触发器

图 4-66 为微分型单稳态触发器各点波形图，结合波形图说明其工作原理。

- 无外触发脉冲时电路初始稳态（$t<t_1$ 前状态）。

稳态时 v_i 为高电平。适当选择电阻 R 的阻值，使与非门 G_2 输入电压 v_B 小于门的关门电平（$v_B<v_{off}$），则门 G_2 关闭，输出 v_D 为高电平。适当选择电阻 R_P 的阻值，使与非门 G_1 的输入电压 v_P 大于门的开门电平（$v_P>v_{on}$），于是门 G_1 的两个输入端全为高电平，则 G_1 开启，输出 v_A 为低电平（为方便计，取 $v_{off}=v_{on}=v_T$）。

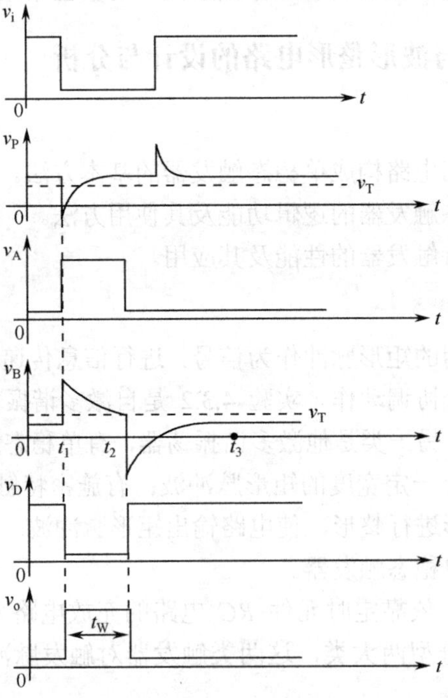

图 4-66　微分型单稳态触发器波形图

- 触发翻转（$t=t_1$ 时刻）。

v_i 负跳变，v_P 也负跳变，门 G_1 输出 v_A 升高，经电容 C 耦合，v_B 也升高，门 G_2 输

出 v_D 降低，正反馈到 G_1 输入端，结果使 G_1 输出 v_A 由低电平迅速上跳至高电平，G_1 迅速关闭；v_B 也上跳至高电平，G_2 的输出 v_D 则迅速下跳至低电平，G_2 迅速开通。

- 暂稳状态（$t_1<t<t_2$）。

$t\geqslant t_1$ 以后 G_1 输出高电平，对电容 C 充电，v_B 随之按指数规律下降，但只要 $v_B>v_T$，G_1 关、G_2 开的状态将维持不变，v_A、v_D 也维持不变。

- 自动翻转（$t=t_2$）。

$t=t_2$ 时刻，v_B 下降至门的关门平 v_T，G_2 输出 V_D 升高，G_1 输出 v_A，正反馈作用使电路迅速翻转至 G_1 开启，G_2 关闭初始稳态。

暂稳态时间的长短，决定于电容 C 充电时间常数 $t=RC$。

- 恢复过程（$t_2<t<t_3$）。

电路自动翻转到 G_1 开启，G_2 关闭后，v_B 不是立即回到初始稳态值，这是因为电容 C 要有一个放电过程。

$t>t_3$ 以后，如 v_i 再出现负跳变，则电路将重复上述过程。

如果输入脉冲宽度较小时，则输入端可省去 R_PC_P 微分电路了。

② 积分型单稳态触发器。

图 4-67 为积分型单稳态触发器，电路采用正脉冲触发，工作波形如图 4-68 所示。电路的稳定条件是 $R\leqslant 1\ \text{k}\Omega$，输出脉冲宽度 $t_w\approx 1.1RC$。

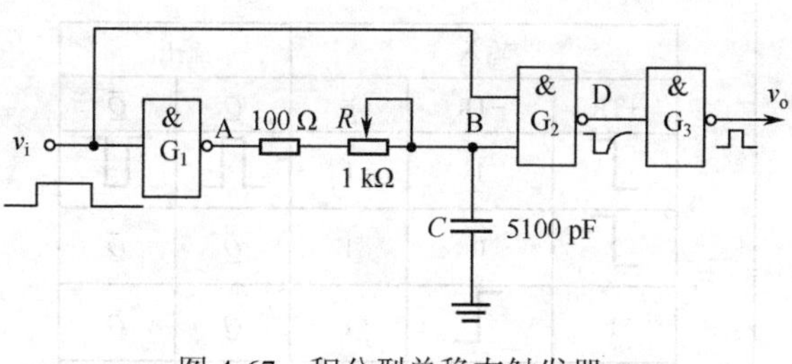

图 4-67 积分型单稳态触发器

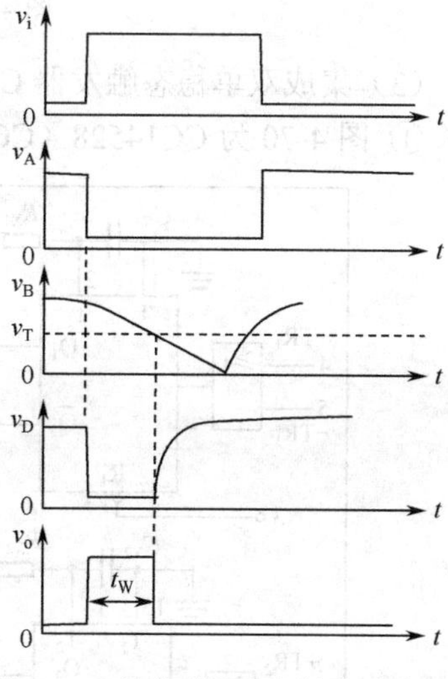

图 4-68 积分型单稳态触发器波形图

单稳态触发器的共同特点是：触发脉冲未加入前，电路处于稳态。此时，可以测得各门的输入和输出电位。触发脉冲加入后，电路立刻进入暂稳态，暂稳态的时间，即输出脉冲的宽度 t_W 只取决于 RC 数值的大小，与触发脉冲无关。

（2）用与非门组成施密特触发器。

施密特触发器能对正弦波、三角波等信号进行整形，并输出矩形波，图 4-69（a）、（b）所示的是两种典型的电路。图 4-69（a）中，门 G_1、G_2 是基本 RS 触发器；门 G_3

是反相器；二极管 D 起电平偏移作用，以产生回差电压。其工作情况如下：设 v_i=0，G_3 截止，R=1、S=0，Q=1、$\overline{Q}$=0，电路处于原态。v_i 由 0 V 上升到电路的接通电位 v_T 时，G_3 导通，R=0，S=1，触发器翻转为 Q=0、$\overline{Q}$=1 的新状态。此后 v_i 继续上升，电路状态不变。当 v_i 由最大值下降到 v_T 值的时间内，R 仍等于 0，S=1，电路状态也不变。当 $v_i \leqslant v_T$ 时，G_3 由导通变为截止，而 $v_S=v_T+v_D$ 为高电平，因而 R=1，S=1，触发器状态仍保持。只有 v_i 降至使 $v_S=v_T$ 时，电路才翻回到 Q=1、$\overline{Q}$=0 的原态。电路的回差 $\Delta v=v_D$。

图 4-69（b）所示的是由电阻 R_1、R_2 产生回差的电路。

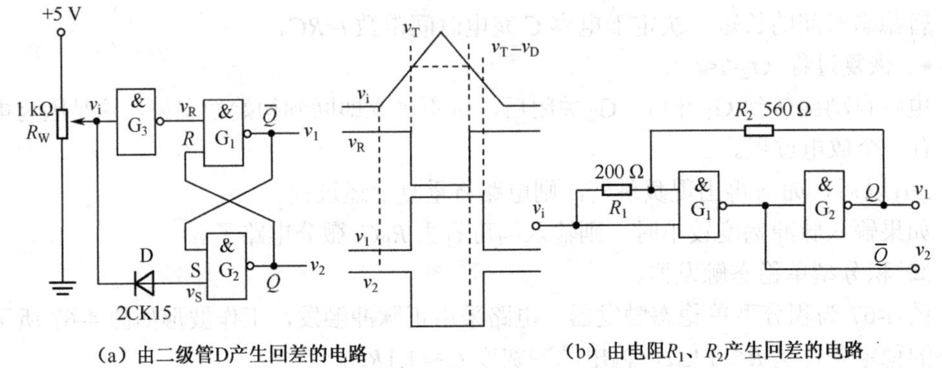

图 4-69　与非门组成施密特触发器

（3）集成双单稳态触发器 CC14528（CC4098）。

① 图 4-70 为 CC14528（CC4098）的逻辑符号及功能表。

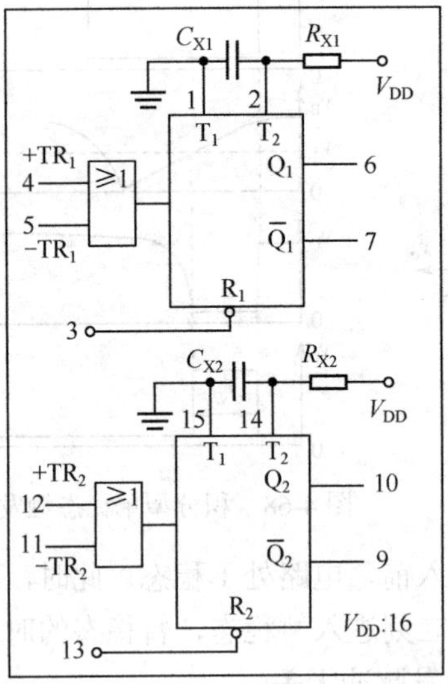

输入			输出	
+TR	−TR	$\overline{R}$	Q	$\overline{Q}$
↑（上升沿）	1	1	正脉冲	负脉冲
↑（上升沿）	0	1	Q	$\overline{Q}$
1	↓（下降沿）	1	Q	$\overline{Q}$
0	↓（下降沿）	1	正脉冲	负脉冲
×	×	0	0	1

图 4-70　CC14528 的逻辑符号及功能表

该器件能提供稳定的单脉冲，脉宽由外部电阻 R_X 和外部电容 C_X 决定，调整 R_X 和 C_X 可使 Q 端和 $\overline{Q}$ 端输出脉冲宽度有一个较宽的范围。本器件可采用上升沿触发（+TR），也可用下降沿触发（−TR），为使用带来很大的方便。在正常工作时，电路应由每一个新脉冲去触发。当采用上升沿触发时，为防止重复触发，$\bar{Q}$ 端必须连到（−TR）端。同样，在使用下降沿触发时，Q 端必须连到（+TR）端。

该单稳态触发器的时间周期约为 $T_X=R_XC_X$。

所有的输出级都有缓冲级，以提供较大的驱动电流。

② 应用举列。

- 单稳态触发器可以实现脉冲延迟，图 4-71 所示为延迟电路图。

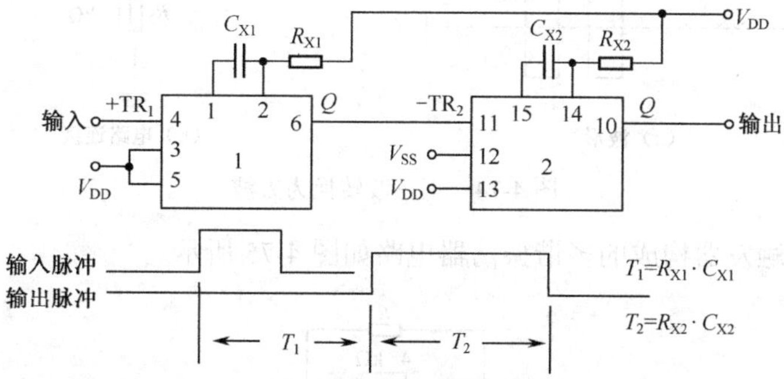

图 4-71 实现脉冲延迟

- 单稳态触发器还可以实现多谐振荡器，电路如图 4-72 所示。

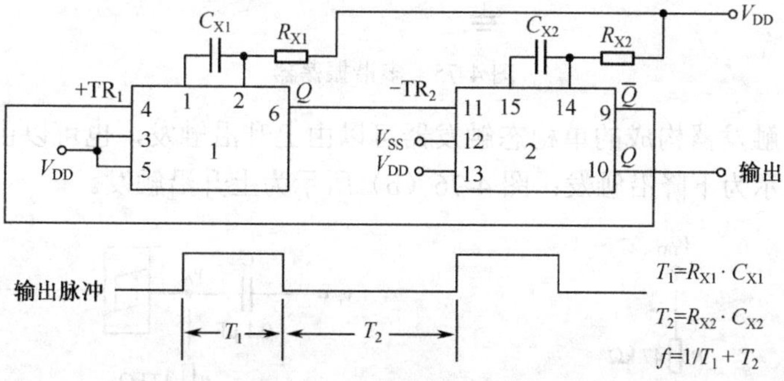

图 4-72 实现多谐振荡

（4）集成六施密特触发器 CC40106 的逻辑符号及引脚功能如图 4-73 所示，它可用于波形的整形，也可用做反相器或构成单稳态触发器和多谐振荡器。

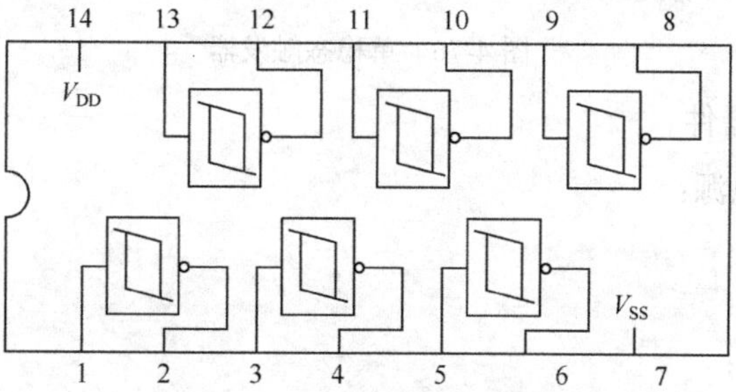

图 4-73 CC40106 引脚排列

① 施密特触发器可以将正弦波转换为方波，电路连接如图 4-74 所示。

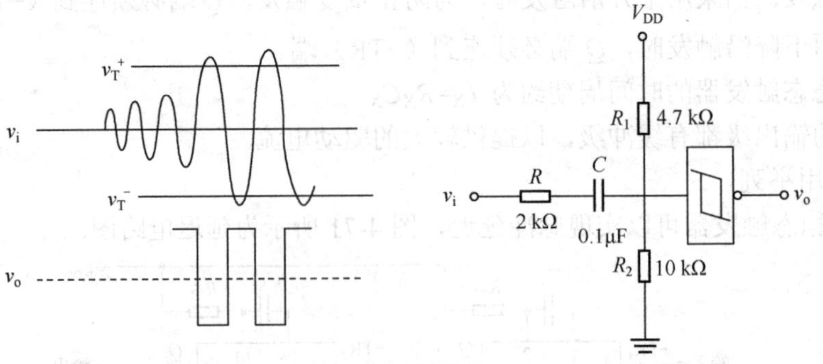

（a）波形　　（b）电路连接

图 4-74　正弦波转换为方波

② 施密特触发器构成的多谐振荡器电路如图 4-75 所示。

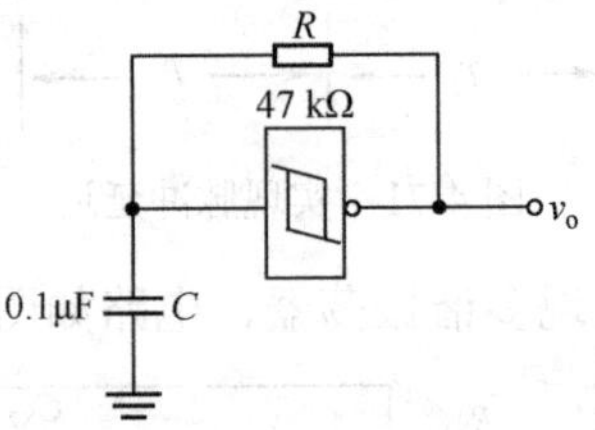

图 4-75　多谐振荡器

③ 施密特触发器构成的单稳态触发器可以由上升沿触发，也可以由下降沿触发。图 4-76（a）所示为下降沿触发；图 4-76（b）所示为上升沿触发。

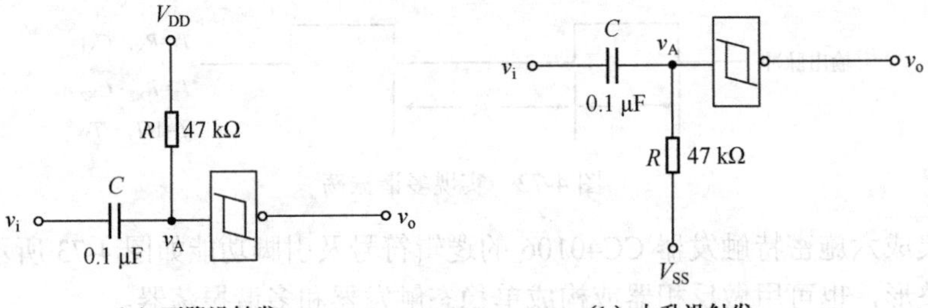

（a）下降沿触发　　（b）上升沿触发

图 4-76　单稳态触发器

3．实验设备与器件

（1）+5 V 直流电源；

（2）双踪示波器；

（3）连续脉冲源；

（4）数字频率计；

（5）电路元器件：CC4011，CC14528，CC40106，2CK15，电位器、电阻、电容若干。

4．实验内容

（1）按图 4-65 接线，输入 1kHz 连续脉冲，用双踪示波器观察 v_i、v_P、v_A、v_B、v_D 及 v_o 的波形，记录之。

（2）改变 C 或 R 值，重复（1）的实验内容。

（3）按图 4-67 接线，重复（1）的实验内容。

（4）按图 4-69（a）接线，令 v_i 由 0→5 V 变化，测量 v_1、v_2 之值。

（5）按图 4-71 接线，输入 1kHz 连续脉冲，用双踪示波器观测输入、输出波形，测定 T_1 与 T_2。

（6）按图 4-72 接线，用示波器观测输出波形，测定振荡频率。

（7）按图 4-75 接线，用示波器观测输出波形，测定振荡频率。

（8）按图 4-74 接线，构成整形电路，被整形信号可由音频信号源提供，图中串联的 2 kΩ电阻起限流保护作用。将正弦信号频率置 1 kHz，调节信号电压由低到高观测输出波形的变化。记录输入信号分别为 0 V，0.25 V，0.5 V，1.0 V，1.5 V，2.0 V 时的输出波形。

（9）分别按图 4-76（a）、（b）接线，进行实验。

5．实验预习要求

（1）复习有关单稳态触发器和施密特触发器的内容。

（2）画出实验用的详细线路图。

（3）拟定各次实验的方法、步骤。

（4）拟好记录实验结果所需的数据、表格等。

6．实验报告

（1）绘出实验线路图，用方格纸记录波形。

（2）分析各次实验结果的波形，验证有关的理论。

（3）总结单稳态触发器及施密特触发器的特点及其应用。

4.3.4 555 时基电路的设计及其应用

1．实验目的

（1）熟悉 555 集成时基电路结构、工作原理及其特点。

（2）掌握 555 集成时基电路的基本应用。

2．实验原理

集成时基电路又称为集成定时器或 555 电路，是一种数字、模拟混合型的中规模集成电路，应用十分广泛。它是一种产生时间延迟和多种脉冲信号的电路，由于内部电压标准使用了三个 5 kΩ电阻，故取名 555 电路。其电路类型有双极型和 CMOS 型两大类，二者的结构与工作原理类似。几乎所有的双极型产品型号最后的三位数码都是 555 或 556；所有的 CMOS 产品型号最后四位数码都是 7555 或 7556，二者的逻辑功能和引脚排列完全相同，易于互换。555 和 7555 是单定时器，556 和 7556 是双定时器。双极型的电源电压 V_{CC}=+5 V～+15 V，输出的最大电流可达 200 mA，CMOS 型的电源电压为+3 V～+18 V。

（1）555 电路的工作原理

555 电路的内部电路方框图如图 4-77 所示。它含有两个电压比较器，一个基本 RS 触发器，一个放电开关管 T，比较器的参考电压由三只 5 kΩ的电阻器构成的分压器提供。它们分别使高电平比较器 A_1 的同相输入端和低电平比较器 A_2 的反相输入端的参考电平为 $\frac{2}{3}V_{CC}$ 和 $\frac{1}{3}V_{CC}$。A_1 与 A_2 的输出端控制 RS 触发器状态和放电管开关状态。当输入信号来自 6 脚，即高电平触发输入并超过参考电平 $\frac{2}{3}V_{CC}$ 时，触发器复位，555 的输出端 3 脚输出低电平，同时放电开关管导通；当输入信号自 2 脚输入并低于 $\frac{1}{3}V_{CC}$ 时，触发器置位，555 的 3 脚输出高电平，同时放电开关管截止。

$\overline{R}_D$ 是复位端（4 脚），当 $\overline{R}_D$=0 时，555 输出低电平。平时 $\overline{R}_D$ 端开路或接 V_{CC}。

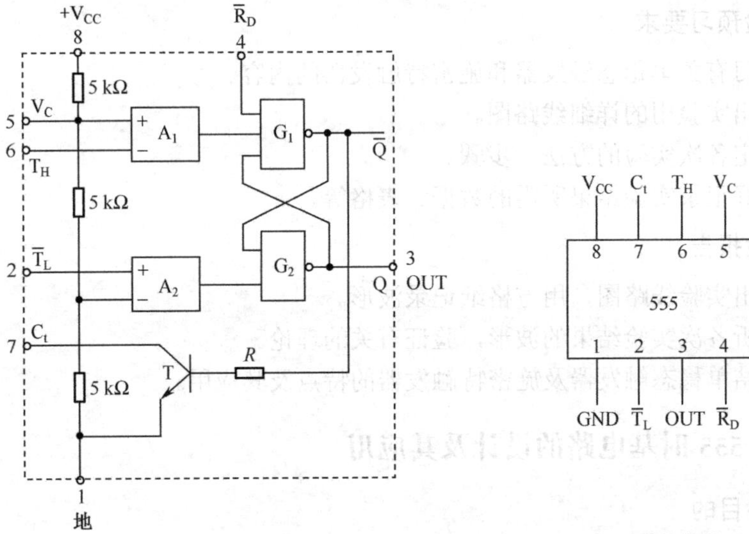

（a）内部框图　　（b）引脚排列

图 4-77　555 定时器内部框图及引脚排列

V_C 是控制电压端（5 脚），平时输出 $\frac{2}{3}V_{CC}$ 作为比较器 A_1 的参考电平，当 5 脚外接一个输入电压，即改变了比较器的参考电平，从而实现对输出的另一种控制，在不接外加电压时，通常接一个 0.01μF 的电容器到地，起滤波作用，以消除外来的干扰，以确保参考电平的稳定。

T 为放电管，当 T 导通时，将给接于脚 7 的电容器提供低阻放电通路。

555 定时器主要是与电阻、电容构成充放电电路，并由两个比较器来检测电容器上的电压，以确定输出电平的高低和放电开关管的通断。这就很方便地构成从微秒到数十分钟的延时电路，可方便地构成单稳态触发器、多谐振荡器、施密特触发器等脉冲产生或波形变换电路。

（2）555 定时器的典型应用

555 定时器的应用很多，现举 5 例如下。

① 构成单稳态触发器

图 4-78（a）所示为由 555 定时器和外接定时元件 R、C 构成的单稳态触发器。触发电路由 C_1、R_1、D 构成，其中 D 为钳位二极管，稳态时 555 电路输入端处于电源电平，内部放电开关管 T 导通，输出端 F 输出低电平。当有一个外部负脉冲触发信号经 C_1 加到 2 端，并使 2 端电位瞬时低于 $\frac{1}{3}V_{CC}$ 时，低电平比较器动作，单稳态电路即开始一个暂态过程，电容 C 开始充电，v_C 呈指数规律增长。当 v_C 充电到 $\frac{2}{3}V_{CC}$ 时，高电平比较器动作，比较器 A_1 翻转，输出 v_o 从高电平返回到低电平，放电开关管 T 重新导通，电容 C 上的电荷很快经放电开关管放电，暂态结束，恢复稳态，为下个触发脉冲的到来作好准备。波形图如图 4-78（b）所示。

暂稳态的持续时间 t_W（即为延时时间）决定外接元件 R、C 值的大小。

$$t_W = 1.1RC$$

通过改变 R、C 值的大小，可使延时时间在几微秒到几十分钟之间变化。当这种单稳态电路作为计时器时，可直接驱动小型继电器，并可以使用复位端（4 脚）接地的方法来中止暂态，重新计时。此外，尚须用一个续流二极管与继电器线圈并接，以防继电器线圈反电势损坏内部功率管。

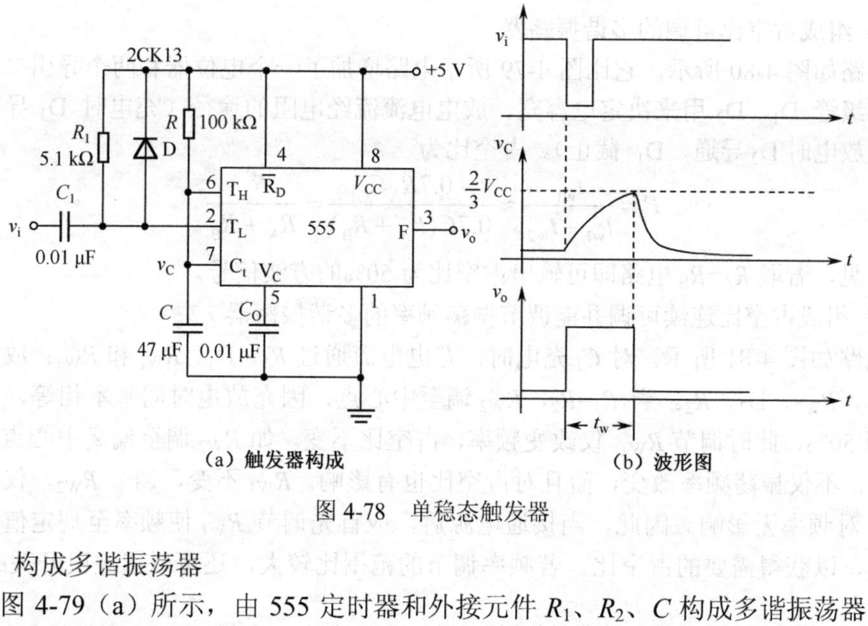

（a）触发器构成　　（b）波形图

图 4-78　单稳态触发器

② 构成多谐振荡器

如图 4-79（a）所示，由 555 定时器和外接元件 R_1、R_2、C 构成多谐振荡器，脚 2

与脚 6 直接相连。电路没有稳态，仅存在两个暂稳态，电路不需要外加触发信号，利用电源通过 R_1、R_2 向 C 充电，以及 C 通过 R_2 向放电端 C_t 放电，使电路产生振荡。电容 C 在 $\frac{1}{3}V_{CC}$ 和 $\frac{2}{3}V_{CC}$ 之间充电和放电，其波形如图 4-79（b）所示。输出信号的时间参数 $T=t_{w1}+t_{w2}$，其中，$t_{w1}=0.7(R_1+R_2)C$；$t_{w2}=0.7R_2C$。555 电路要求 R_1 与 R_2 的值均应大于或等于 1 kΩ，但 R_1+R_2 的值应小于或等于 3.3 MΩ。

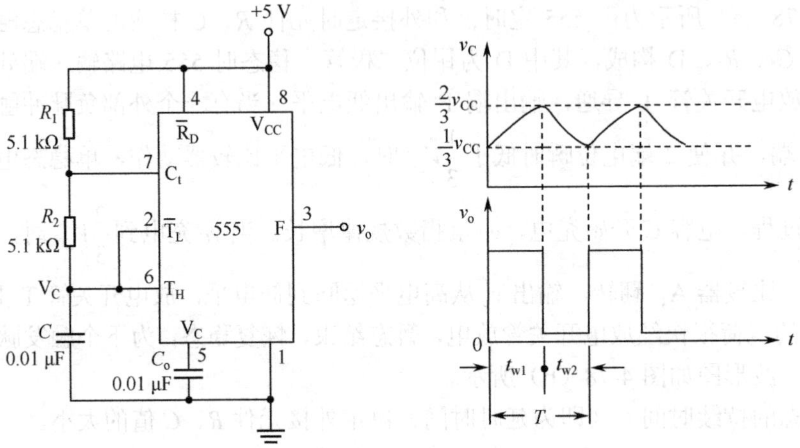

（a）振荡器构成　　（b）波形图

图 4-79　多谐振荡器

外部元件的稳定性决定了多谐振荡器的稳定性，555 定时器配以少量的元件即可获得较高精度的振荡频率和具有较强的功率输出能力。因此这种形式的多谐振荡器应用很广。

③ 组成占空比可调的多谐振荡器

电路如图 4-80 所示，它比图 4-79 所示电路增加了一个电位器和两个导引二极管。导引二级管 D_1、D_2 用来决定电容充、放电电流流经电阻的途径（充电时 D_1 导通，D_2 截止；放电时 D_2 导通，D_1 截止）。占空比为

$$P=\frac{t_{w1}}{t_{w1}+t_{w2}}\approx\frac{0.7R_AC}{0.7C(R_A+R_B)}=\frac{R_A}{R_A+R_B} \tag{4-9}$$

可见，若取 $R_A=R_B$ 电路即可输出占空比为 50%的方波信号。

④ 组成占空比连续可调并能调节振荡频率的多谐振荡器

电路如图 4-81 所示。对 C_1 充电时，充电电流通过 R_1、D_1、R_{W2} 和 R_{W1}；放电时通过 R_{W1}、R_{W2}、D_2、R_2。当 $R_1=R_2$，R_{W2} 调至中心点，因充放电时间基本相等，其占空比约为 50%，此时调节 R_{W1} 仅改变频率，占空比不变。如 R_{W2} 调至偏离中心点，再调节 R_{W1}，不仅振荡频率改变，而且对占空比也有影响。R_{W1} 不变，调节 R_{W2}，仅改变占空比，对频率无影响。因此，当接通电源后，应首先调节 R_{W1} 使频率至规定值，再调节 R_{W2}，以获得需要的占空比。若频率调节的范围比较大，还可以用波段开关改变 C_1 的值。

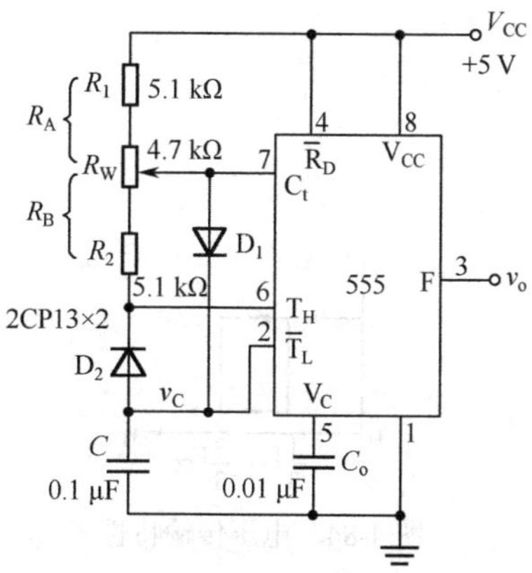

图 4-80　占空比可调的多谐振荡器

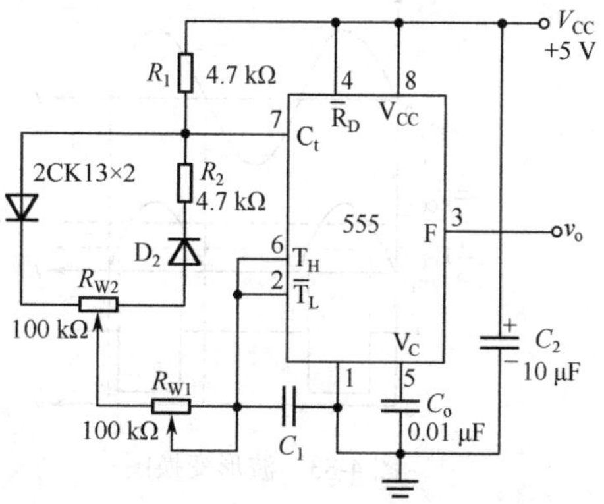

图 4-81　占空比与频率均可调的多谐振荡器

⑤ 组成施密特触发器

电路如图 4-82 所示，只要将脚 2、6 连在一起作为信号输入端，即得到施密特触发器。图 4-83 示出了 v_S，v_i 和 v_o 的波形图。

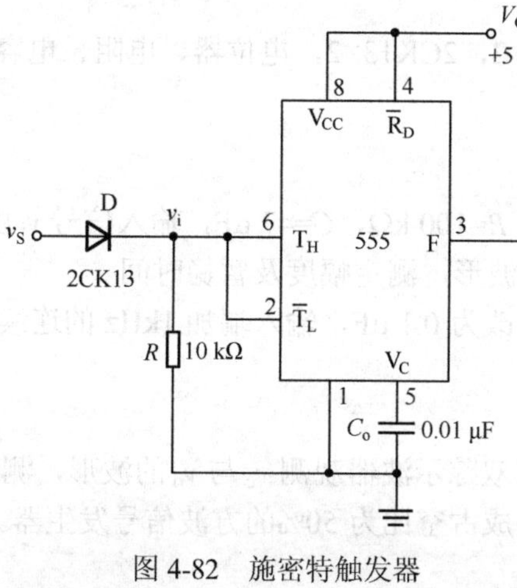

图 4-82　施密特触发器

设被整形变换的电压为正弦波 v_S，其正半波通过二极管 D 的同时加到 555 定时器的 2 脚和 6 脚，得 v_i 为半波整流波形。当 v_i 上升到 $\frac{2}{3}V_{CC}$ 时，v_o 从高电平翻转为低电平；当 v_i 下降到 $\frac{1}{3}V_{CC}$ 时，v_o 又从低电平翻转为高电平。电路的电压传输特性曲线如图 4-84 所示。回差电压为

$$\Delta V = V = \frac{2}{3}V_{CC} - \frac{1}{3}V_{CC} = \frac{1}{3}V_{CC} \tag{4-10}$$

3．实验设备与器件

（1）+5 V 直流电源；

（2）双踪示波器；

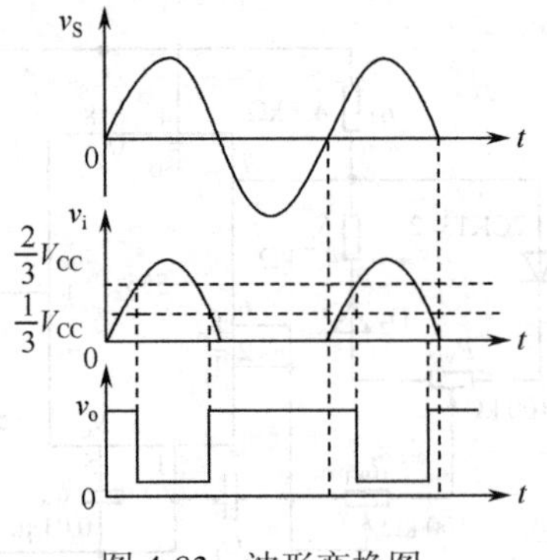

图 4-83　波形变换图

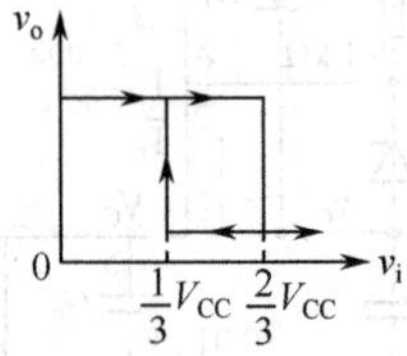

图 4-84　电压传输特性

（3）连续脉冲源；

（4）单次脉冲源；

（5）音频信号源；

（6）数字频率计；

（7）逻辑电平显示器；

（8）电路元器件：555×2，2CK13×2，电位器、电阻、电容若干。

4．实验内容

（1）单稳态触发器

① 按图 4-78 连线，取 R=100 kΩ，C=47 μF，输入信号 v_i 由单次脉冲源提供，用双踪示波器观测 v_i，v_C，v_o 的波形，测定幅度及暂稳时间。

② 将 R 改为 1 kΩ，C 改为 0.1 μF，输入端加 1kHz 的连续脉冲，观测波形 v_i，v_C，v_o，测定幅度及暂稳时间。

（2）多谐振荡器

① 按图 4-79 接线，用双踪示波器观测 v_c 与 v_o 的波形，测定频率。

② 按图 4-80 接线，组成占空比为 50%的方波信号发生器。观测 v_C，v_o 波形，测定波形参数。

③ 按图 4-81 接线，通过调节 R_{W1} 和 R_{W2} 来观测输出波形。

（3）施密特触发器

按图 4-82 接线，输入信号由音频信号源提供，预先调好 v_S 的频率为 1kHz，接通电源，逐渐加大 v_S 的幅度，观测输出波形，测绘电压传输特性，算出回差电压ΔU。

（4）模拟音响电路

按图 4-85 接线，组成两个多谐振荡器，调节定时元件，使 I 输出较低频率，II 输出较高频率，连好线，接通电源，试听音响效果。调换外接阻容元件，再试听音响效果。

5．实验预习要求

（1）复习有关 555 定时器的工作原理及其应用。

（2）拟定实验中所需的数据、表格等。

（3）如何用示波器测定施密特触发器的电压传输特性曲线？

（4）拟定各次实验的步骤和方法。

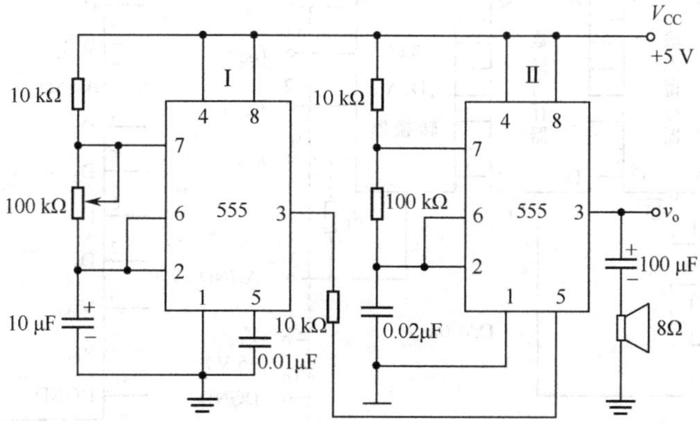

图 4-85 模拟音响电路

6．实验报告

（1）绘出详细的实验线路图，定量绘出观测到的波形。

（2）分析和总结实验结果。

4.3.5 D/A、A/D 转换器的设计

1．实验目的

（1）了解 D/A 和 A/D 转换器的基本工作原理和基本结构。

（2）掌握大规模集成 D/A 和 A/D 转换器的功能及其典型应用。

2．实验原理

在数字电子技术的很多应用场合往往需要把模拟量转换为数字量，称为模 / 数转换器（A/D 转换器，简称 ADC）；或把数字量转换成模拟量，称为数 / 模转换器（D/A 转换器，简称 DAC）。完成这种转换的线路有多种，特别是单片大规模集成 A/D、D/A 转换器的问世，为实现上述的转换提供了极大的方便。使用者可借助于手册提供的器件性能指标及典型应用电路，即可正确使用这些器件。本实验将采用大规模集成电路 DAC0832 实现 D/A 转换，ADC0809 实现 A/D 转换。

（1）D/A 转换器 DAC0832

DAC0832 是采用 CMOS 工艺制成的单片电流输出型 8 位数 / 模转换器。图 4-86 所示的是 DAC0832 的逻辑框图及引脚排列。其中，D_0～D_7 为数字信号输入端；ILE 为输入寄存器允许端，高电平有效；$\overline{CS}$ 为片选信号，低电平有效；$\overline{WR_1}$ 为写信号 1，低电平有效；$\overline{XFER}$ 为传送控制信号，低电平有效；$\overline{WR_2}$ 为写信号 2，低电平有效；I_{OUT1}，I_{OUT2} 为 DAC 电流输出端；R_{fB} 为反馈电阻，是集成在片内的外接运放的反馈电阻；V_{REF} 为基准电压（−10～+10 V）；V_{CC} 为电源电压（+5～+15 V）；AGND 为模拟地、DGND 为数字地，模拟地和数字地可接在一起使用。

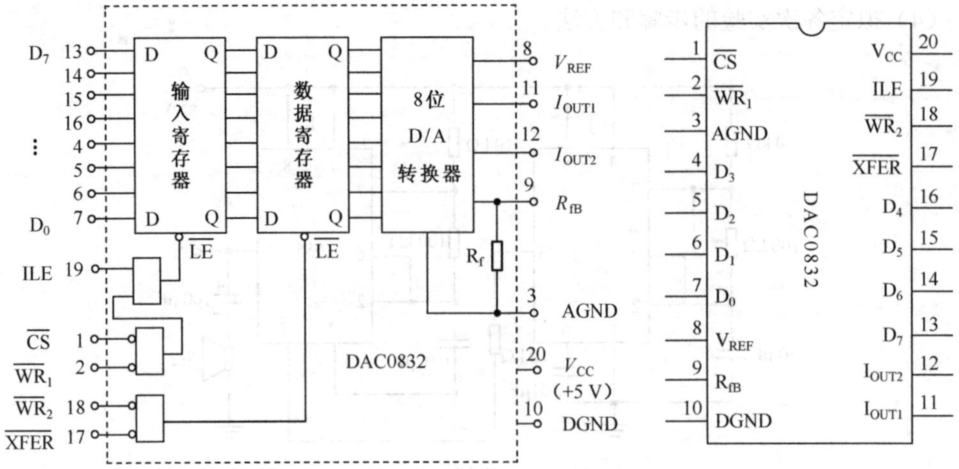

图 4-86　DAC0832 单片 D/A 转换器逻辑框图和引脚排列

器件的核心部分采用倒 T 型电阻网络的 8 位 D/A 转换器，如图 4-87 所示。它是由倒 T 型 R－2R 电阻网络、模拟开关、运算放大器（简称运放）和参考电压 V_{REF} 四部分组成。

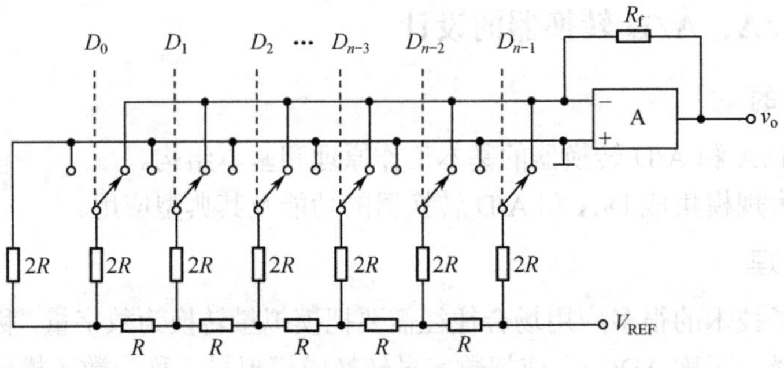

图 4-87　倒 T 型电阻网络 D/A 转换电路

运放的输出电压为

$$v_o = \frac{V_{REF} \cdot R_f}{2^n R}(D_{n-1} \cdot 2^{n-1} + D_{n-2} \cdot 2^{n-2} + D_0 \cdot 2^0 + \cdots) \qquad (4\text{-}11)$$

由上式可见，输出电压 v_o 与输入的数字量成正比，这就实现了从数字量到模拟量的转换。

一个 8 位的 D/A 转换器，它有 8 个输入端，每个输入端是 8 位二进制数的一位，有一个模拟输出端。输入可有 2^8=256 个不同的二进制组态；输出为 256 个电压之一，即输出电压不是整个电压范围内的任意值，而只能是 256 个中的可能值。

DAC0832 输出的是电流，要转换为电压，还必须经过一个外接的运算放大器，图 4-88 所示为其实现电路图。

（2）A/D 转换器 ADC0809

ADC0809 是采用 CMOS 工艺制成的单片 8 位 8 通道逐次渐近型模 / 数转换器，其逻辑框图及引脚排列如图 4-89 所示。器件的核心部分是 8 位 A/D 转换器，它由比较器、逐次渐近寄存器、D/A 转换器及控制和定时 5 部分组成。

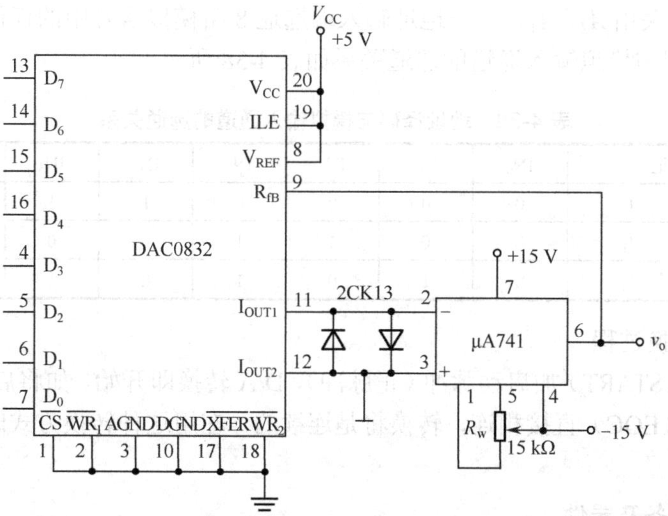

图 4-88 D/A 转换器实验线路

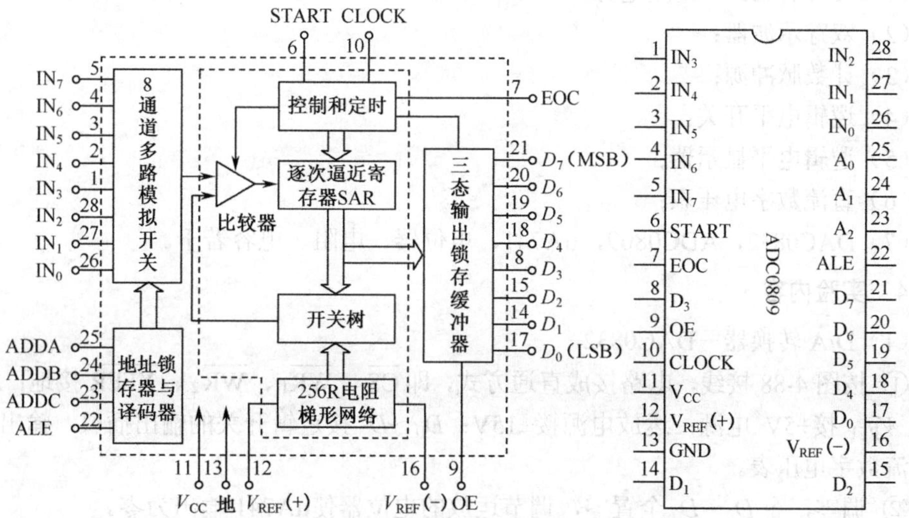

图 4-89 ADC0809 转换器逻辑框图及引脚排列

其中，IN_0～IN_7 为 8 路模拟信号输入端；A_2、A_1、A_0 为地址输入端；ALE 为地址锁存允许输入信号，在此脚（引脚 22）施加正脉冲，上升沿有效，此时锁存地址码，从而选通相应的模拟信号通道，以便进行 A/D 转换；START 为启动信号输入端，应在此脚（引脚 6）施加正脉冲，当上升沿到达时，内部逐次逼近寄存器复位，在下降沿到达后，开始 A/D 转换过程；EOC 为转换结束输出信号（转换结束标志），高电平有效；OE 为输入允许信号，高电平有效；CLOCK(CP)为时钟信号输入端，外接时钟频率一般为 640 kHz；V_{cc} 为+5 V 单电源供电；$V_{REF}(+)$、$V_{REF}(-)$为基准电压的正极、负极，一般 $V_{REF}(+)$

接+5 V 电源，$V_{REF}(-)$接地；D_7～D_0为数字信号输出端。

① 模拟量输入通道选择

8 路模拟开关由A_2、A_1、A_0三地址输入端选通 8 路模拟信号中的任何一路进行 A/D 转换，地址译码与模拟输入通道的选通关系如表 4-38 所示。

表 4-38　地址译码与模拟输入通道的选通关系

被选模拟通道		IN_0	IN_1	IN_2	IN_3	IN_4	IN_5	IN_6	IN_7
地	A_2	0	0	0	0	1	1	1	1
	A_1	0	0	1	1	0	0	1	1
址	A_0	0	1	0	1	0	1	0	1

② D/A 转换过程

在启动端（START）加启动脉冲（正脉冲），D/A 转换即开始。如将启动端（START）与转换结束端（EOC）直接相连，转换将是连续的，在用这种转换方式时，开始应在外部加启动脉冲。

3．实验设备及器件

（1）+5 V、±15 V 直流电源；

（2）双踪示波器；

（3）计数脉冲源；

（4）逻辑电平开关；

（5）逻辑电平显示器；

（6）直流数字电压表；

（7）DAC0832，ADC0809，μA741，电位器、电阻、电容若干。

4．实验内容

（1）D/A 转换器—DAC0832

① 按图 4-88 接线，电路接成直通方式，即$\overline{CS}$、$\overline{WR_1}$、$\overline{WR_2}$、$\overline{XFER}$接地；ALE、V_{CC}、V_{REF}接+5V 电源；运放电源接±15V；D_0～D_7接逻辑开关的输出插口，输出端 v_o 接直流数字电压表。

② 调零，令D_0～D_7全置零，调节运放的电位器使μA741 输出为零。

③ 按表 4-39 所列的输入数字信号，用数字电压表测量运放的输出电压 v_o，并将测量结果填入表中，并与理论值进行比较。

表 4-39　输入数字信号和输出模拟量的对应关系

输 入 数 字 量								输出模拟量 v_o(V)
D_7	D_6	D_5	D_4	D_3	D_2	D_1	D_0	V_{CC}=+5 V
0	0	0	0	0	0	0	0	
0	0	0	0	0	0	0	1	
0	0	0	0	0	0	1	0	

（续表）

输入数字量								输出模拟量 v_o(V)
D_7	D_6	D_5	D_4	D_3	D_2	D_1	D_0	V_{CC}=+5 V
0	0	0	0	0	1	0	0	
0	0	0	0	1	0	0	0	
0	0	0	1	0	0	0	0	
0	0	1	0	0	0	0	0	
0	1	0	0	0	0	0	0	
1	0	0	0	0	0	0	0	
1	1	1	1	1	1	1	1	

（2）A/D 转换器—ADC0809

① 按图 4-90 接线，八路输入模拟信号为 1～4.5 V，由+5 V 电源经电阻 R 分压组成；D_0～D_7 接逻辑电平显示器输入插口，CP 时钟脉冲由计数脉冲源提供，取 f=100 kHz；A_0～A_2 地址端接逻辑电平输出插口。

② 接通电源后，在启动端（START）加一正单次脉冲，下降沿一到即开始 A/D 转换。

③ 按表 4-40 的要求观察，记录 IN_0～IN_7 八路模拟信号的转换结果，并将转换结果换算成十进制数表示的电压值，并与数字电压表实测的各路输入电压值进行比较，分析误差原因。

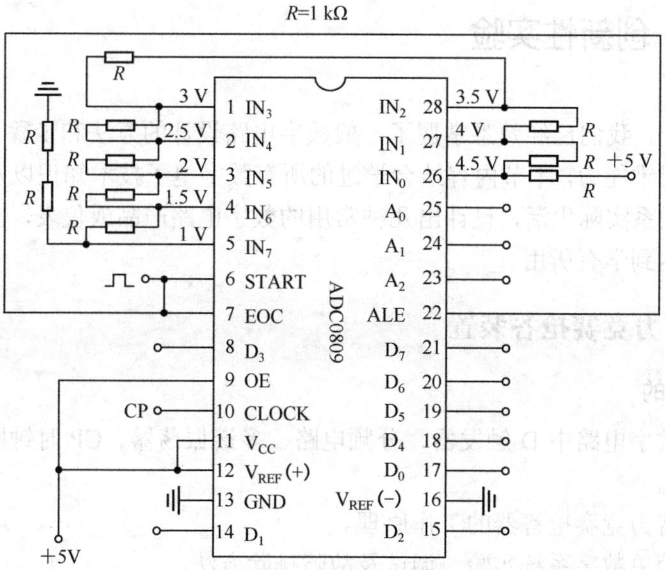

图 4-90 ADC0809 实验线路

表 4-40 八路模拟信号的转换结果

被选模拟通道	输入模拟量	地址			输出数字量								
IN	v_i（V）	A_2	A_1	A_0	D_7	D_6	D_5	D_4	D_3	D_2	D_1	D_0	十进制数
IN_0	4.5	0	0	0									
IN_1	4.0	0	0	1									

（续表）

被选模拟通道	输入模拟量	地址			输出数字量								
IN	v_i（V）	A_2	A_1	A_0	D_7	D_6	D_5	D_4	D_3	D_2	D_1	D_0	十进制数
IN_2	3.5	0	1	0									
IN_3	3.0	0	1	1									
IN_4	2.5	1	0	0									
IN_5	2.0	1	0	1									
IN_6	1.5	1	1	0									
IN_7	1.0	1	1	1									

5．实验预习要求

（1）复习 A/D、D/A 转换的工作原理。

（2）熟悉 ADC0809、DAC0832 各引脚功能和使用方法。

（3）绘好完整的实验线路和所需的实验记录表格。

（4）拟定各个实验内容的具体实验方案。

6．实验报告

整理实验数据，分析实验结果。

4.4 创新性实验

到目前为止，我们已经熟悉掌握了一般数字电路设计的方法和步骤，为了充分发挥大家的创新性思维能力，本节内容结合学过的所有数字电子技术知识以及前面掌握的实验方法，紧密联系实际生活，设计出几种常用的数字电路产品或仪表，在享受成功喜悦的同时，真正达到学有所用。

4.4.1 智力竞赛抢答装置

1．实验目的

（1）学习数字电路中 D 触发器、分频电路、多谐振荡器、CP 时钟脉冲源等单元电路的综合运用。

（2）熟悉智力竞赛抢答器的工作原理。

（3）了解简单数字系统实验、调试及故障排除方法。

2．实验原理

图 4-91 所示为供 4 人用的智力竞赛抢答装置线路，用以判断抢答优先权。

图 4-91 中 F_1 为 4 D 触发器 74LS175，它具有公共置 0 端和公共 CP 端，引脚排列见附录；F_2 为双 4 输入与非门 74LS20；F_3 是由 74LS00 组成的多谐振荡器；F_4 是由 74LS74 组成的四分频电路；F_3、F_4 组成抢答电路中的 CP 时钟脉冲源。抢答开始时，由主持人

清除信号，按下复位开关 S，74LS175 的输出 $Q_1 \sim Q_4$ 全为 0，所有发光二极管 LED 均熄灭，当主持人宣布“抢答开始”后，首先作出判断的参赛者立即按下开关，对应的发光二极管点亮，同时，通过与非门 F_2 送出信号锁住其余三个抢答者的电路，不再接收其他信号，直到主持人再次清除信号为止。

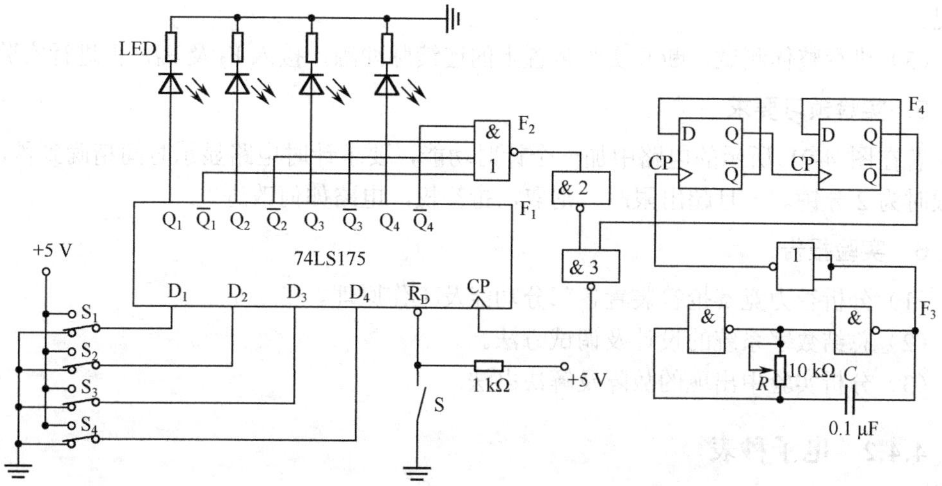

图 4-91 智力竞赛抢答装置原理图

3. 实验设备与器件

（1）+5 V 直流电源；

（2）逻辑电平开关；

（3）逻辑电平显示器；

（4）双踪示波器；

（5）数字频率计；

（6）直流数字电压表；

（7）电路元器件：74LS175，74LS20，74LS74，74LS00。

4. 实验内容

（1）测试各触发器及各逻辑门的逻辑功能。

测试方法参照实验 4.1.1 及实验 4.2.4 有关内容，判断器件的好坏。

（2）按图 4-91 接线，抢答器五个开关接实验装置上的逻辑开关，发光二极管接逻辑电平显示器。

（3）断开抢答器电路中 CP 脉冲源电路，单独对多谐振荡器 F_3 及分频器 F_4 进行调试，调整多谐振荡器 10 kΩ电位器，使其输出脉冲频率约 4 kHz，观察 F_3 及 F_4 输出波形及测试其频率（参照实验 4.3.3 有关内容）。

（4）测试抢答器电路功能。

接通+5 V 电源，CP 端接实验装置上连续脉冲源，取重复频率约 1 kHz。

① 抢答开始前，开关 S_1、S_2、S_3、S_4 均置“0”，准备抢答，将开关 S 置“0”，发

光二极管全熄灭，再将 S 置“1”。抢答开始，S_1、S_2、S_3、S_4 的某一开关置“1”，观察发光二极管的亮、灭情况，然后再将其他三个开关中任一个置“1”，观察发光二极管的亮、灭有否改变。

② 重复（1）的内容，改变 S_1、S_2、S_3、S_4 任一个开关状态，观察抢答器的工作情况。

（5）进行整体测试，断开实验装置上的连续脉冲源，接入 F_3 及 F_4，再进行实验。

5．实验预习要求

若在图 4-91 所示的电路中加一个计时功能，要求计时电路显示时间精确到秒，最多限时为 2 分钟，一旦超出限时，则取消抢答权，电路如何改进？

6．实验报告

（1）分析智力竞赛抢答装置各部分功能及工作原理。

（2）总结数字系统的设计及调试方法。

（3）分析实验中出现的故障及解决办法。

4.4.2 电子秒表

1．实验目的

（1）学习数字电路中基本 RS 触发器、单稳态触发器、时钟发生器及计数、译码显示等单元电路的综合应用。

（2）学习电子秒表的调试方法。

2．实验原理

图 4-92 所示为电子秒表的原理电路图。按功能分成 4 个单元电路进行分析。

（1）基本 RS 触发器

在图 4-92 中单元 I 为用集成与非门构成的基本 RS 触发器。属低电平直接触发的触发器，有直接置位、复位的功能。它的一路输出 $\overline{Q}$ 作为单稳态触发器的输入，另一路输出 Q 作为与非门 5 的输入控制信号。

按动按钮开关 S_2（接地），则门 1 输出 $\overline{Q}=1$，门 2 输出 $Q=0$；S_2 复位后，Q、$\overline{Q}$ 状态保持不变。再按动按钮开关 S_1，则 Q 由 0 变为 1，门 5 开启, 为计数器启动作好准备。$\overline{Q}$ 由 1 变 0，送出负脉冲，启动单稳态触发器工作。基本 RS 触发器在电子秒表中的职能是启动和停止秒表的工作。

（2）单稳态触发器

图 4-92 中单元Ⅱ为用集成与非门构成的微分型单稳态触发器，图 4-93 所示为各点波形图。单稳态触发器的输入触发负脉冲信号 v_i 由基本 RS 触发器 $\overline{Q}$ 端提供，输出负脉冲 v_o 通过非门加到计数器的清除端 R。

静态时，门 4 应处于截止状态，故电阻 R 必须小于门的关门电阻 R_{off} 定时元件 RC 取值不同，输出脉冲宽度也不同。当触发脉冲宽度小于输出脉冲宽度时，可以省去输入微分

电路的 R_P 和 C_P。单稳态触发器在电子秒表中的职能是为计数器提供清零信号。

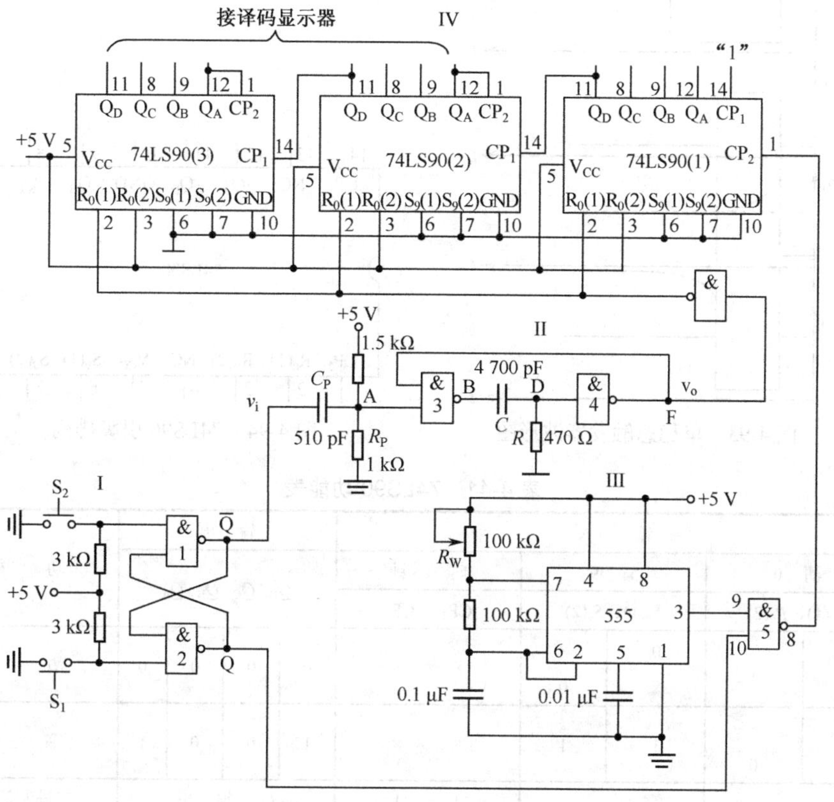

图 4-92　电子秒表原理电路图

（3）时钟发生器

图 4-92 中单元Ⅲ为用 555 定时器构成的多谐振荡器，是一种性能较好的时钟源。调节电位器 R_W，使在输出端 3 获得频率为 50 Hz 的矩形波信号，当基本 RS 触发器 Q=1 时，门 5 开启，此时 50 Hz 脉冲信号通过门 5 作为计数脉冲加于计数器①的计数输入端 CP_2。

（4）计数及译码显示

二—五—十进制加法计数器 74LS90 构成电子秒表的计数单元，如图 4-92 中单元Ⅳ所示。其中计数器①接成五进制形式，对频率为 50 Hz 的时钟脉冲进行五分频，在输出端 Q_D 取得周期为 0.1s 的矩形脉冲，作为计数器②的时钟输入。计数器②及计数器③接成 8421 码十进制形式，其输出端与实验装置上译码显示单元的相应输入端连接，可显示 0.1～0.9 s；1～9.9 s 为计时。

74LS90 是异步二—五—十进制加法计数器，它既可以作二进制加法计数器，又可以作五进制和十进制加法计数器。

图 4-94 所示为 74LS90 引脚排列，表 4-41 所示为功能表。

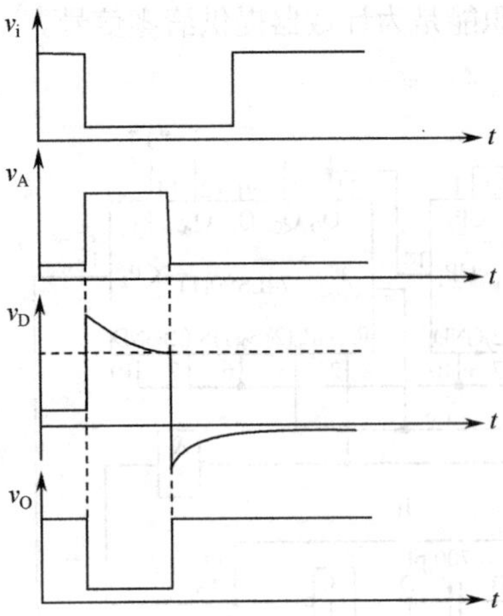

图 4-93　单稳态触发器波形图

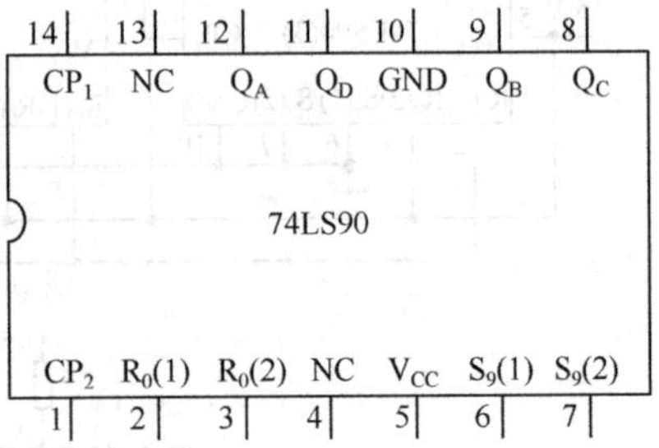

图 4-94　74LS90 引脚排列

表 4-41　74LS90 功能表

输入						输出				功能
清 0		置 9		时钟		Q_D Q_C Q_B Q_A				
$R_0(1)$、$R_0(2)$		$S_9(1)$、$S_9(2)$		CP_1	CP_2					
1	1	0 ×	× 0	×	×	0	0	0	0	清零
0 ×	× 0	1	1	×	×	1	0	0	1	置 9
0 ×	× 0	0 ×	× 0	↓	1	Q_A 输出				二进制计数
				1	↓	$Q_DQ_CQ_B$ 输出				五进制计数
				↓	Q_A	$Q_DQ_CQ_BQ_A$ 输出 8421BCD 码				十进制计数
				Q_D	↓	$Q_AQ_DQ_CQ_B$ 输出 5421BCD 码				十进制计数
				1	1	不变				保持

通过不同的连接方式，74LS90 可以实现四种不同的逻辑功能；而且还可借助 $R_0(1)$、$R_0(2)$对计数器清零，借助 $S_9(1)$、$S_9(2)$将计数器置 9。其具体功能详述如下：

① 计数脉冲从 CP_1 输入，Q_A 作为输出端，为二进制计数器。

② 计数脉冲从 CP_2 输入，$Q_DQ_CQ_B$ 作为输出端，为异步五进制加法计数器。

③ 若将 CP_2 和 Q_A 相连，计数脉冲由 CP_1 输入，Q_D、Q_C、Q_B、Q_A 作为输出端，则构成异步 8421 码十进制加法计数器。

④ 若将 CP_1 与 Q_D 相连，计数脉冲由 CP_2 输入，Q_A、Q_D、Q_C、Q_B 作为输出端，则构成异步 5421 码十进制加法计数器。

⑤ 清零、置 9 功能。

- 异步清零。

当 $R_0(1)$、$R_0(2)$均为“1”；$S_9(1)$、$S_9(2)$中有“0”时，实现异步清零功能，即 $Q_DQ_CQ_BQ_A$=0000。

- 置 9 功能。

当 $S_9(1)$、$S_9(2)$均为“1”，$R_0(1)$、$R_0(2)$中有“0”时，实现置 9 功能，即 $Q_DQ_CQ_BQ_A$=1001。

3．实验设备及器件

（1）+5 V 直流电源；

（2）双踪示波器；

（3）直流数字电压表；

（4）数字频率计；

（5）单次脉冲源；

（6）连续脉冲源；

（7）逻辑电平开关；

（8）逻辑电平显示器；

（9）译码显示器；

（10）电路元器件：74LS00×2，555×1，74LS90×3，电位器、电阻、电容若干。

4．实验内容

由于实验电路中使用器件较多，实验前必须合理安排各器件在实验装置上的位置，使电路逻辑清楚，接线较短。

实验时，应按照实验任务的次序，将各单元电路逐个进行接线和调试，即分别测试基本 RS 触发器、单稳态触发器、时钟发生器及计数器的逻辑功能，待各单元电路工作正常后，再将有关电路逐级连接起来进行测试……，直到测试电子秒表整个电路的功能。

这样的测试方法有利于检查和排除故障，保证实验顺利进行。

（1）基本 RS 触发器的测试

测试方法参考 4.2.4 节有关实验。

（2）单稳态触发器的测试

① 静态测试，用直流数字电压表测量 A、B、D、F 各点电位值并记录之。

② 动态测试，输入端接 1kHz 连续脉冲源，用示波器观察并描绘 D 点（v_D、）F 点（v_o）波形，如嫌单稳输出脉冲持续时间太短，难以观察，可适当加大微分电容 C（如改为 0.1 μF）待测试完毕，再恢复为 4 700 pF。

（3）时钟发生器的测试

测试方法参考设计性实验与实践（4.3.5 节），用示波器观察输出电压波形并测量其频率，调节 R_W，使输出矩形波频率为 50 Hz。

（4）计数器的测试

① 计数器①接成五进制形式，$R_0(1)$、$R_0(2)$、$S_9(1)$、$S_9(2)$接逻辑开关输出插口，CP_2 接单次脉冲源，CP_1 接高电平“1”，Q_D～Q_A 接实验设备上译码显示输入端 D、C、B、A，按表 4-40 测试其逻辑功能，记录之。

② 计数器②及计数器③接成 8421 码十进制形式，同内容（1）进行逻辑功能测试。

记录之。

③ 将计数器①、②、③级连，进行逻辑功能测试，记录之。

（5）电子秒表的整体测试

各单元电路测试正常后，按图 4-92 把几个单元电路连接起来，进行电子秒表的总体测试。

先按一下按钮开关 S_2，此时电子秒表不工作，再按一下按钮开关 S_1，则计数器清零后便开始计时，观察数码管显示计数情况是否正常，如不需要计时或暂停计时，按一下开关 S_2，计时立即停止，但数码管保留所计时之值。

（6）电子秒表准确度的测试

利用电子钟或手表的秒计时对电子秒表进行校准。

5．实验预习要求

（1）复习数字电路中 RS 触发器、单稳态触发器、时钟发生器及计数器等部分内容。

（2）除了本实验中所采用的时钟源外，选用另外两种不同类型的时钟源，可供本实验用。画出电路图，选取元器件。

（3）列出电子秒表单元电路的测试表格。

（4）列出调试电子秒表的步骤。

6．实验报告

（1）总结电子秒表整个调试过程。

（2）分析调试中发现的问题及故障排除方法。

4.4.3 $3\frac{1}{2}$位直流数字电压表

1．实验目的

（1）了解双积分式 A/D 转换器的工作原理。

（2）熟悉$3\frac{1}{2}$位 A/D 转换器 CC14433 的性能及其引脚功能。

（3）掌握用 CC14433 构成直流数字电压表的方法。

2．实验原理

直流数字电压表的核心器件是一个间接型 A/D 转换器，它首先将输入的模拟电压信号变换成易于准确测量的时间量，然后在这个时间宽度里用计数器计时，计数结果就是正比于输入模拟电压信号的数字量。

（1）V－T 变换型双积分 A/D 转换器

图 4-95 所示的是双积分 ADC 的控制逻辑框图。它由积分器（包括运算放大器 A_1 和 RC 积分网络）、过零比较器 A_2、N 位二进制计数器、开关控制电路、门控电路、参考电压 V_R 与时钟脉冲源 CP 组成。

转换开始前，先将计数器清零，并通过控制电路使开关 S_0 接通，将电容 C 充分放电。由于计数器进位输出 Q_C=0，控制电路使开关 S 接通 v_i，模拟电压与积分器接通，同时，门 G 被封锁，计数器不工作。积分器输出 V_A 线性下降，经零值比较器 A_2 获得一方波 V_C，打开门 G，计数器开始计数，当输入 2^n 个时钟脉冲后 $t=T_1$，各触发器输出端 $D_{n-1}\sim D_0$ 由 111…1 回到 000…0，其进位输出 $Q_C=1$，作为定时控制信号，通过控制电路将开关 S 转换至基准电压源 $-V_R$，积分器向相反方向积分，V_A 开始线性上升，计数器重新从 0 开始计数，直到 $t=T_2$，V_A 下降到 0，比较器输出的正方波结束，此时计数器中暂存二进制数字就是 v_i 相对应的二进制数码。

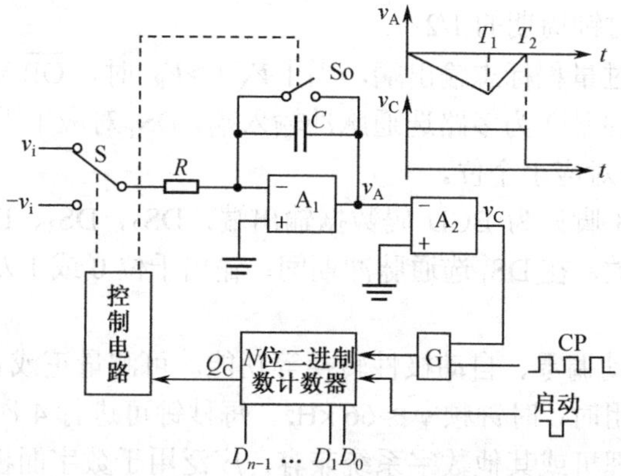

图 4-95 双积分 ADC 原理框图

（2）$3\frac{1}{2}$ 位双积分 A/D 转换器 CC14433 的性能特点

CC14433 是 CMOS 双积分式 $3\frac{1}{2}$ 位 A/D 转换器，它是将构成数字和模拟电路的约 7700 多个 MOS 晶体管集成在一个硅芯片上，芯片有 24 只引脚，采用双列直插式，其引脚排列与功能如图 4-96 所示。

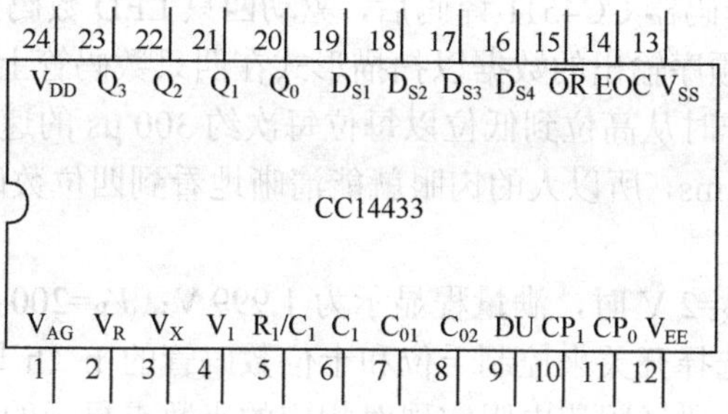

图 4-96 CC14433 引脚排列

其中，V_{AG}（1 脚）为被测电压 V_X 和基准电压 V_R 的参考地；

V_R（2 脚）为外接基准电压（2V 或 200mV）输入端；

V_X（3 脚）为被测电压输入端；

R_1（4 脚）、R_1/C_1（5 脚）、C_1（6 脚）为外接积分阻容元件端，C_1=0.1 μF（聚酯薄膜电容器），R_1=470 kΩ（2V 量程），R_1=27 kΩ（200 mV 量程）；

C_{01}（7 脚）、C_{02}（8 脚）为外接失调补偿电容端，典型值为 0.1 μF；

DU（9 脚）为实时显示控制输入端。若与 EOC（14 脚）端连接，则每次 A/D 转换均显示；

CP_1（10 脚）为 CP_0（11 脚）：时钟振荡外接电阻端，典型值为 470 kΩ；

V_{EE} （12 脚）为电路的电源最负端，接−5 V；

V_{SS} （13 脚）为除 CP 外所有输入端的低电平基准（通常与 1 脚连接）；

EOC（14 脚为为转换周期结束标记输出端，每一次 A/D 转换周期结束，EOC 输出一个正脉冲，宽度为时钟周期的 1/2；

$\overline{OR}$ （15 脚）为过量程标志输出端，当 $|V_X|>V_R$ 时，$\overline{OR}$ 输出为低电平；

DS_4～DS_1（16～19 脚）为多路选通脉冲输入端，DS_1 对应于千位；DS_2 对应于百位；DS_3 对应于十位；DS_4 对应于个位。

Q_0～Q_3 （20～23 脚）为 BCD 码数据输出端，DS_2、DS_3、DS_4 选通脉冲期间，输出三位完整的十进制数，在 DS_1 选通脉冲期间，输出千位 0 或 1 及过量程、欠量程和被测电压极性标志信号；

CC14433 具有自动调零、自动极性转换等功能。可测量正或负的电压值。当 CP_1、CP_0 端接入 470 kΩ电阻时，时钟频率≈66 kHz，每秒钟可进行 4 次 A/D 转换。它的使用调试简便，能与微处理机或其他数字系统兼容，广泛用于数字面板表、数字万用表、数字温度计、数字量具及遥测、遥控系统。

（3）$3\frac{1}{2}$ 位直流数字电压表的组成（实验线路）

线路结构如图 4-97 所示。

① 被测直流电压 V_X 经 A/D 转换后以动态扫描形式输出，数字量输出端 Q_0 Q_1 Q_2 Q_3 上的数字信号（8421 码）按照时间先后顺序输出。位选信号 DS_1，DS_2，DS_3，DS_4 通过位选开关 MC1413 分别控制着千位、百位、十位和个位上的四只 LED 数码管的公共阴极。数字信号经七段译码器 CC4511 译码后，驱动四只 LED 数码管的各段阳极。这样就把 A/D 转换器按时间顺序输出的数据以扫描形式在四只数码管上依次显示出来，由于选通重复频率较高，工作时从高位到低位以每位每次约 300 μs 的速率循环显示。即一个 4 位数的显示周期是 1.2 ms，所以人的肉眼就能清晰地看到四位数码管同时显示三位半十进制数字量。

② 当参考电压 V_R=2 V 时，满量程显示为 1.999 V；V_R=200 mV 时，满量程显示为 199.9 mV。可以通过选择开关来控制千位和十位数码管的 h（h 即为数码管的小数点，在数码管的右下方）笔段经限流电阻实现对相应的小数点显示的控制。

③ 最高位（千位）显示时只有 b、c 二根线与 LED 数码管的 b、c 脚相接，所以千位只显示 1 或不显示，用千位的 g 笔段来显示模拟量的负值（正值不显示），即由 CC14433 的 Q_2 端通过 NPN 晶体管 9013 来控制 g 段。

④ A/D 转换需要外接标准电压源作参考电压。标准电压源的精度应当高于 A/D 转换器的精度。本实验采用 MC1403 集成精密稳压源作参考电压，MC1403 的输出电压为 2.5 V，当输入电压在 4.5～15 V 范围内变化时，输出电压的变化不超过 3 mV，一般只有 0.6 mV 左右，输出最大电流为 10 mA。

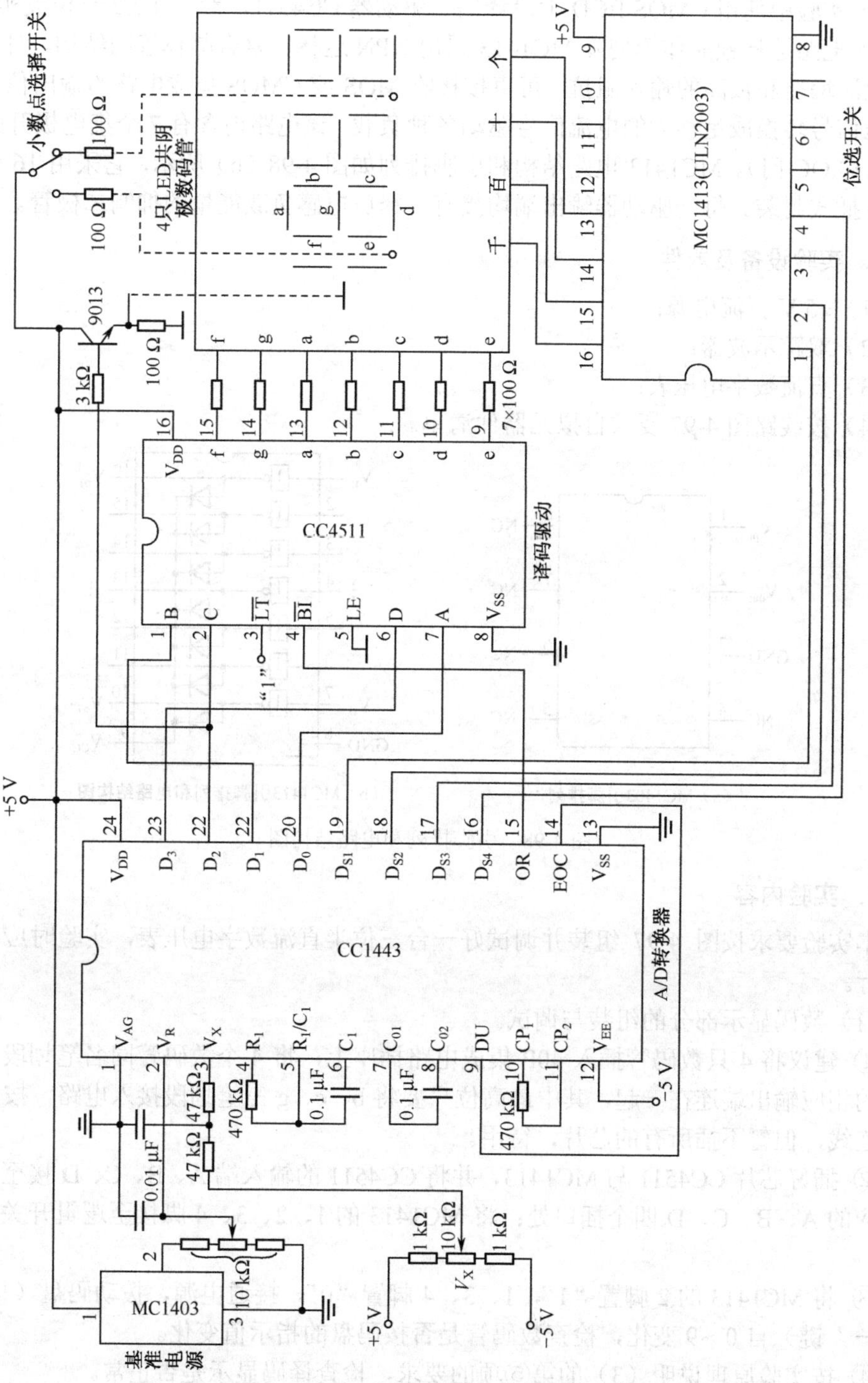

图 4-97 $3\frac{1}{2}$位直流数字电压表线路图

MC1403 引脚排列见图 4-98（a）。

⑤ 实验中使用 CMOS BCD 七段译码 / 驱动器 CC4511，参考 4.2.2 节相关实验。

⑥ 七路达林顿晶体管列阵 MC1413 采用 NPN 达林顿复合晶体管的结构，因此有很高的电流增益和很高的输入阻抗，可直接接收 MOS 或 CMOS 集成电路的输出信号，并把电压信号转换成足够大的电流信号驱动各种负载。该电路内含有 7 个集电极开路反相器（也称 OC 门）。MC1413 电路结构和引脚排列如图 4-98（b）所示，它采用 16 引脚的双列直插式封装。每一驱动器输出端均接有一释放电感负载能量的抑制二极管。

3．实验设备及器件

（1）±5 V 直流电源；

（2）双踪示波器；

（3）直流数字电压表；

（4）按线路图 4-97 要求自拟元器件清单。

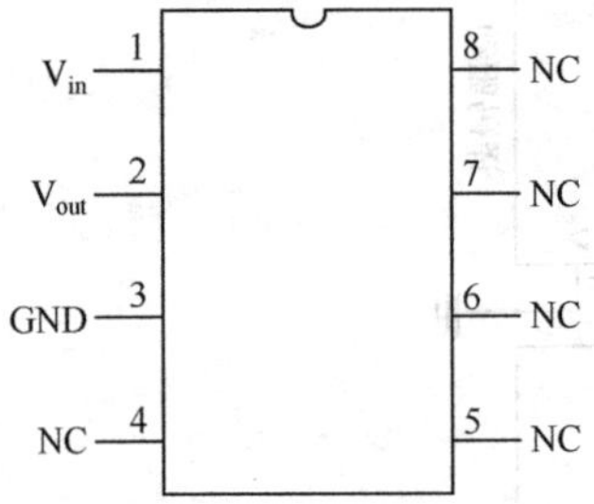

（a）MC1403引脚排列

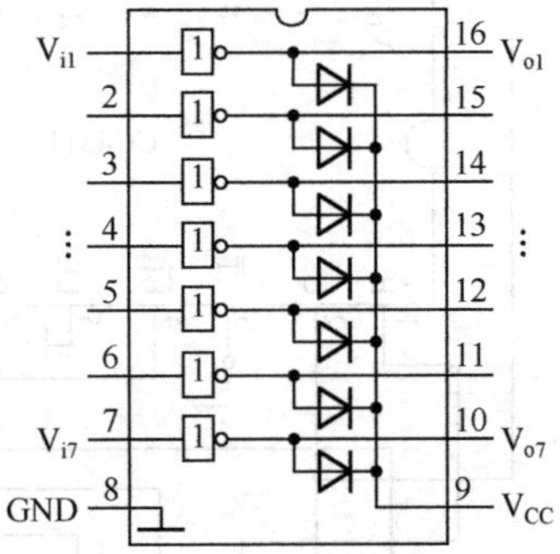

（b）MC1413引脚排列和电路结构图

图 4-98　引脚排列和电路结构图

4．实验内容

本实验要求按图 4-97 组装并调试好一台三位半直流数字电压表，实验时应一步步地进行。

（1）数码显示部分的组装与调试。

① 建议将 4 只数码管插入 40P 集成电路插座上，将 4 个数码管同名笔划段与显示译码的相应输出端连在一起，其中最高位只要将 b、c、g 三笔划段接入电路，按图 4-97 接好连线，但暂不插所有的芯片，待用。

② 插好芯片 CC4511 与 MC1413，并将 CC4511 的输入端 A、B、C、D 接至拨码开关对应的 A、B、C、D 四个插口处；将 MC1413 的 1、2、3、4 脚接至逻辑开关输出插口上。

③ 将 MC1413 的 2 脚置“1”，1、3、4 脚置“0”，接通电源，拨动码盘（按“+”或“－”键）自 0～9 变化，检查数码管是否按码盘的指示值变化。

④ 按实验原理说明（3）的第⑤项的要求，检查译码显示是否正常。

⑤ 分别将 MC1413 的 3、4、1 脚单独置“1”，重复③的内容。

如果所有 4 位数码管显示正常，则去掉数字译码显示部分的电源，备用。

（2）标准电压源的连接和调整。

插上 MC1403 基准电源，用标准数字电压表检查输出是否为 2.5 V，然后调整 10 kΩ 电位器，使其输出电压为 2.00 V，调整结束后去掉电源线，供总装时备用。

（3）总装和总调。

① 插好芯片 MC14433，按图 4-97 接好全部线路。

② 将输入端接地，接通+5 V，−5 V 电源（先接好地线），此时显示器将显示“000”值，如果不是，应检测电源正、负电压。用示波器测量、观察 $D_{S1}\sim D_{S4}$、$Q_0\sim Q_3$ 波形，判别故障所在。

③ 用电阻、电位器构成一个简单的输入电压 V_X 调节电路，调节电位器，4 位数码将相应变化，然后进入下一步精调。

④ 用标准数字电压表（或用数字万用表代替）测量输入电压，调节电位器，使 V_X=1.000 V，这时被调电路的电压指示值不一定显示“1.000”，应调整其基准电压源，使指示值与标准电压表误差个位数在 5 之内。

⑤ 改变输入电压 V_X 极性，使 V_i=−1.000 V，检查“−”是否显示，并按④的方法校准显示值。

⑥ 在+1.999 V～0～−1.999 V 量程内再一次仔细调整（调基准电源电压）使全部量程内的误差均不超过个位数在 5 之内。

至此一个测量范围在±1.999 V 的三位半数字直流电压表调试成功。

（4）记录输入电压为±1.999 V，±1.500 V，±1.000 V，±0.500 V，0.000 V 时（标准数字电压表的读数）被调数字电压表的显示值，列表记录之。

（5）用自制数字电压表测量正、负电源电压。如何测量？试设计扩程测量电路。

（6）若积分电容 C_1、C_2（0.1 μF）换用普通金属化纸介电容时，观察测量精度的变化。

5. 实验预习要求

（1）本实验是一个综合性实验，应作好充分准备。

（2）仔细分析图 4-97 各部分电路的连接及其工作原理。

（3）参考电压 V_R 上升，显示值增大还是减少？

（4）要使显示值保持某一时刻的读数，电路应如何改动？

6. 实验报告

（1）绘出三位半直流数字电压表的电路接线图。

（2）阐明组装和调试步骤。

（3）说明调试过程中遇到的问题和解决的方法。

（4）组装和调试数字电压表的心得体会。

4.4.4 数字频率计

1. 实验目的

（1）了解数字频率计的工作原理。

（2）使用中小规模集成电路设计与制作一台简易的数字频率计。

2．工作原理

（1）数字频率计是用于测量信号（方波、正弦波或其他脉冲信号）的频率，并用十进制数字显示，它具有精度高、测量迅速、读数方便等优点。

脉冲信号的频率就是在单位时间内所产生的脉冲个数，其表达式为$f=N/T$，其中f为被测信号的频率；N为计数器所累计的脉冲个数；T为产生N个脉冲所需的时间。计数器所记录的结果，就是被测信号的频率。如在1 s内记录1 000个脉冲，则被测信号的频率为1 000 Hz。

本实验课题仅讨论一种简单易制的数字频率计，其原理框图如图4-99所示。

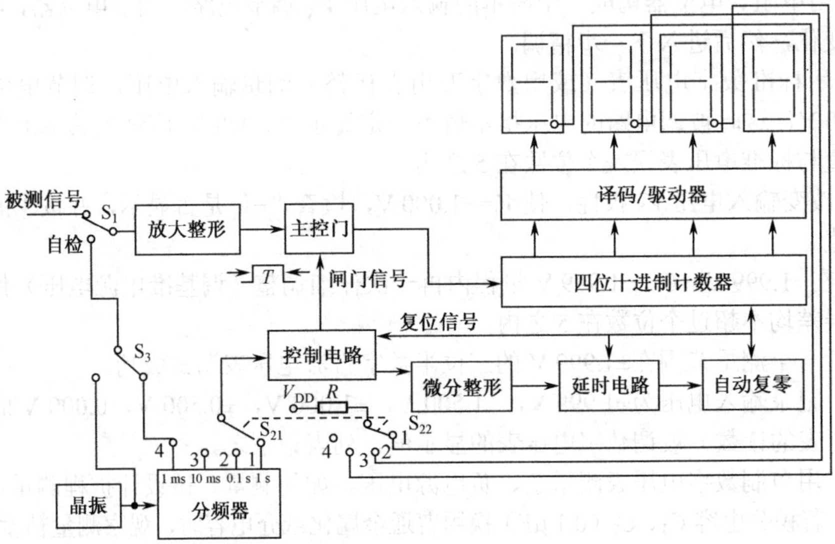

图4-99 数字频率计原理框图

晶振产生较高的标准频率，经分频器后可获得各种时基脉冲（1 ms，10 ms，0.1 s，1 s等），时基信号的选择由开关S_2控制。被测频率的输入信号经放大整形后变成矩形脉冲加到主控门的输入端，如果被测信号为方波，放大整形可以不要，将被测信号直接加到主控门的输入端。时基信号经控制电路产生闸门信号至主控门，只有在闸门信号采样期间内（时基信号的一个周期），输入信号才通过主控门。若时基信号的周期为T，进入计数器的输入脉冲数为N，则被测信号的频率$f=N/T$，改变时基信号的周期T，即可得到不同的测频范围。当主控门关闭时，计数器停止计数，显示器显示记录结果。此时控制电路输出一个置零信号，经延时、整形电路的延时，当达到所调节的延时时间时，延时电路输出一个复位信号，使计数器和所有的触发器置0，为后续新的一次取样作好准备，即能锁住一次显示的时间，使保留到接收新的一次取样为止。

当开关S_2改变量程时，小数点能自动移位。

若开关S_1和S_3配合使用，可将测试状态转为“自检”工作状态（即用时基信号本身作为被测信号输入）。

（2）有关单元电路的设计及工作原理。

① 控制电路。

控制电路与主控门电路如图 4-100 所示。

主控电路由双 D 触发器 CC4013 及与非门 CC4011 构成。CC4013(a)的任务是输出闸门控制信号，以控制主控门 2 的开启与关闭。如果通过开关 S_2 选择一个时基信号，当给与非门 1 输入一个时基信号的下降沿时，门 1 就输出一个上升沿，则 CC4013（a）的 Q_1 端就由低电平变为高电平，将主控门 2 开启，允许被测信号通过该主控门并送至计数器输入端进行计数。相隔 1s（或 0.1 s，10 ms，1 ms）时间后，又给与非门 1 输入一个时基信号的下降沿，与非门 1 输出端又产生一个上升沿，使 CC4013（a）的 Q_1 端变为低电平，将主控门关闭，使计数器停止计数，同时 $\overline{Q}_1$ 端产生一个上升沿，使 CC4013（b）翻转成 Q_2=1，$\overline{Q}_2$=0。由于 $\overline{Q}_2$=0，它立即封锁与非门 1 不再让时基信号进入 CC4013（a），保证在显示读数的时间内 Q_1 端始终保持低电平，使计数器停止计数。

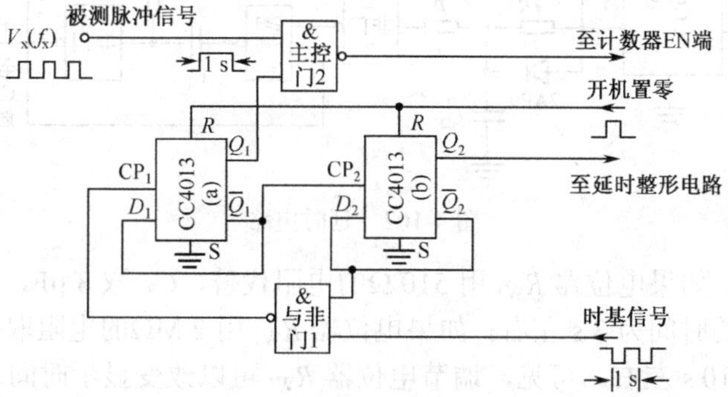

图 4-100 控制电路及主控门电路

利用 Q_2 端的上升沿送到下一级的延时、整形单元电路。当到达所调节的延时时间时，延时电路输出端立即输出一个正脉冲，将计数器和所有 D 触发器全部置 0。复位后，Q_1=0，$\overline{Q}_1$=1，为下一次测量作好准备。当时基信号又产生下降沿时，则上述过程重复。

② 微分和整形电路。

电路如图 4-101 所示。CC4013（b）的 Q_2 端所产生的上升沿经微分电路后，送到由与非门 CC4011 组成的施密特整形电路的输入端，在其输出端可得到一个边沿十分陡峭且具有一定脉冲宽度的负脉冲，然后再送至下一级延时电路。

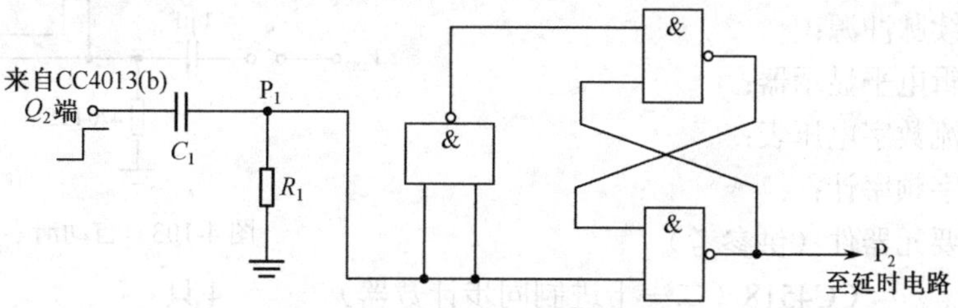

图 4-101 微分和整形电路

③ 延时电路。

延时电路由 D 触发器 CC4013（c）、积分电路（由电位器 R_{w1} 和电容器 C_2 组成）、非门（3）以及单稳态电路所组成，如图 4-102 所示。由于 CC4013（c）的 D_3 端接 V_{DD}，因此，在 P_2 点所产生的上升沿作用下，CC4013（c）翻转，翻转后 $\overline{Q}_3$=0，由于开机置“0”时或门 1（见图 4-103）输出的正脉冲将 CC4013（c）的 Q_3 端置“0”，因此 $\overline{Q}_3$=1，经二极管 2AP9 迅速给电容 C_2 充电，使 C_2 二端的电压达“1”电平，而此时 $\overline{Q}_3$=0，电容器 C_2 经电位器 R_{W1} 缓慢放电。当电容器 C_2 上的电压放电降至非门 3 的阈值电平 V_T 时，非门 3 的输出端立即产生一个上升沿，触发下一级单稳态电路。此时，P_3 点输出一个正脉冲，该脉冲宽度主要取决于时间常数 R_t C_t 的值，延时时间为上一级电路的延时时间及这一级延时时间之和。

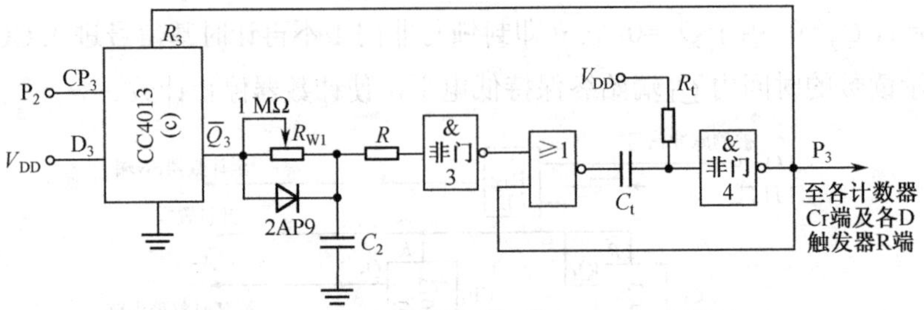

图 4-102　延时电路

由实验求得，如果电位器 R_{W1} 用 510 Ω的电阻代替，C_2 取 3 μF，则总的延迟时间，即显示器所显示的时间为 3 s 左右。如果电位器 R_{W1} 用 2 MΩ的电阻取代，C_2 取 22 μF，则显示时间可达 10 s 左右。可见，调节电位器 R_{W1} 可以改变显示时间。

④ 自动清零电路。

P_3 点产生的正脉冲送到图 4-103 所示的或门组成的自动清零电路，将各计数器及所有的触发器置零。在复位脉冲的作用下，Q_3=0，$\overline{Q}_3$=1，于是 $\overline{Q}_3$ 端的高电平经二极管 2AP9 再次对电容 C_2 充电，补上刚才放掉的电荷，使 C_2 两端的电压恢复为高电平，又因为 CC4013(b)复位后使 Q_2 再次变为高电平，所以与非门 1 又被开启，电路重复上述变化过程。

3．实验设备与器件

（1）+5 V 直流电源；

（2）双踪示波器；

（3）连续脉冲源；

（4）逻辑电平显示器；

（5）直流数字电压表；

（6）数字频率计；

（7）主要元器件（供参考）

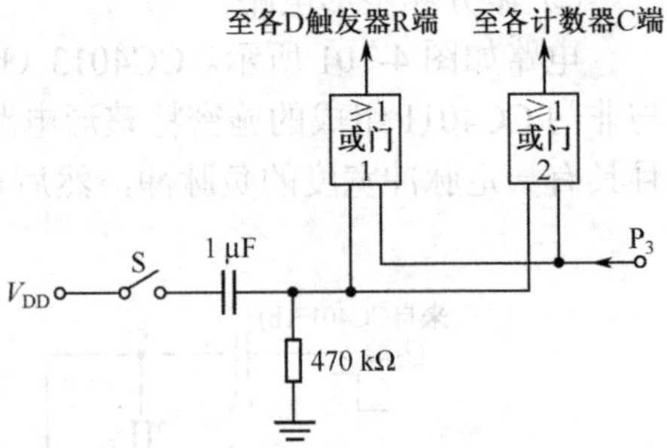

图 4-103　自动清零电路

CC4518（二—十进制同步计数器）	4 只
CC4553（三位十进制计数器）	2 只
CC4013（双 D 型触发器）	2 只
CC4011（四 2 输入与非门）	2 只
CC4069（六反相器）	1 只

CC4001（四 2 输入或非门）	1 只
CC4071（四 2 输入或门）	1 只
2AP9 （二极管）	1 只
电位器（1 MΩ）	1 只
电阻、电容	若干

4．实验内容

使用中小规模集成电路设计与制作一台简易的数字频率计。应具有下述功能：

（1）位数。

计 4 位十进制数。计数位数主要取决于被测信号频率的高低，如果被测信号频率较高，精度又较高，可相应增加显示位数。

（2）量程。

第一挡：最小量程挡，最大读数是 9.999 kHz，闸门信号的采样时间为 1s。

第二挡：最大读数为 99.99 kHz，闸门信号的采样时间为 0.1 s。

第三挡：最大读数为 999.9 kHz，闸门信号的采样时间为 10 ms。

第四挡：最大读数为 9999 kHz，闸门信号的采样时间为 1 ms。

（3）显示方式。

① 用七段 LED 数码管显示读数，做到显示稳定、不跳变。

② 小数点的位置跟随量程的变更而自动移位。

③ 为了便于读数，要求数据显示的时间在 0.5～5 s 内连续可调。

（4）具有“自检”功能。

（5）被测信号为方波信号。

（6）画出设计的数字频率计的电路总图。

（7）组装和调试。

① 时基信号通常使用石英晶体振荡器输出的标准频率信号经分频电路获得。为了实验调试方便，可用实验设备上脉冲信号源输出的 1 kHz 方波信号经 3 次 10 分频获得。

② 按设计的数字频率计逻辑图在实验装置上布线。

③ 用 1 kHz 方波信号送入分频器的 CP 端，用数字频率计检查各分频级的工作是否正常。用周期为 1 s 的信号作控制电路的时基信号输入；用周期等于 1 ms 的信号作被测信号；用示波器观察和记录控制电路输入、输出波形，检查控制电路所产生的各控制信号能否按正确的时序要求控制各个子系统；用周期为 1 s 的信号送入各计数器的 CP 端，用发光二极管指示检查各计数器的工作是否正常；用周期为 1 s 的信号作延时、整形单元电路的输入，用两只发光二极管作指示，检查延时、整形单元电路的输入；用两只发光二极管作指示，检查延时、整形单元电路的工作是否正常。若各个子系统的工作都正常了，再将各子系统连起来统调。

（8）调试合格后，写出综合实验报告。

若测量的频率范围低于 1 MHz，分辨率为 1 Hz，建议采用如图 4-104 所示的电路，只要选择参数正确，连线无误，通电后即能正常工作，无须调试。有关它的工作原理留给同学们自行研究分析。

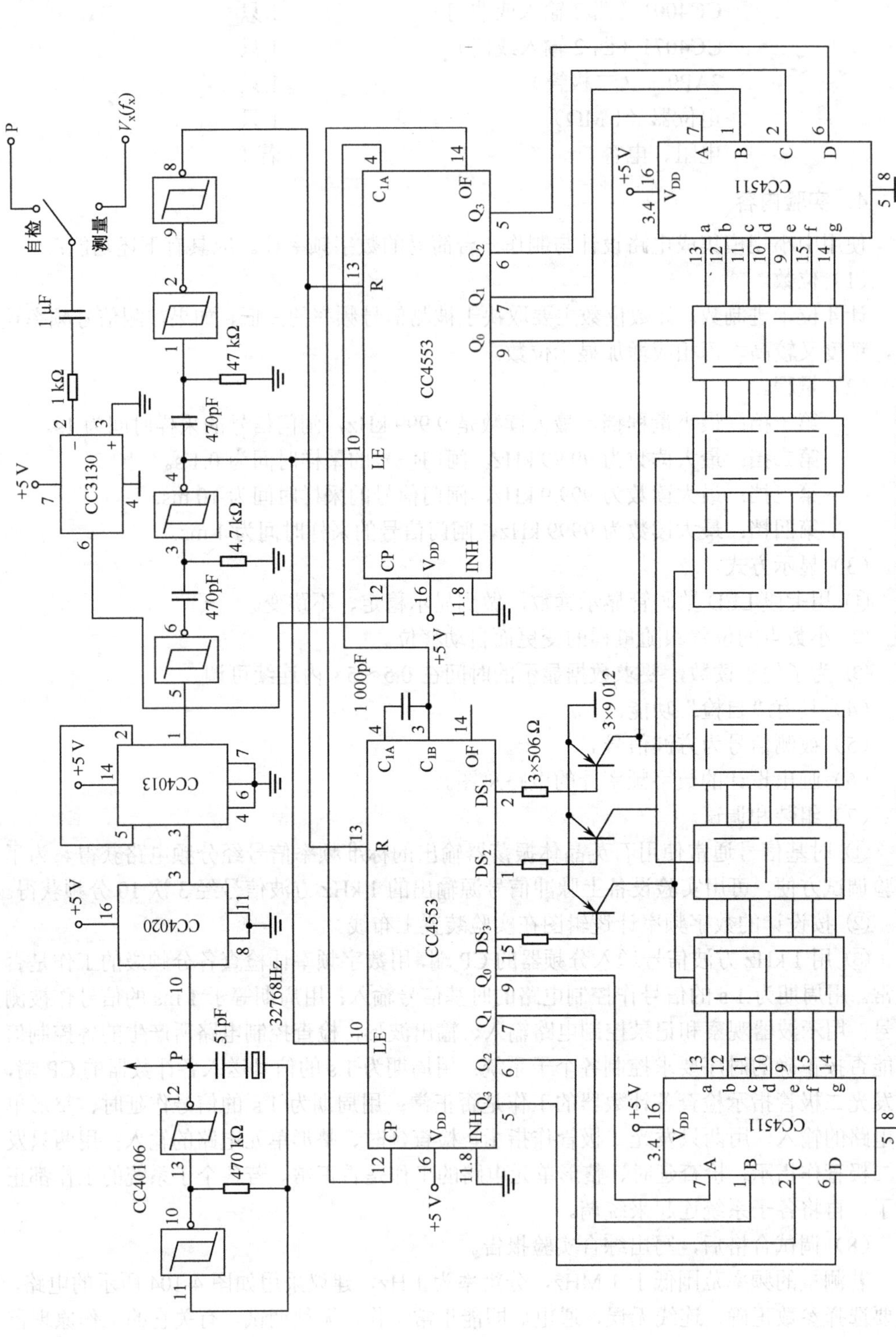

图 4-104 0～999 999 Hz 数字频率计线路图

4.4.5 拔河游戏机

1．实验目的

（1）给定实验设备和主要元器件，按照电路的各部分组合成一个完整的拔河游戏机。拔河游戏机需用 15 个（或 9 个）发光二极管排列成一行，开机后只有中间一个点亮，以此作为拔河的中心线，游戏双方各持一个按键，迅速地、不断地按动产生脉冲，谁按得快，亮点向谁方向移动。每按一次，亮点移动一次。移到任一方终端二极管点亮，这一方就得胜，此时双方按键均无作用，输出保持，只有经复位后才使亮点恢复到中心线。

（2）显示器显示胜者的盘数。

2．实验原理

（1）实验电路框图如图 4-105 所示。

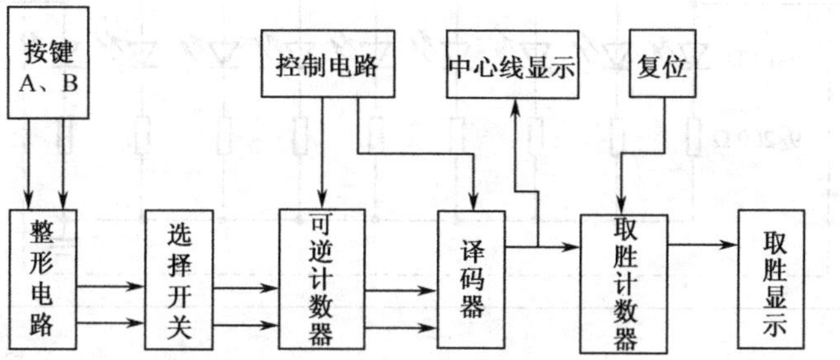

图 4-105 拔河游戏机线路框图

（2）整机电路图如图 4-106 所示。

3．实验设备及元器件

（1）+5 V 直流电源；

（2）译码显示器；

（3）逻辑电平开关；

（4）电路元器件：CC4514（4 线－16 线译码 / 分配器），CC40193（同步递增 / 递减二进制计数器），CC4518（十进制计数器），CC4081（与门），CC4011×3（与非门），CC4030（异或门），电阻 1 kΩ×4。

4．实验步骤

图 4-106 所示为拔河游戏机整机线路图。可逆计数器 CC40193 原始状态输出 4 位二进制数 0000，经译码器输出使中间的一只发光二极管点亮。当按动 A、B 两个按键时，分别产生两个脉冲信号，经整形后分别加到可逆计数器上，可逆计数器输出的代码经译码器译码后驱动发光二极管点亮并产生位移，当亮点移到任何一方终端后，由于控制电路的作用，使这一状态被锁定，而对输入脉冲不起作用。如按动复位键，亮点又回到中点位置，比赛又可重新开始。

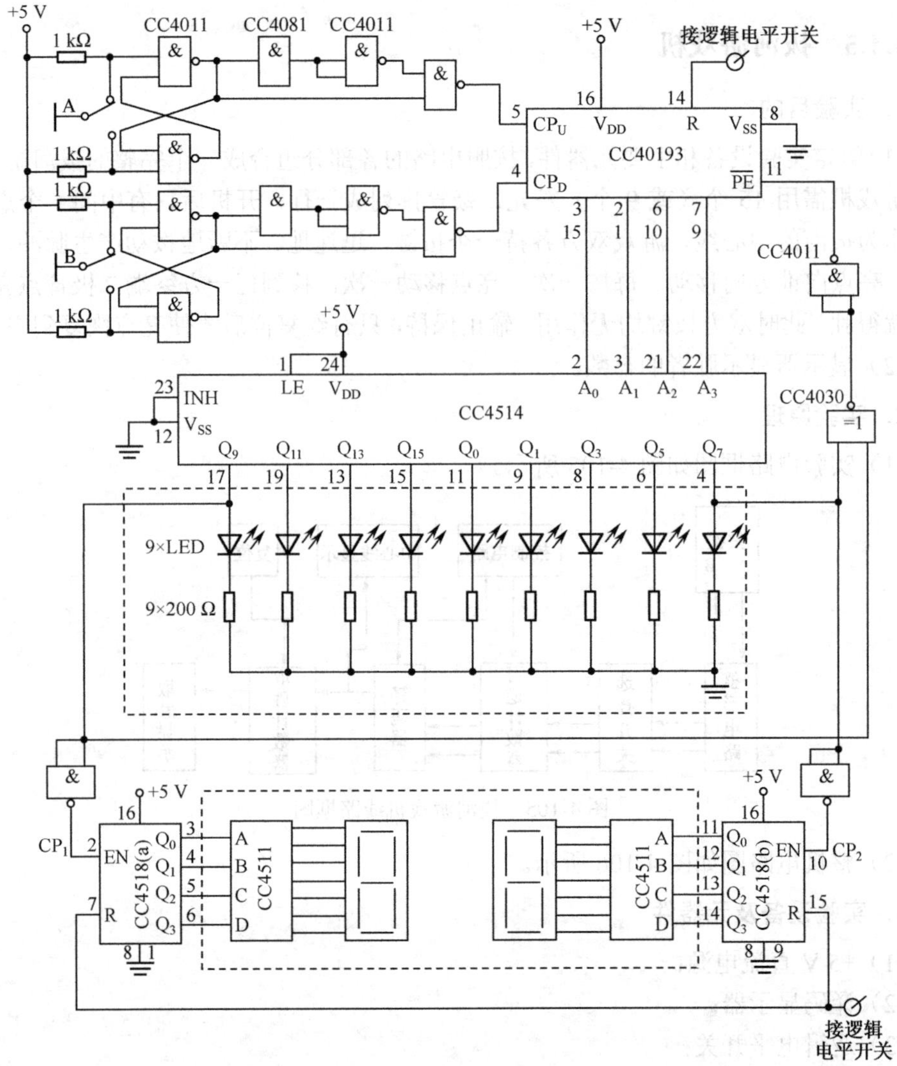

图 4-106　拔河游戏机整机线路图

将双方终端二极管的正端分别经两个与非门后接至二个十进制计数器 CC4518（a）和（b）的允许控制端 EN，当任一方取胜，该方终端二极管点亮，产生一个下降沿使其对应的计数器计数。这样，计数器的输出即显示了胜者取胜的盘数。

（1）编码电路

编码器有二个输入端，四个输出端，要进行加／减计数，因此选用 CC40193 双时钟二进制同步加／减计数器来完成。

（2）整形电路

CC40193 是可逆计数器，控制加减的 CP 脉冲分别加至 5 脚和 4 脚，此时当电路要求进行加法计数时，减法输入端 CP_D 必须接高电平；进行减法计数时，加法输入端 CP_U 也必须接高电平；若直接由 A、B 键产生的脉冲加到 5 脚或 4 脚，那么就有很多时机在进行计数输入时另一计数输入端为低电平，使计数器不能计数，双方按键均失去作用，拔河比赛不能正常进行。加一整形电路，使A、B二键输出的脉冲经整形后变为一个占空比很大的脉冲，这样就减少了进行某一计数时另一计数输入为低电平的可能性，从而使每按一次键都有可能进行有效的计数。整形电路由与门CC4081和与非门CC4011实现。

（3）译码电路

选用4−16线CC4514译码器。译码器的输出Q_0～Q_{14}分接15个（或9个）个发光二极管，二极管的负端接地，而正端接译码器；这样，当输出为高电平时发光二极管点亮。

比赛准备，译码器输入为0000，Q_0 输出为“1”，中心处二极管首先点亮。当编码器进行加法计数时，亮点向右移；进行减法计数时，亮点向左移。

（4）控制电路

为指示出谁胜谁负，需用一个控制电路。当亮点移到任何一方的终端时，判该方为胜，此时双方的按键均宣告无效。此电路可用异或门CC4030和非门CC4011来实现。将双方终端二极管的正极接至异或门的两个输入端，当获胜一方为“1”，而另一方则为“0”，异或门输出为“1”，经非门产生低电平“0”，再送到CC40193计数器的置数端$\overline{PE}$，于是计数器停止计数，处于预置状态，由于计数器数据端A、B、C、D和输出端Q_A、Q_B、Q_C、Q_D对应相连，输入也就是输出，从而使计数器对输入脉冲不起作用。

（5）胜负显示

将双方终端二极管正极经非门后的输出分别接到二个CC4518计数器（a）和（b）的EN端，CC4518的两组4位BCD码分别接到实验装置的两组译码显示器的A、B、C、D插口处。当一方取胜时，该方终端二极管发亮，产生一个上升沿，使相应的计数器进行加一计数，于是就得到了双方取胜次数的显示。若一位数不够，则进行二位数的级联。

（6）复位

为能进行多次比赛而需要进行复位操作，使亮点返回中心点，可用一个开关控制CC40193的清零端R即可。

胜负显示器的复位也应用一个开关来控制胜负计数器CC4518的清零端R，使其重新计数。

5．实验报告

讨论实验结果，总结实验收获。

4.4.6 随机存取存储器2114A及其应用

1．实验目的

了解集成随机存取存储器2114A的工作原理，通过实验熟悉它的工作特性、使用方法及其应用。

2．实验原理

（1）随机存取存储器（RAM）

随机存取存储器（RAM），又称读写存储器，它能存储数据、指令、中间结果等信息。在该存储器中，任何一个存储单元都能以随机次序迅速地存入（写入）信息或取出（读出）信息。随机存取存储器具有记忆功能，但停电（断电）后，所存信息（数据）会消失，不利于数据的长期保存，所以多用于中间过程去暂存信息。

RAM 的结构和工作原理

图 4-107 所示的是 RAM 的基本结构图，它主要由存储单元矩阵、地址译码器和读 / 写控制电路三部分组成。

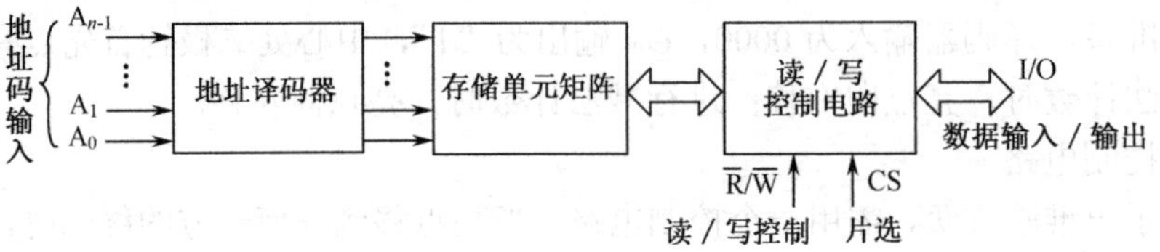

图 4-107　RAM 的基本结构图

- 存储单元矩阵

存储单元矩阵是 RAM 的主体，一个 RAM 由若干个存储单元组成，每个存储单元可存放 1 位二进制数或 1 位二元代码。为了存取方便，通常将存储单元设计成矩阵形式，所以称为存储矩阵。存储器中的存储单元越多，存储的信息就越多，表示该存储器容量就越大。

- 地址译码器

为了对存储矩阵中的某个存储单元进行读出或写入信息，必须首先对每个存储单元的所在位置（地址）进行编码，然后当输入一个地址码时，就可利用地址译码器找到存储矩阵中相应的一个（或一组）存储单元，以便通过读 / 写控制，对选中的一个（或一组）单元进行读出或写入信息。

- 片选与读 / 写控制电路

由于集成度的限制，大容量的 RAM 往往由若干片 RAM 组成。当需要对某一个（或一组）存储单元进行读出或写入信息时，必须首先通过片选 CS，选中某一片（或几片），然后利用地址译码器才能找到对应的具体存储单元，以便读 / 写控制信号对该片（或几片）RAM 的对应单元进行读出或写入信息操作。

除了上面介绍的三个主要部分外，RAM 的输出常采用三态门作为输出缓冲电路。

MOS 随机存储器有动态 RAM（DRAM）和静态 RAM（SRAM）两类。DRAM 靠存储单元中的电容暂存信息，由于电容上的电荷要泄漏，故需定时充电（统称刷新）。SRAM 的存储单元是触发器，记忆时间不受限制，无须刷新。

2114A 静态随机存取存储器

2114A 是一种 1024 字×4 位的静态随机存取存储器，采用 HMOS 工艺制作，它的逻辑框图、引脚排列及逻辑符号如图 4-108 所示，表 4-42 是引出端功能表。其中，有 4096 个存储单元，排列成 64×64 矩阵。采用两个地址译码器，行译码（A_3～A_8）输出 X_0～X_{63}，从 64 行中选择指定的一行；列译码（A_0、A_1、A_2、A_9）输出 Y_0～Y_{15}，再从已选定的一行中选出 4 个存储单元进行读 / 写操作。I/O_0～I/O_3 既是数据输入端，又是数据输出端；$\overline{CS}$ 为片选信号；$\overline{WE}$ 是写使能，控制器件的读 / 写操作。表 4-43 所示的是器件的功能表。

① 当器件要进行读操作时，首先输入要读出单元的地址码（A_0～A_9），并使 $\overline{WE}=1$，给定的地址的存储单元内容（4 位）就经读 / 写控制传送到三态输出缓冲器，而且只能在 $\overline{CS}=0$ 时才能把读出数据送到引脚（I/O_0～I/O_3）上。

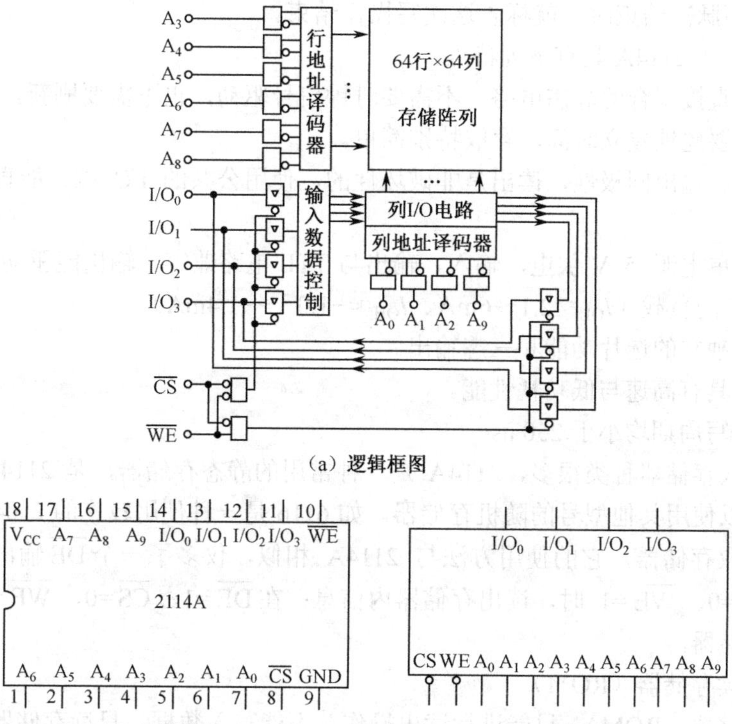

（a）逻辑框图

（b）引脚排列　　（c）逻辑符号

图 4-108　2114A 随机存取存储器

表 4-42　2114A 引出端功能

端　名	功　能
A_0～A_9	地址输入端
$\overline{WE}$	写　选　通
$\overline{CS}$	芯片选择
I/O_0～I/O_3	数据输入/输出端
V_{CC}	+5 V

表 4-43　2114A 功能表

地　址	$\overline{CS}$	$\overline{WE}$	I/O_0～I/O_3
有效	1	×	高阻态
有效	0	1	读出数据
有效	0	0	写入数据

② 当器件要进行写操作时，在 I/O_0～I/O_3 端输入要写入的数据，在 A_0～A_9 端输入要写入单元的地址码，然后再使 $\overline{WE}$=0，$\overline{CS}$=0。必须注意，在 $\overline{CS}$=0 时，$\overline{WE}$ 输入一个负脉冲，则能写入信息；同样，$\overline{WE}$=0 时，$\overline{CS}$ 输入一个负脉冲，也能写入信息。因此，在地址码改变期间，$\overline{WE}$ 或 $\overline{CS}$ 必须至少有一个为 1，否则会引起误写入，冲掉原来的内容。为了确保数据能可靠地写入，写脉冲宽度 t_{wP} 必须大于或等于手册所规定的时间区间，当写脉冲结束时，就标志这次写操作结束。

存取存储器 2114A 具有下列特点：

① 采用直接耦合的静态电路，不需要时钟信号驱动，也不需要刷新。

② 不需要地址建立时间，存取特别简单。

③ 输入、输出同极性，读出是非破坏性的，使用公共的 I/O 端，能直接与系统总线相连接。

④ 使用单电源+5 V 供电，输入、输出与 TTL 电路兼容，输出能驱动一个 TTL 门和 C_L=100 pF 的负载（I_{OL}≈2.1～6mA、I_{OH}≈−1.0 ～−1.4mA）。

⑤ 具有独立的选片功能和三态输出。

⑥ 器件具有高速与低功耗性能。

⑦ 读 / 写周期均小于 250 ns。

随机存取存储器种类很多，2114A 是一种常用的静态存储器，是 2114 的改进型。实验中也可以使用其他型号的随机存储器。如 6116 是一种使用较广的 2 048 字×8 位的静态随机存取存储器，它的使用方法与 2114A 相似，仅多了一个 $\overline{DE}$ 输出使能端。当 $\overline{DE}$=0、$\overline{CS}$=0、$\overline{WE}$=1 时，读出存储器内信息；在 $\overline{DE}$=1、$\overline{CS}$=0、$\overline{WE}$=0 时，则把信息写入存储器。

（2）只读存储器（ROM）

只读存储器（ROM），只能进行读出操作，不能写入数据。只读存储器可分为固定内容只读存储器 ROM、可编程只读存储器 PROM 和可抹编程只读存储器 EPROM 三大类，可抹编程只读存储器又分为紫外光可抹编程 EPROM、电可抹编程 EEPROM 和电改写编程 EAPROM 等种类。由于 EEPROM 的改写编程更方便，所以深受用户欢迎。

① 固定内容只读存储器（ROM）。

ROM 的结构与随机存取存储器（RAM）相类似，主要由地址译码器和存储单元矩阵组成，不同之处是 ROM 没有写入电路。在 ROM 中，地址译码器构成一个与门阵列，存储矩阵构成一个或门阵列。输入地址码与输出之间的关系是固定不变的，出厂前厂家已采用掩膜编程的方法将存储矩阵中的内容固定，用户无法更改，所以只要给定一个地址码，就有一个相应的固定数据输出。只读存储器往往还有附加的输入驱动器和输出缓冲电路。

② 可抹编程只读存储器（EPROM）。

可编程 PROM 只能进行一次编程，一经编程后，其内容就是永久性的，无法更改。用户进行设计时，常常带来很大风险，而可抹编程只读存储器（EPROM）（或称可再编程只读存储器（RPROM）），可多次将存储器的存储内容抹去，再写入新的信息。

EPROM 可多次编程，但每次再编程写入新的内容之前，都必须采用紫外光照射以抹除存储器中原有的信息，给用户带来了一些麻烦。而另一种电可抹编程只读存储器（EEPROM），它的编程和抹除是同时进行的，因此每次编程，就以新的信息代替原来存储的信息。特别是一些 EEPROM 可在工作电压下进行随时改写，该特点可类似随机存取存储器（RAM）的功能，只是写入时间长些（大约 20 ms）。断电后，写入 EEPROM 中的信息可长期保持不变。这些优点使得 EEPROM 广泛用于设计产品开发，特别是现场实时检测和记录，因此 EEPROM 备受用户的青睐。

（3）用 2114A 静态随机存取存储器实现数据的随机存取及顺序存取

图 4-109 所示为电路原理图，为实验接线方便，又不影响实验效果，2114A 中地址输入端保留前 4 位（A_0～A_3），其余输入端（A_4～A_9）均接地。

- 用 2114A 实现静态随机存取

如图 4-109 所示的单元Ⅲ，电路由三部分组成：

① 由与非门组成的基本 RS 触发器与反相器，控制电路的读写操作；

② 由 2114A 组成的静态 RAM；

③ 由 74LS244 三态门缓冲器组成的数据输入、输出缓冲和锁存电路。

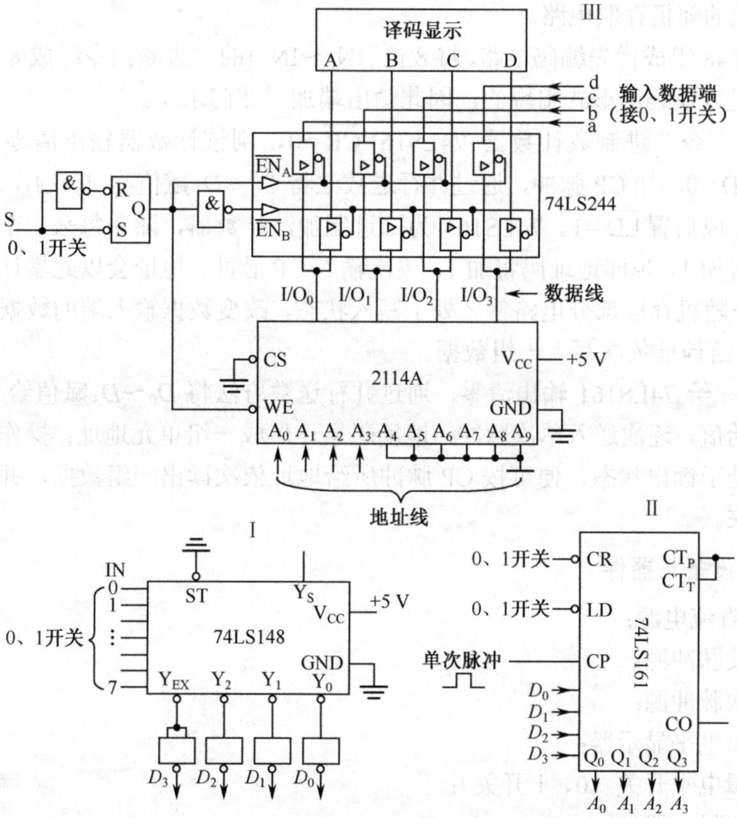

图 4-109　2114A 随机和顺序存取数据电路原理图

④ 当电路要进行写操作时，输入要写入单元的地址码（A_0～A_3）或使单元地址处于随机状态；RS 触发器控制端 S 接高电平，触发器置“0”，Q=0、$\overline{EN_A}$=0，打开了输入三态门缓冲器 74LS244，要写入的数据（abcd）经缓冲器送至 2114A 的输入端（I/O_0～I/O_3）。由于此时 $\overline{CS}$=0，$\overline{WE}$=0，因此便将数据写入了 2114A 中，为了确保数据能可靠地写入，写脉冲宽度 t_{WP} 必须大于或等于手册所规定的时间区间。

⑤ 当电路要进行读操作时，输入要读出单元的地址码（保持写操作时的地址码）；RS 触发器控制端 S 接低电平，触发器置“1”，Q=1，EN_B=0，打开了输出三态门缓冲器 74LS244。由于此时 $\overline{CS}$=0，$\overline{WE}$=1，要读出的数据（abcd）便由 2114A 内经缓冲器送至 ABCD 输出，并在译码器上显示出来。

如果是随机存取，可不必关注 A_0～A_3（或 A_0～A_9）地址端的状态，A_0～A_3（或 A_0～A_9）可以是随机的，但在读 / 写操作中要保持一致性。

- 2114A 实现静态顺序存取

如图 4-109 所示，电路由三部分组成：单元 I，由 74LS148 组成的 8 线－3 线优先编码电路，主要是将 8 位的二进制指令进行编码形成 8421 码；单元Ⅱ，由 74LS161 二进制数同步加法计数器组成的取址、地址累加等功能；单元Ⅲ，由基本 RS 触发器、2114A、74LS244 组成的随机存取电路。

由 74LS148 组成优先编码电路，将 8 位（IN_0～IN_7）的二进制指令编成 8421 码（D_0～D_3）输出，是以反码的形式出现的，因此输出端加了非门求反。

① 写入。令二进制数计数器 74LS161 $\overline{CR}$=0，则该计数器输出清零，清零后置 $\overline{CR}$=1；令 $\overline{LD}$=0，加 CP 脉冲，通过并行送数法将 D_0～D_3 赋值给 A_0～A_3，形成地址初始值，送数完成后置 $\overline{LD}$=1。74LS161 为二进制加法计数器，随着每来一个 CP 脉冲，计数器输出将加 1，也即地址码将加 1，逐次输入 CP 脉冲，地址会以此累计形成一组单元地址；操作随机存取部分电路使之处于写入状态，改变数据输入端的数据 abcd，便可按 CP 脉冲所给地址依次写入一组数据。

② 读出。给 74LS161 输出清零，通过并行送数方法将 D_0～D_3 赋值给（A_0～A_3），形成地址初始值，逐次送入单次脉冲，地址码累计形成一组单元地址；操作随机存取部分电路使之处于读出状态，便可按 CP 脉冲所给地址依次读出一组数据，并在译码显示器上显示出来。

3．实验设备与器件

（1）+5 直流电源；

（2）连续脉冲源；

（3）单次脉冲源；

（4）逻辑电平显示器；

（5）逻辑电平开关（0、1 开关）；

（6）译码显示器；

（7）2114A，74LS161，74LS148，74LS244，74LS00，74LS04。

4．实验内容

按图 4-109 所示接好实验线路，先断开各单元间连线。

（1）用 2114 实现静态随机存取，线路如图 4-109 所示的单元III。

① 写入

输入要写入单元的地址码及要写入的数据；再操作基本 RS 触发器控制端 S，使 2114A 处于写入状态，即 $\overline{CS}$=0、$\overline{WE}$=0，$\overline{EN_A}$=0，则数据便写入了 2114A 中。选取三组地址码及三组数据，记入表 4-44 中。

表 4-44　写入单元的地址码及数据

$\overline{WE}$	地址码（A_0～A_3）	数据（abcd）	2114A
1			
1			
1			

② 读出

输入要读出单元的地址码；再操作基本 RS 触发器 S 端，使 2114A 处于读出状态，即 $\overline{CS}$=0、$\overline{WE}$=1、$\overline{EN_B}$=0，（保持写入时的地址码），要读出的数据便由数显显示出来，记入表 4-45 中，并与表 4-44 中的数据进行比较。

表 4-45　读出单元的地址码及数据

$\overline{WE}$	地址码（A_0～A_3）	数据（abcd）	2114A
0			
0			
0			

（2）2114A 实现静态顺序存取。

连接好图 4-109 中各单元间连线。

① 顺序写入数据

假设 74LS148 的 8 位输入指令中，IN_2=0、IN_0=1、IN_2～IN_7=1，经过编码得到 $D_0D_1D_2D_3$=1 000，这个值送至 74LS161 输入端；给 74LS161 输出清零，清零后用并行送数法，将 $D_0D_1D_2D_3$=1 000 赋值给 $A_0A_1A_2A_3$=1 000，作为地址初始值；随后操作随机存取电路处于写入状态。至此，数据便写入了 2114A 中。如果相应地输入几个单次脉冲，改变数据输入端的数据，则能依次地写入一组数据，记入表 4-46 中。

表 4-46　顺序写入数据

CP 脉冲	地址码（A_0～A_3）	数据（abcd）	2114A
↑	1000		
↑	0100		
↑	1100		

② 顺序读出数据

给 74LS161 输出清零，用并行送数法，将原有的 $D_0D_1D_2D_3$=1000 赋值给 $A_0A_1A_2A_3$，操作随机存取电路处于读状态。连续输入几个单次脉冲，则依地址单元读出一组数据，并在译码显示器上显示出来，记入表 4-47 中，并比较写入与读出数据是否一致。

表 4-47 顺序读出数据

CP 脉冲	地址码（A_0～A_3）	数据（abcd）	2114A	显示
↑	1000			
↑	0100			
↑	1100			

5．实验预习要求

（1）复习随机存取存储器 RAM 和只读存储器 ROM 的基本工作原理。

（2）查阅 2114A、74LS161、74LS148 有关资料，熟悉其逻辑功能及引脚排列。

（3）2114A 有 10 个地址输入端，实验中仅变化其中一部分，对于其他不变化的地址，输入端应该如何处理？

（4）为什么静态 RAM 无须刷新，而动态 RAM 须定期刷新？

6．实验报告

记录电路检测结果，并对结果进行分析。

第5章

数字电子技术综合实训

综合实训是提高学生在数字集成电路应用方面的实践技能，培养学生综合运用理论知识解决实际问题的能力，能培养树立学生严谨的科学作风。学生通过电路设计、安装、调试、整理资料等环节，初步掌握工程设计思想与方法，训练组织电路开发工作的基本技能，学会编写设计文件，逐步了解开展科学实践的程序。通过本章课程设计各环节的实践，同学们应达到掌握数字电路分析和设计的基本方法；掌握数字电路的安装、调试以及故障分析的专业技能；具备查阅资料，应用资料分析和解决问题的能力。

5.1 LED节日彩灯控制器逻辑电路设计

5.1.1 简述

随着人们生活环境的不断改善和美化，在许多场合可以看到彩色装饰灯。LED节日彩灯由于其灯光色彩丰富，造价低廉以及控制简单等特点而得到了广泛的应用，用彩灯来装饰街道和城市建筑物已经成为一种时尚。彩灯的循环方式有多种多样，其实现方式主要有两种，一种是以51单片机为处理器的微机控制方式，另外一种就是简单的逻辑电路实现方式。下面我们就介绍一下LED节日彩灯控制器的逻辑电路设计。

5.1.2 设计任务和要求

（1）LED彩灯有红、绿、黄3种色彩，各9个，要求按一定顺序和时间关系循环点亮。

（2）彩灯的安装按照每组三个彩灯，顺序为红、绿、黄三色彩灯交叉，循环安装，共9组。

（3）彩灯循环的动作要求是，先是按组循环，第一组红绿黄依次点亮，然后第二组红绿黄依次点亮……，分别按0.5 s的速度跑动一次，接下来是按颜色循环，全部红灯亮5 s，全部黄灯亮和全部绿灯依次各亮5 s。以此循环。

（4）电路对各组灯的控制，要求有驱动电路。

（5）对于0.5 s的跑动电路，以3个一组，交叉安装，分别点亮每一组，利用视觉暂停，达到跑动的效果。

5.1.3 设计可选器材

（1）555_Virtual Timer（555 多谐振荡器）；
（2）4066BP（模拟开关）；
（3）74S3N（或门）；
（4）74LS76N（JK 触发器）；
（5）7416N（反相器）；
（6）X1-X27（指示灯）；
（7）4017BP（约翰逊计数器）。

5.1.4 设计方案分析

彩灯的工作顺序是：先是 3 个一组红、绿、黄灯依次亮 0.5 s 跑动，然后 9 个一组红、绿、黄灯各持续亮 5 s 跑动，依次循环。

根据此要求电路总体上可以分为三部分：一部分电路为控制 0.5 s 的跑动，一部分电路为控制 5 s 的跑动，一部分电路为实现这两种跑动的循环。因些可以选用两个 555 多谐振荡器（一个周期为 0.5 s，一个为 5 s）用来控制跑动的速度，再选两个十进制计数器，因为 4017 芯片在正常工作下，连续送入时钟脉冲时，其十个输出端会依次输出高电平。这样可以用一个 4017 芯片点亮 0.5 s 的跑动，用一个 4017 芯片来点亮 5 s 的跑动。选用一个 JK 触发器和模拟开关 4066 芯片来实现循环功能，即用 JK 触发器来控制 4066 芯片的开通和关闭。

555 定时器和 4017 芯片组成的 3 个一组 0.5 s 依次跑动的电路图如图 5-1 所示。

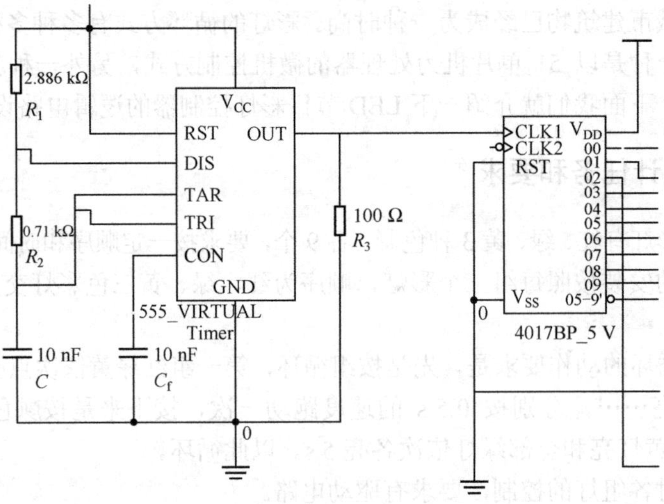

图 5-1 0.5 s 循环电路

555 定时器和 4017 芯片组成的 9 个一组 5 s 依次跑动的电路图如图 5-2 所示。

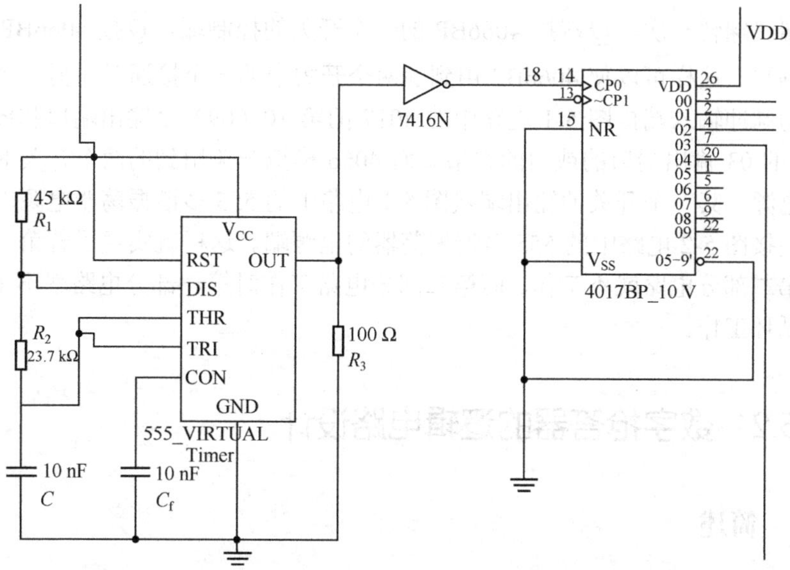

图 5-2　5 s 循环电路

模拟开关 4066 和和 JK 触发器 74LS76 组成的一个循环电路，用来实现两种不同跑动之间的循环，电路如图 5-3 所示。

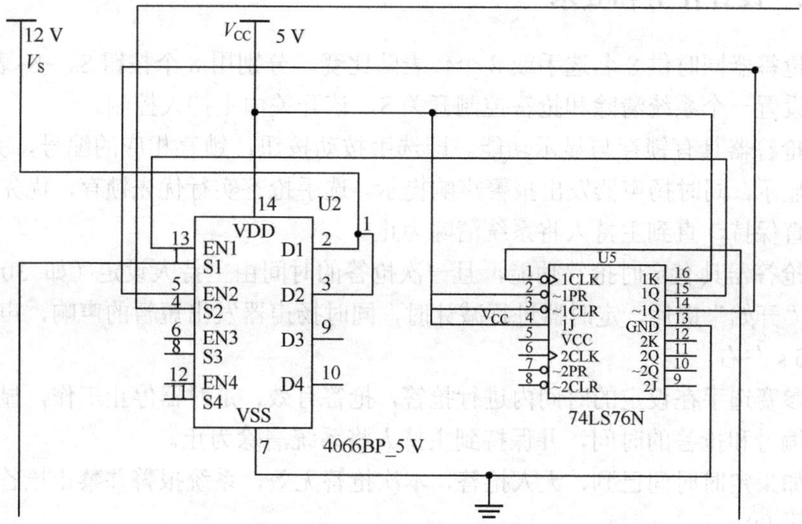

图 5-3　两种电路之间的循环电路

在图 5-3 中，部分电路主要是用一个 4066BP 芯片和一个 74LS76N 芯片来实现的。4066BP 芯片为模拟开关芯片，它集成了四个模拟开关（在此用到两个），每个模拟开关有 2 个端子，一个为控制端，主要接高电平或低电平，其余两个端子为输入和输出端。当控制端接高电平时，开关接通，控制端接低电平时开关断开。74LS76N 芯片为集成 JK 触发器。在此电路中触发器的 J、K 和清零端都接高电平。这样每给触发器一个触发边沿其输出端就翻转一次。Q 端接 4066BP 的一个开关的控制端。$\overline{Q}$ 接 4066BP 的另一个开关的控制端。这样可以使 4066BP 用到的两个开关中的一个接通时而另一个就断开。而触发器的脉冲输入端接图 5-1 电路中的 4017 的第 10（09）个输出端口和图 5-2 电路中的 4017 的 03 输出端口的或门的结果。而 4066 模拟开关用到的两个开关的输入端接 12V 直流电源，其一个开关的输出端接图 5-1 电路中的 555 多谐振荡器电源端，另一个开关输出端接图 5-2 电路中的 555 多谐振荡器的电源端。这样就实现了若第一部分的电路工作时第二部分电路就不工作。而第二部分电路工作时第一部分电路就不工作。即可实现交替循环工作。

5.2 数字抢答器的逻辑电路设计

5.2.1 简述

在各种娱乐、比赛、辩论赛等场所，我们经常见到选手们面前都放着一个抢答器。该抢答器最基本的功能是用于鉴别判断选手发出抢答信号的先后顺序问题。下面我们就用逻辑电路来完成此看似简单但是功能强大的小电子产品。

5.2.2 设计任务和要求

（1）抢答器同时供 8 名选手或 8 个代表队比赛，分别用 8 个按钮 S_0～S_7 表示。

（2）设置一个系统清除和抢答控制开关 S，该开关由主持人控制。

（3）抢答器具有锁存与显示功能。即选手按动按钮，锁存相应的编号，并在 LED 数码管上显示，同时扬声器发出报警声响提示。选手抢答实行优先锁存，优先抢答选手的编号一直保持，直到主持人将系统清除为止。

（4）抢答器具有定时抢答功能，且一次抢答的时间由主持人设定（如 30 s）。当主持人启动“开始”键后，定时器进行减计时，同时扬声器发出短暂的声响，声响持续的时间为 0.5 s 左右。

（5）参赛选手在设定的时间内进行抢答，抢答有效，定时器停止工作，显示器上显示选手的编号和抢答的时间，并保持到主持人将系统清除为止。

（6）如果定时时间已到，无人抢答，本次抢答无效，系统报警并禁止抢答，定时显示器上显示 00。

5.2.3 设计可选器材

（1）74LS148（8 线－3 线优先编码器）；

（2）74LS279（基本 RS 触发器）；

（3）74LS48（显示译码器）；

（4）74LS192（十进制数同步加减计数器）；

（5）NE555（555 定时器）；

（6）74LS00（四 2 输入与非门）；

（7）74LS121（集成单稳触发器）；

（8）3DG12（三极管）发光二极管 2 只、共阴极显示器 3 只。

5.2.4 设计方案分析

数字抢答器总体方框图如图 5-4 所示。其工作原理为：接通电源后，主持人将开关拨到“清除”状态，抢答器处于禁止状态，编号显示器灭灯，定时器显示设定时间；主持人将开关置“开始”状态，宣布“开始”抢答器工作。定时器倒计时，扬声器给出声响提示。选手在定时时间内抢答时，抢答器完成优先判断、编号锁存、编号显示、扬声器提示功能。当一轮抢答之后，定时器停止，禁止二次抢答，定时器显示剩余时间。如果再次抢答必须由主持人再次操作“清除”和“开始”状态开关。

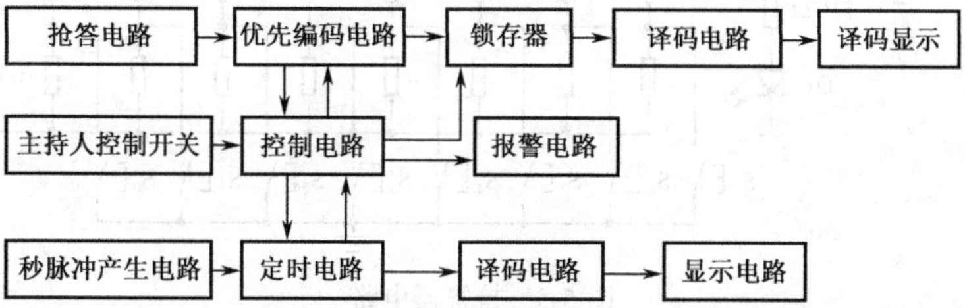

图 5-4 原理框图

（1）抢答器电路图如图 5-5 所示。该电路完成两个功能：一是分辨出选手按键的先后，并锁存优先抢答者的编号，同时译码显示电路显示编号；二是禁止其他选手按键，使之按键操作无效。工作过程：开关 S 置于“清除”端时，RS 触发器的 $\overline{\mathrm{R}}$ 端均为 0，4 个触发器输出置 0，使 74LS148 的 $\overline{\mathrm{ST}}=0$，使之处于工作状态。当开关 S 置于“开始”时，抢答器处于等待工作状态，当有选手将键按下时（如按下 S5），74LS148 的输出经 RS 锁存后，$1Q$=1，74LS148 处于工作状态，$4Q3Q2Q$=101，经译码显示为“5”。此外，$1Q$=1，使 74LS148 $\overline{\mathrm{ST}}=1$，处于禁止状态，封锁其他按键的输入。当按键松开即按下时，由于此时 74LS148 仍为 $1Q$=1，使 $\overline{\mathrm{ST}}=1$，所以 74LS148 仍处于禁止状态，确保不会出现二次按键时输入信号，保证了抢答者的优先性。如有再次抢答需由主持人将开关 S 重新置“清除”然后再进行下一轮抢答。74LS148 为 8 线－3 线优先编码器。

由节目主持人根据抢答题的难易程度，设定一次抢答的时间，通过预置时间电路对计数器进行预置，计数器的时钟脉冲由秒脉冲电路提供。可预置时间的电路选用十进制数同步加减计数器 74LS192 进行设计，具体电路如图 5-6 所示。

（2）报警电路由 555 定时器和三极管构成，电路如图 5-7 所示。其中 555 构成多谐振荡器，振荡频率 $f_0 = 1.43/[(R_1 + 2R_2)C]$，其输出信号经三极管放大驱动扬声器。PR 为控制信号，当 PR 为高电平时，多谐振荡器工作，反之，电路停振。

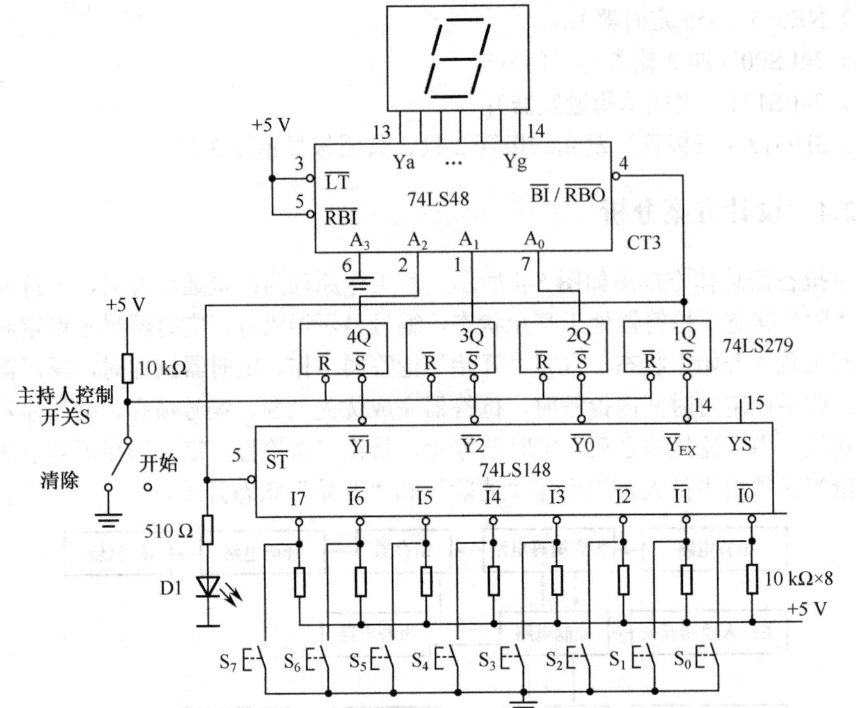

图 5-5　抢答器电路

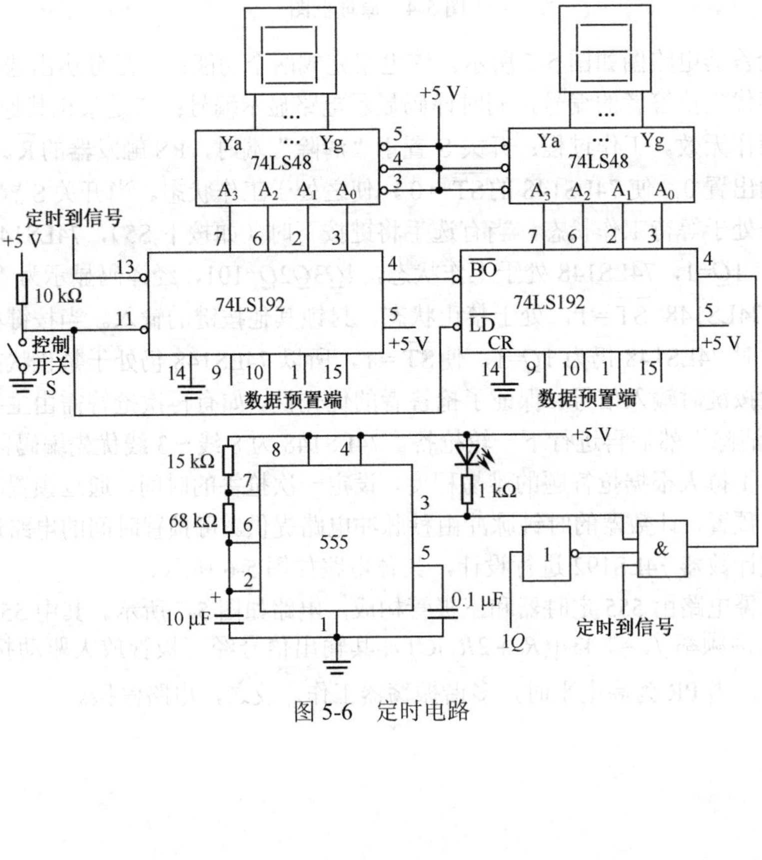

图 5-6　定时电路

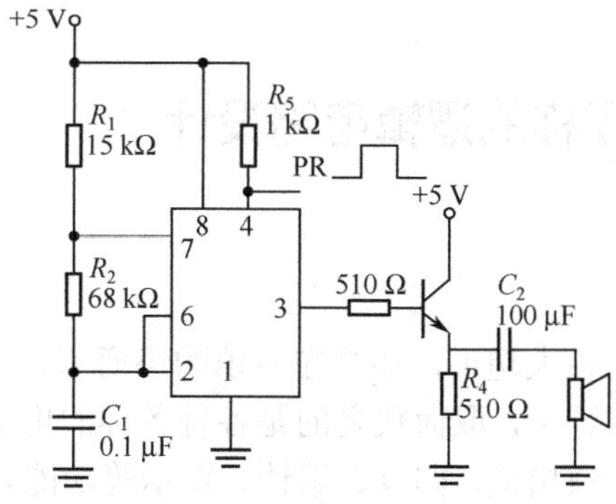

图 5-7 报警电路

（3）时序控制电路是抢答器设计的关键，它要完成以下三项功能：

① 主持人将控制开关拨到“开始”位置时，扬声器发声，抢答电路和定时电路进入正常抢答工作状态。

② 当参赛选手按动抢答键时，扬声器发声，抢答电路和定时电路停止工作。

③ 当设定的抢答时间到，无人抢答时，扬声器发声，同时抢答电路和定时电路停止工作。

根据上面的功能要求以及图 5-5 所示的电路，设计的时序控制电路如图 5-8 所示。

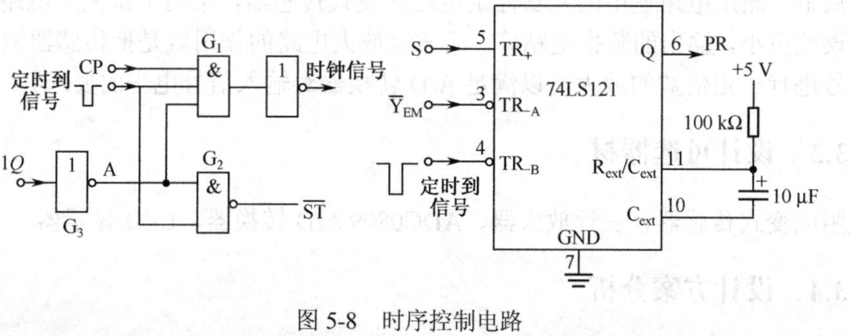

图 5-8 时序控制电路

在图 5-8 中，门 G1 的作用是控制时钟信号 CP 的放行与禁止，门 G2 的作用是控制 74LS148 的输入使能端。图 5-7 的工作原理是：主持人控制开关从“清除”位置拨到“开始”位置时，来自于图 5-5 中的 74LS279 的输出 $1Q=0$，经 G3 反相，$A=1$，则时钟信号 CP 能够加到 74LS192 的 CP_D 时钟输入端，定时电路进行递减计时。同时，在定时时间未到时，则“定时到信号”为 1，门 G2 的输出 $\overline{ST}=0$，使 74LS148 处于正常工作状态，从而实现功能（1）的要求。当选手在定时时间内按动抢答键时，$1Q=1$，经 G3 反相，$A=0$，封锁 CP 信号，定时器处于保持工作状态；同时，门 G2 的输出 $\overline{ST}=1$，74LS148 处于禁止工作状态，从而实现功能（2）的要求。当定时时间到时，则“定时到信号”为 0，$\overline{ST}=1$，74LS148 处于禁止工作状态，禁止选手进行抢答。同时，门 G1 处于关门状态，封锁 CP 信号，使定时电路保持 00 状态不变，从而实现功能（3）的要求。集成单稳触发器 74LS121 用于控制报警电路及发声的时间。

5.3 数字电子称的逻辑电路设计

5.3.1 简述

目前，不管是在城市的各大超市，还是在乡镇的小商店，包括农贸市场和菜市场，传统的杆秤已经逐渐销声匿迹了，取而代之的是各种各样的电子称。除了称重以外，现代的电子称又增添了扣重、预扣重、归零、累计、警示等功能。电子称数字显示更加直观，消除了传统称的人为误差，具有准确率高，分辨率强的优点。下面我们就以其最基本的称重功能加以分析，并采用逻辑电路实现其功能。

5.3.2 设计任务和要求

设计一款电子秤，利用全桥测量原理，通过对电路输出电压和标准重量的线性关系，建立具体的数学模型，将电压量纲（伏）改为重量量纲（克），即成为一台原始电子秤。其中数字电路部分采用的是 ADC0809 A/D 转换器，作用是把模拟信号转变成数字信号，进行模 / 数转换，然后把数字信号输送到显示电路中去，用 LED 液晶显示器显示被称物体的质量。测量电路使用的元器件是电阻应变式传感器，采用全桥测量电路，使系统产生的误差更小，输出的数据更精确。而三运放大电路的作用就是把传感器输出的微弱模拟信号进行一定倍数的放大，以满足 A/D 转换器对输入信号电平的要求。

5.3.3 设计可选器材

电阻应变式传感器、三运放大器、ADC0809 A/D 转换器、LED 显示器。

5.3.4 设计方案分析

该设计的基本工作原理框图如图 5-9 所示。其中传感器部分为电阻应变式传感器，信号经三运放大器放大，以及 A/D 转换器转换，送给单片机 8031 处理后，由 LED 液晶显示器显示其测量结果。

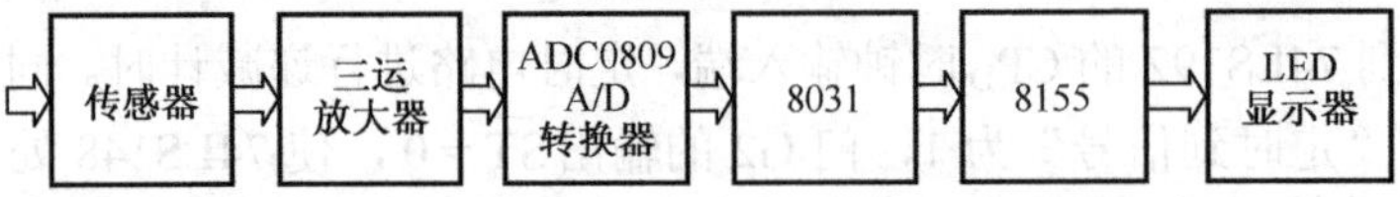

图 5-9 基本工作原理框图

1. 应变式传感器安装

电阻应变式传感器是将被测量的力，通过它产生的金属弹性变形转换成电阻变化的元件。由电阻应变片和测量线路两部分组成。电阻应变片也会有误差，产生的因素很多，所以测量时我们一定要注意，其中温度的影响最重要，所以称重传感器必须在规定的温度范围内使用。其安装方式如图 5-10 所示。

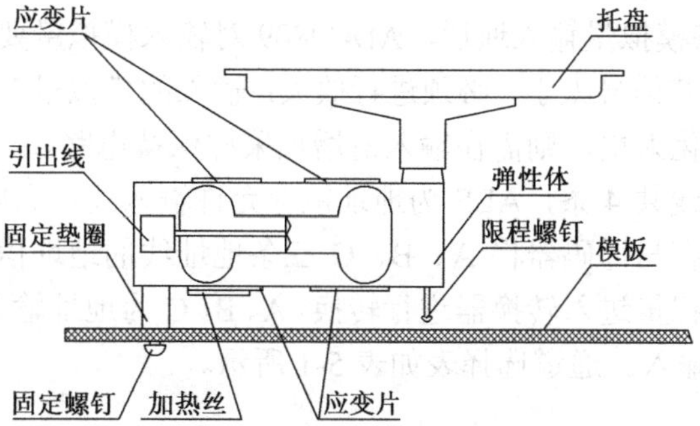

图 5-10　应变式传感器安装示意图

2．三运放大电路

传感器输出的模拟信号都很微弱，必须通过一个模拟放大器对其进行一定倍数的放大，才能满足 A/D 转换器对输入信号电平的要求，在此情况下，就必须选择一种符合要求的放大器。在本设计中，需要一个放大电路，我们将采用三运放大电路，主要的元件就是三运放大器，如图 5-11 所示。

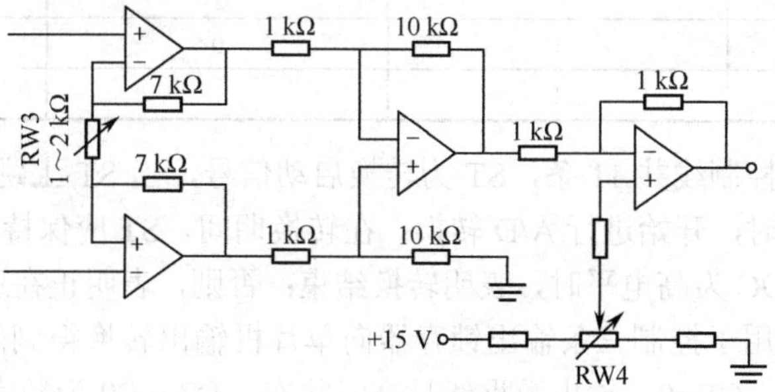

图 5-11　三运放大电路结构图

3．ADC0809 A/D 转换器

ADC0809 是带有 8 位 A/D 转换器、8 路多路开关及微处理机兼容的控制逻辑的 CMOS 组件。它是逐次逼近式 A/D 转换器，可以和单片机直接接口。

（1）ADC0809 的内部逻辑结构如图 5-12 所示

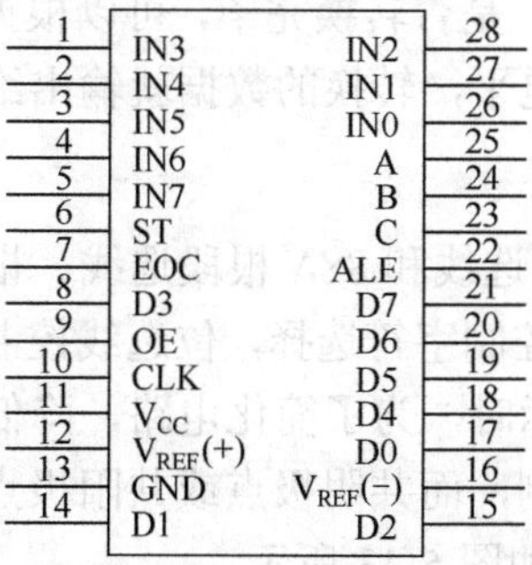

图 5-12　ADC0809 的内部逻辑图

IN0～IN7 为 8 条模拟量输入通道，ADC0809 对输入模拟量要求是，信号单极性，电压范围是 0～5 V，若信号太小，必须进行放大；输入的模拟量在转换过程中应该保持不变，如若模拟量变化太快，则需在输入前增加采样保持电路。

地址输入和控制线共 4 条，ALE 为地址锁存允许输入线，高电平有效。当 ALE 线为高电平时，地址锁存与译码器将 A、B、C 三条地址线的地址信号进行锁存，经译码后被选中的通道的模拟量进入转换器进行转换。A、B、C 为地址输入线，用于选通 IN0～IN7 上的一路模拟量输入。通道选择表如表 5-1 所示。

表 5-1 通道选择表

C	*B*	*A*	选择的通道
0	0	0	IN0
0	0	1	IN1
0	1	0	IN2
0	1	1	IN3
1	0	0	IN4
1	0	1	IN5
1	1	0	IN6
1	1	1	IN7

数字量输出及控制线共 11 条，ST 为转换启动信号，当 ST 上跳沿时，所有内部寄存器清零；下跳沿时，开始进行 A/D 转换；在转换期间，ST 应保持低电平。EOC 为转换结束信号，当 EOC 为高电平时，表明转换结束；否则，表明正在进行 A/D 转换。OE 为输出允许信号，用于控制三条输出锁存器向单片机输出转换得到的数据。OE=1，输出转换得到的数据；OE=0，输出数据线呈高阻状态。*D*7～*D*0 为数字量输出线。

CLK 为时钟输入信号线，因 ADC0809 的内部没有时钟电路，所需时钟信号必须由外界提供，通常使用频率为 500 kHz，$V_{REF}(+)$、$V_{REF}(-)$为参考电压输入。

（2）ADC0809 应用说明

ADC0809 内部带有输出锁存器，可以与 8031 直接相连。初始化时，使 ST 和 OE 信号全为低电平。发送要转换的那一通道的地址到 A、B、C 端口上。在 ST 端给出一个至少有 100 ns 宽的正脉冲信号。是否转换完毕，可以根据 EOC 信号来判断。当 EOC 变为高电平时，这时给 OE 为高电平，转换的数据就输出给单片机了。

4. LED 显示电路设计

N 位 LED 显示器有 *N* 根位选线和 8×*N* 根段选线。根据显示方式不同，位选线与段选线的连接方法不同。段选线控制字符选择，位选线控制显示位的亮和暗。我们使用动态显示方式。在多位 LED 显示时，为了简化电路，降低成本，将所有位的段选线并联在一起，由一个 8 位 I/O 口控制，而共阴极点或共阳极点分别由响应的 I/O 口线控制。

系统的总体工作电路原理如图 5-13 所示。

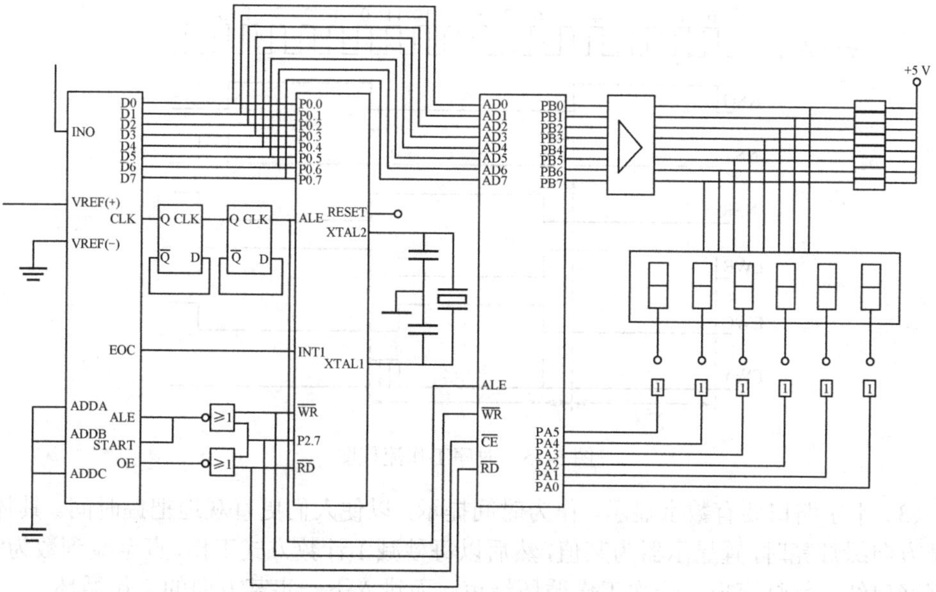

图 5-13　总体工作电路原理图

5.4　交通灯控制的逻辑电路设计

5.4.1　简述

为了确保十字路口的车辆顺利、畅通地通过，各路口都安装了自动控制的交通信号灯来进行指挥。根据交通规则，红灯（R）亮表示该条道路禁止通行，黄灯（Y）亮表示停车，绿灯（G）亮表示允许通行。车辆和行人遵守交通规则，大大减少了交通事故的发生，优化了城市的交通管理，解决了由车辆乱行所造成的堵车或塞车等问题。

5.4.2　设计任务和要求

设计一个十字路口交通信号灯控制器，其要求如下：

（1）按照图 5-14 的流程顺序工作。

（2）应满足两个方向的工作时序。东西方向亮红灯时间应等于南北方向亮黄、绿灯时间之和，南北方向亮红灯时间应等于东西方向亮黄、绿灯时间之和。时序工作流程图见图 5-15 所示。假设每个单位时间为 3 s，则南北、东西方向绿、黄、红灯亮的时间分别为 15 s、3 s、18 s，一次循环为 36 秒。其中红灯亮的时间为绿灯、黄灯亮的时间之和，黄灯是间歇闪耀。图中设南北方向的红、黄、绿灯分别为 NSR、NSY、NSG，东西方向的红、黄、绿灯分别为 EWR、EWY、EWG。

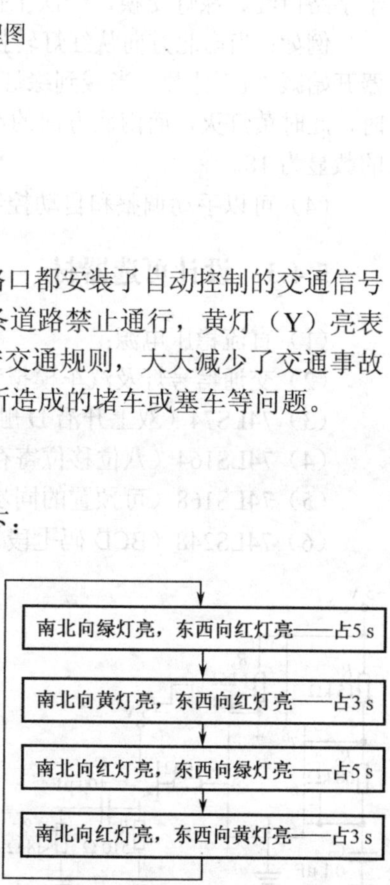

图 5-14　交通灯顺序工作流程图

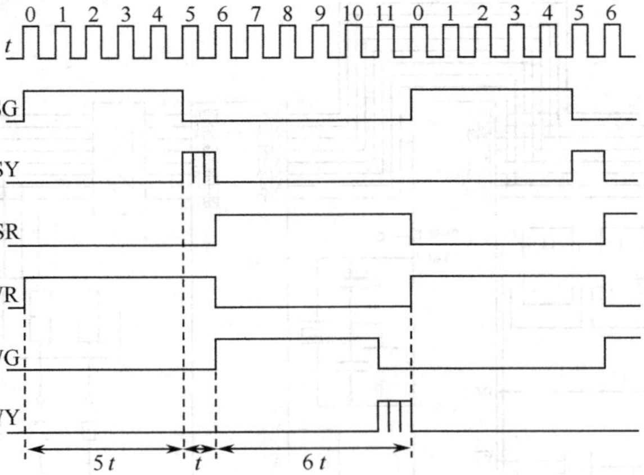

图 5-15　时序工作流程图

（3）十字路口要有数字显示，作为时间提示，以便人们更直观地把握时间。具体为：当某方向绿灯亮时，置显示器为某值，然后以每秒减 1 计数方式工作，直至减到数为“0”，十字路口红、绿灯交换，一次工作循环结束，而进入下一步某方向的工作循环。

例如：当南北方向从红灯转换成绿灯时，置南北方向数字显示为 18，并使数显计数器开始减“1”计数，当减到绿灯灭而黄灯亮（闪耀）时，数显的值应为 3，当减到“0”时，此时黄灯灭，而南北方向的红灯亮；同时，使得东西方向的绿灯亮，并置东西方向的数显为 18。

（4）可以手动调整和自动控制，夜间为黄灯闪耀。

5.4.3　设计可选器材

（1）直流稳压电源；
（2）交通信号灯及汽车模拟装置；
（3）74LS74（双上升沿 D 触发器）；
（4）74LS164（八位移位寄存器）；
（5）74LS168（可预置的同步十进制加/减计数器）；
（6）74LS248（BCD 码七段译码器）；
（7）LC5011-11（共阴极 LED 显示器）。

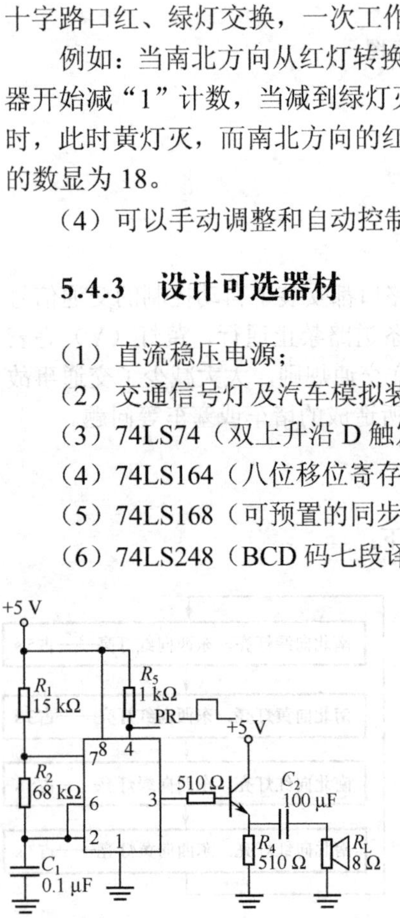

图 5-16　交通灯控制器系统框图

5.4.4　设计方案分析

交通灯控制器的系统框图如图 5-16 所示。

根据设计任务和要求，参考交通灯控制器的逻辑电路框图 5-16，设计方案可以从以下几部分进行考虑。

1．秒脉冲和分频器

因十字路口每个方向绿、黄、红灯所亮时间比例分别为 5∶1∶6，所以，若选 4 s（也可以 3 秒）为一单位时间，则计数器每计 4 s 输出一个脉冲。这一电路就很容易实现，逻辑电路参考前面有关课题。

2．交通灯控制器

由波形图（见图 5-15）可知，计数器每次工作循环周期为 12，所以可以选用十二进制计数器。计数器可以由单触发器组成，也可以由中规模集成计数器组成。这里我们选用中规模 74LS164 八位移位寄存器组成扭环形十二进制计数器。

3．显示控制部分

显示控制部分实际上是一个定时控制电路。当绿灯亮时，使减法计数器开始工作(用对方的红灯信号控制)，每来一个秒脉冲，使计数器减 1，直到计数器为“0”而停止。译码显示可用 74LS248 BCD 码七段译码器，显示器用 LC5011-11 共阴极 LED 显示器，计数器材用可预置加、减法计数器，如 74LS168、74LS193 等。

4．手动 / 自动控制，夜间控制

这可用选择开关进行。置开关在手动位置，输入单次脉冲，可使交通灯在某一位置上，开关在自动位置时，则交通信号灯按自动循环工作方式运行。夜间时，将夜间开关接通，黄灯闪亮。

5．汽车模拟运行控制

用移位寄存器组成汽车模拟控制系统，即当某一方向绿灯亮时，则使该路方向的移位通路打开，而当黄、红灯亮时，则使该方向的移位停止。如图 5-17 所示，为南北方向汽车模拟控制电路。

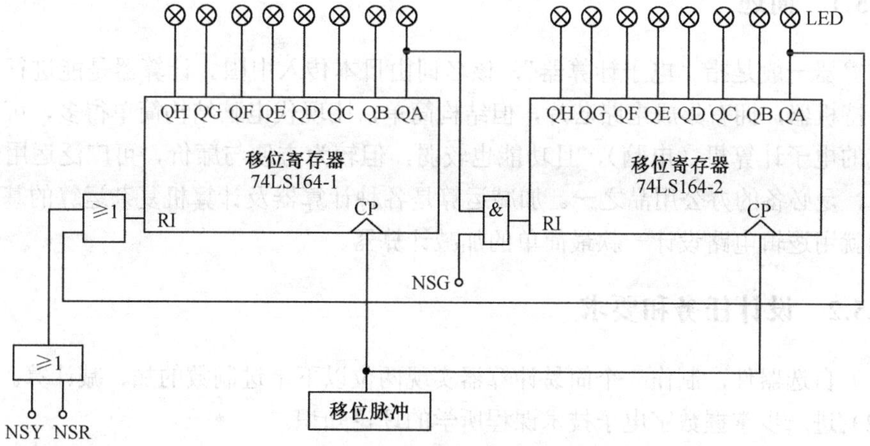

图 5-17　汽车模拟控制电路

根据设计任务和要求，交通信号灯控制器参考电路如图 5-18 所示。

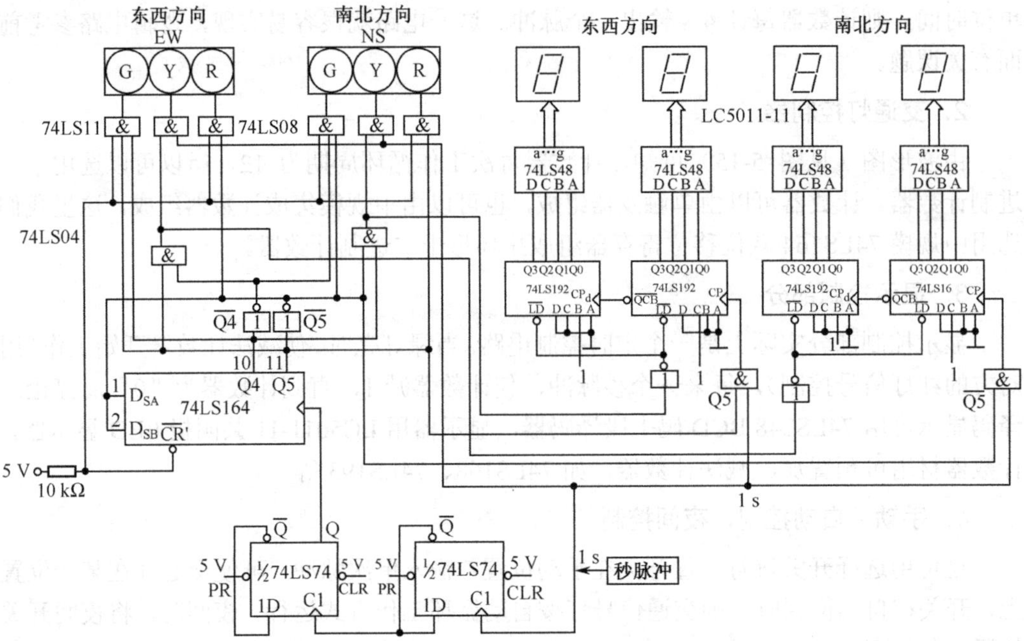

图 5-18　交通信号灯控制器电路

5.5　简易加、减计算器的逻辑电路设计

5.5.1　简述

计算器一般是指“电子计算器”，该名词由日本传入中国。计算器是能进行数学运算的手持机器，拥有集成电路芯片，但结构简单，比现代电脑结构简单得多，可以说是第一代的电子计算机（电脑），且功能也较弱，但较为方便与廉价，可广泛运用于商业交易中，是必备的办公用品之一。加减运算是各种计算器及计算机复杂运算的基础，下面我们就用逻辑电路设计一款最简单的加减计算器。

5.5.2　设计任务和要求

（1）自选器件，制作一个简易计算器实现两位以下十进制数的加、减计算。

（2）进一步掌握数字电子技术课程所学的理论知识。

（3）熟悉几种常见的二－十进制编码器芯片、加法器芯片和八段字符型 LED 显示芯片，掌握其工作原理及其使用方法，并能够熟练地将其组合连接，使其构成简单的加、减计算器，实现两位以下的十进制数的加、减计算。

5.5.3 设计可选器材

（1）74LS147（二－十进制编码器）；

（2）74LS283（四位超前进位加法器）；

（3）7448（七段显示译码器）。

5.5.4 设计方案分析

1. 方案分析

该方案由三部分组成：编码输入电路、加减运算电路和显示电路。

（1）编码输入电路：我们采用二－十进制编码器 74LS147 作为编码输入器件，它可将输入的十进制数对应的 BCD 代码编译成对应的二进制 BCD 代码，输入到运算电路。

（2）加减运算电路：加减运算电路主要由 74LS283（四位超前进位加法器）和进位信号门电路组成。

由于编码电路送过来的代码信号都是反码的形式，所以我们首先采用非门电路获得正确的代码，仍然采用个位和个位相加、十位和十位相加的原则。将两个个位的代码送入到一个加法器中，但是加法器只可以做加法运算，不满足我们的设计要求，因此，我们采用异或门电路，将一个位作为减数的代码与异或门电路异或，目的是取反，得到其反码，再将进位信号接入异或门控制电路，进位相当于加一，这样就得到了减数的补码。同样地，74LS283 也是一个十六进制的芯片，不满足要求，我们仍然采用组合逻辑电路，设计一个进位信号。这里采用两片 74LS283，第一片运算编码电路送过来的代码，当其运算结果大于 9 时，由组合逻辑电路产生进位信号；当运算结果为 16、17、18 时，将进位输出信号与组合逻辑电路进位信号做或运算，这样就得到了合适的进位了。可是怎样才可以得到正确的十进制数的代码呢，在其进行加法运算时，在第二片加法器上人为加上 0110 代码，将其与第一片加法器的运算结果做和计算，这样就得到了我们所需要的运算结果了。当做减法运算时，控制异或门运算电路，得到被减数的补码，使其进行加法运算，当 5 减 6 时，为了得到正确的运算结果，将第一片的运算结果减 6，及加上其补码 10，这样就得到了我们所需要的运算结果了。

十位运算和个位运算相同，不再赘述。

（3）显示电路：显示电路主要由 7448（七段显示译码器）构成，将加减运算电路计算所得的运算结果输入到 7448 中，就得到了我们所需要的十进制数的运算结果了。

2. 电路设计

电路采用个位和个位相加、十位和十位相加的原则，图 5-19 所示为个位相加时的电路，十位加减运算时的电路与其相同，如图 5-20 所示。显示电路主要由 7448 构成，它可以自动地翻译运算电路送过来的代码信号，将其编译成十进制信号，如图 5-21 所示。

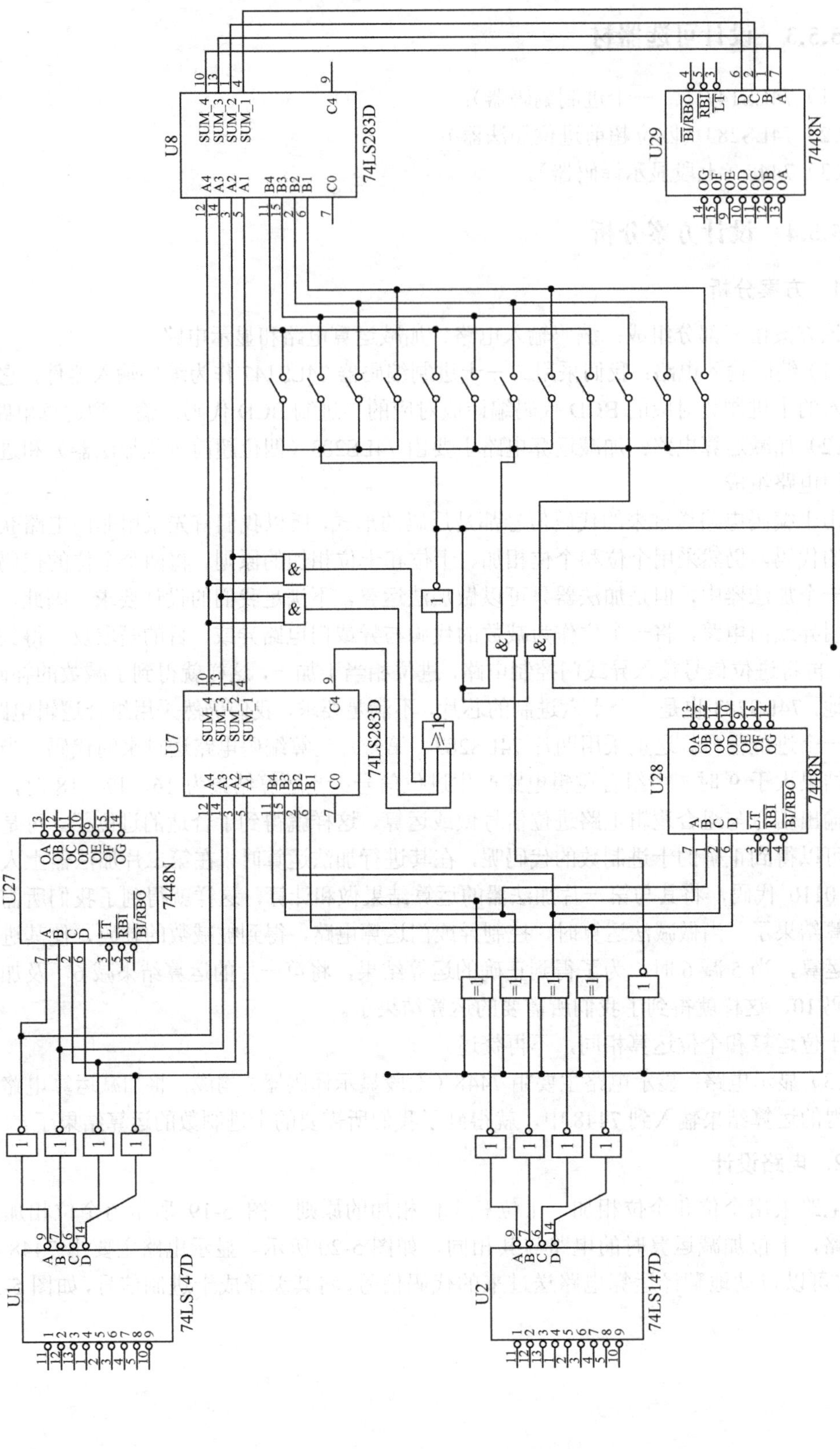
U8
74LS283D
SUM_4
SUM_3
SUM_2
SUM_1
C4
A4
A3
A2
A1
B4
B3
B2
B1
C0
U29
7448N
U7
74LS283D
U28
7448N
U27
7448N
OA
OB
OC
OD
OE
OF
OG
A
B
C
D
LT
RBI
BI/RBO
U1
74LS147D
U2
74LS147D
&
≥1
=1
1

图 5-19 个位运算电路

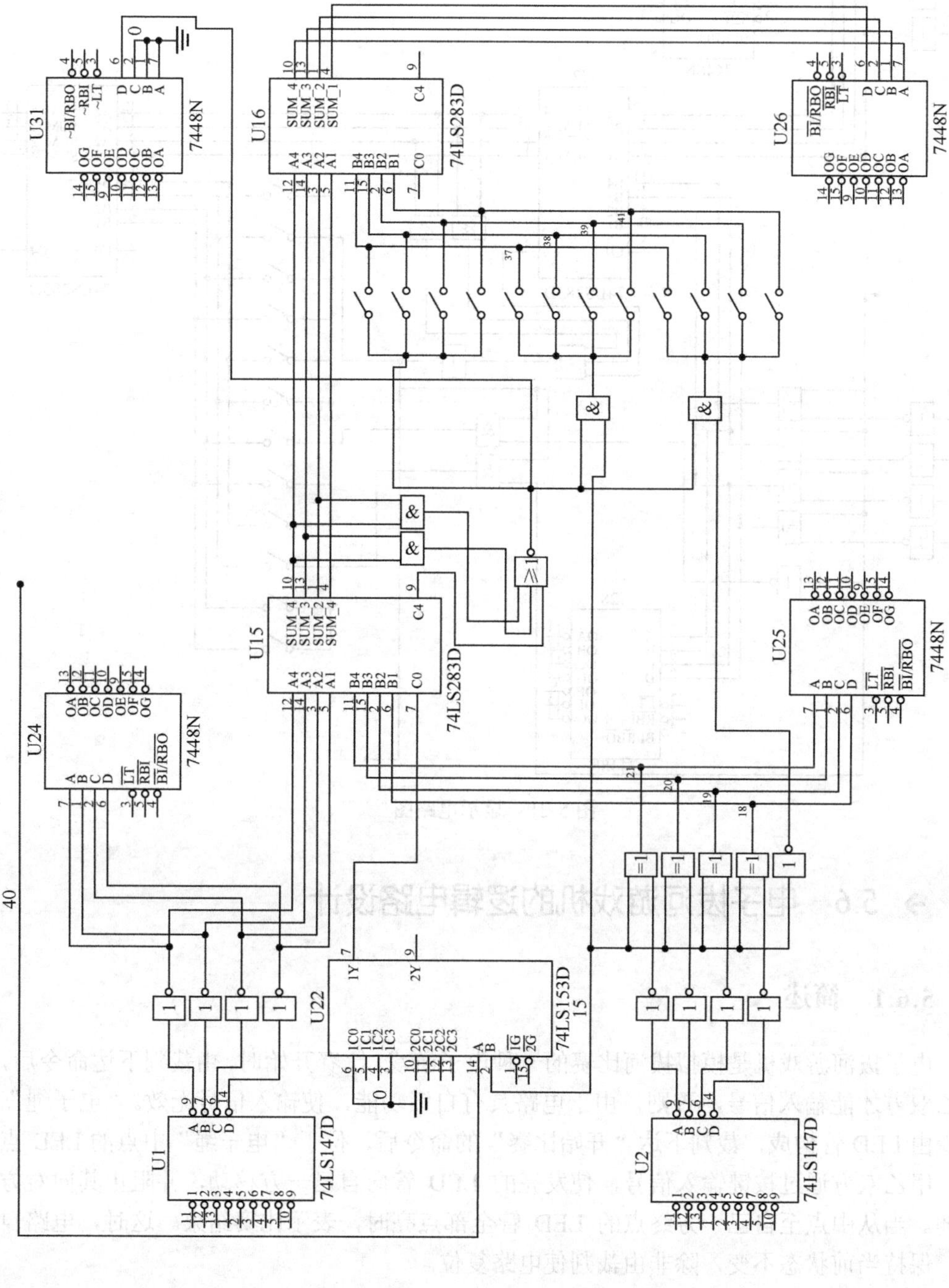
U31
7448N
U16
74LS283D
U26
7448N
U15
74LS283D
U24
7448N
U25
7448N
U22
74LS153D
U1
74LS147D
U2
74LS147D

图 5-20　十位运算电路

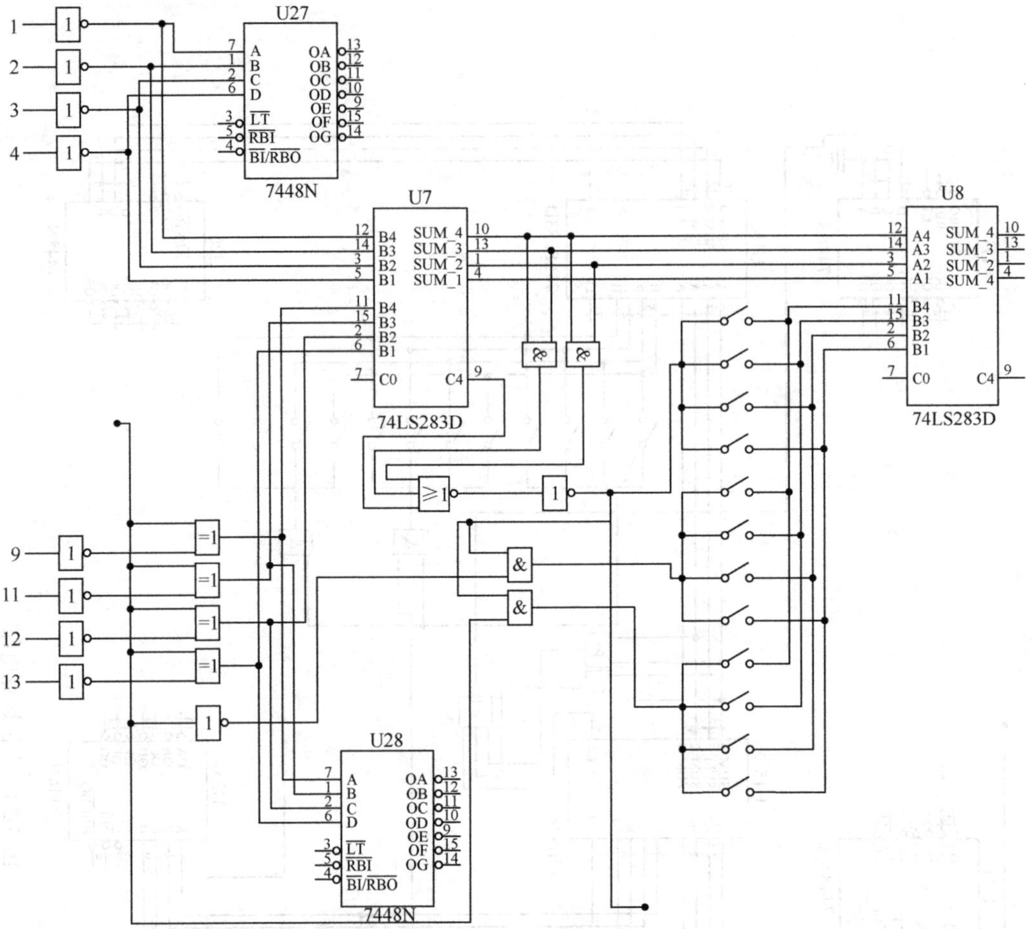

图 5-21　显示电路图

5.6　电子拔河游戏机的逻辑电路设计

5.6.1　简述

电子拔河游戏机是模拟拔河比赛的一种电子游戏，比赛开始时，由裁判下达命令后，甲乙双方才能输入信号，否则，由于电路具有自锁功能，使输入信号无效。“电子绳”至少由LED管构成，裁判下达“开始比赛”的命令后，位于“电子绳”中点的LED点亮。甲乙双方通过按键输入信号，使发亮的LED管向自己一方移动，并阻止其向对方延伸。当从中点至自己一方终点的LED管全部点亮时，表示比赛结束。这时，电路自锁，保持当前状态不变，除非由裁判使电路复位。

5.6.2 设计任务和要求

（1）电路使用 15 个发光二极管，开机后只有在拔河绳子中间的发光二极管亮。

（2）比赛双方各持一个按钮，快速不断地按动按钮，产生脉冲，谁按得快，发光的二极管就向谁的方向移动，每按一次，发光二极管移动一位。

（3）亮的发光二极管移到任一方的终点时，该方就获胜，此后双方的按钮都应无作用，状态保持，只有当裁判按动复位后，在拔河绳子中间的发光二极管重新亮。

（4）用七段数码管显示双方的获胜盘数。

5.6.3 设计可选器材

（1）CC4518（双 BCD 加计数器）；

（2）74LS193（十进制同步加 / 减计数器）；

（3）CC4514（4 线－16 线译码器）；

（4）74LS02（四 2 输入或非门）。

5.6.4 设计方案分析

电子拔河游戏机的系统原理框图如图 5-22 所示，电子拔河游戏机的电路原理图如图 5-23 所示。

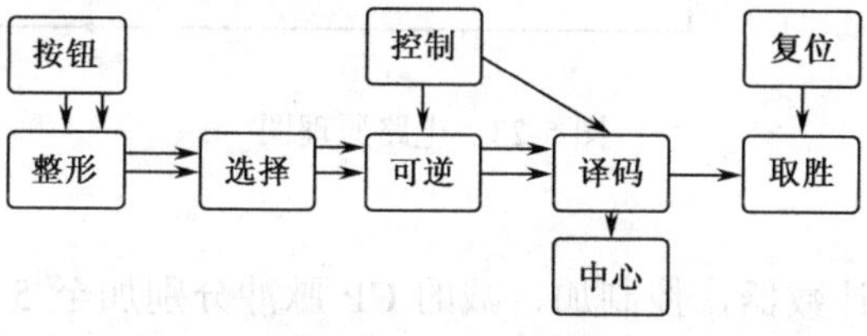

图 5-22 原理框图

可逆计数器 74LS193 原始状态输出 4 位二进制数 0000，经译码器输出使中间的一只电平指示灯点亮。当按动 A、B 两个按键时，分别产生两个脉冲信号，经整形后分别加到可逆计数器上，可逆计数器输出的代码经译码器译码后驱动电平指示灯点亮并产生位移，当亮点移到任何一方终端后，由于控制电路的作用，使这一状态被锁定，而对输入脉冲不起作用。如按动复位键，亮点又回到中点位置，比赛又可重新开始。

将双方终端指示灯的正端分别经两个与非门后接到 2 个十进制计数器 CC4518 的使能端 EN，当任一方取胜时，该方终端指示灯点亮，产生 1 个下降沿使其对应的计数器计数。这样，计数器的输出即显示了胜者取胜的盘数。

1. 编码电路

编码器有二个输入端，四个输出端，要进行加 / 减计数，可选用 74LS193 双时钟二进制同步加 / 减计数器来完成。

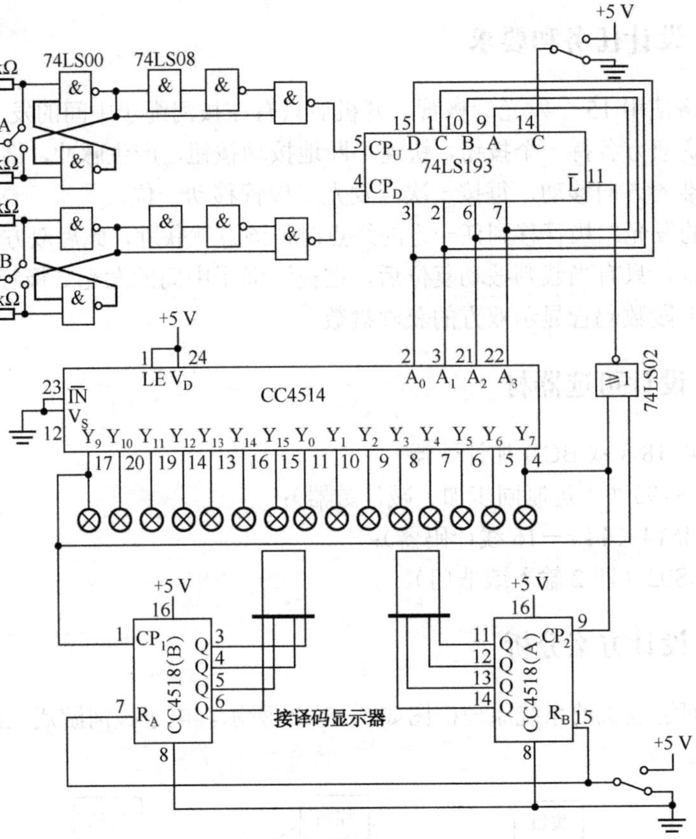

图 5-23 电路原理图

2. 整形电路

74LS193 是可逆计数器，控制加、减的 CP 脉冲分别加至 5 脚和 4 脚，此时当电路要求进行加法计数时，减法输入端 CP_D 必须接高电平；进行减法计数时，加法输入端 CP_U 也必须接高电平，若直接由 A、B 键产生的脉冲加到 5 脚或 4 脚，那么就有很多时机在进行计数输入时另一计数输入端为低电平，使计数器不能计数，双方按键均失去作用，拔河比赛不能正常进行。加一整形电路，使 A、B 二键出来的脉冲经整形后变为一个占空比很大的脉冲，这样就减少了进行某一计数时另一计数输入为低电平的可能性，从而使每按一次键都有可能进行有效的计数。整形电路由与门 74LS08 和与非门 74LS00 构成。

3. 译码电路

由 4 线－16 线译码器 CC4514 构成。在译码器的输出 Y_0～Y_{15} 中选出 15 个接电平指示灯，电平指示灯的负端接地，而正端接译码器；这样，当输出为高电平时电平指示灯点亮。

比赛准备，译码器输入为 0000，Y_0 输出为 1。中心处指示灯首先点亮，当编码器进行加法计数时，亮点向右移，进行减法计数时，亮点向左移。

4. 控制电路

为指示出谁胜谁负，需用一个控制电路。当亮点移到任何一方的终端时，判该方为胜，此时双方的按键均宣告无效。此电路可由或非门 74LS02 构成。将双方终端指示灯的正端接至或非门的 2 个输入端，当获胜一方为“1”，而另一方则为“0”，或非门输出为“0”，再送到 74LS193 计数器的置数端 $\overline{LD}$，于是计数器停止计数，处于预置状态。由于计数器数据端 D_0、D_1、D_2、D_3 和输出 Q_0、Q_1、Q_2、Q_3 对应相连，输入也就是输出，从而使计数器对脉冲不起作用。

5. 胜负显示

将双方终端指示灯正极经与非门输出后分别接到二个 CC4518 计数器的 CP 端，CC4518 的两组 4 位 BCD 码分别接到实验箱中的两组译码显示器的 8、4、2、1 插孔上。当一方取胜时，该方终端指示灯发亮，产生一个上升沿，使相应的计数器进行加一计数，于是就得到了双方取胜次数的显示。若一位数不够，则进行二位数的级连。

6. 复位电路

为能进行多次比赛而需要进行复位操作，使亮点返回中心点，可用一个开关控制 74LS193 的清零端 R 即可。

胜负显示器的复位也应用一个开关来控制胜负计数器 CC4518 的清零端 R，使其重新计数。

5.7 出租车计价器控制电路设计

5.7.1 简述

坐过出租车的人都知道，只要汽车一开动，随着行驶里程的增加，就会看到汽车前面的计价器里程数字显示的读数从零逐渐增大，而当行驶到某一值时，（如 2 km）计费数字显示开始从起步价（如 5 元）增加。当出租车到达某地需要在那里等候乘客时，司机只要按一下“计时”键，每等候一定时间，计费显示就会增加等候费用，汽车继续行驶时，停止计时等候费，继续增加里程计费。到达目的地，便可按显示的数字收费。

5.7.2 设计任务和要求

利用 TTL/CMOS 数字集成电路设计出租车计价器逻辑控制电路，具体要求如下：

（1）进行里程显示。里程显示为三位数，精确到 1 千米。

（2）能预置起步价。如设置起步里程为 5 千米，收起步价费 10 元。

（3）行车能按里程收费，能用数据开关设置每公里单价。

（4）等候按时间收费，如每 10 分钟增收 1 千米的费用。

（5）按复位键，显示装置清零（里程清零，计价部分清零）。

（6）按下计价键后，汽车运行计费，候时关断；候时计数时，运行计费关断。

5.7.3 设计可选器材

（1）集成电路：74LS74、74LS83、74LS244、74LS290及门电路；
（2）显示器件：CL002；
（3）数据开关、按钮、阻容元件等。

5.7.4 设计方案分析

出租车计价器控制电路框图如图5-24所示。

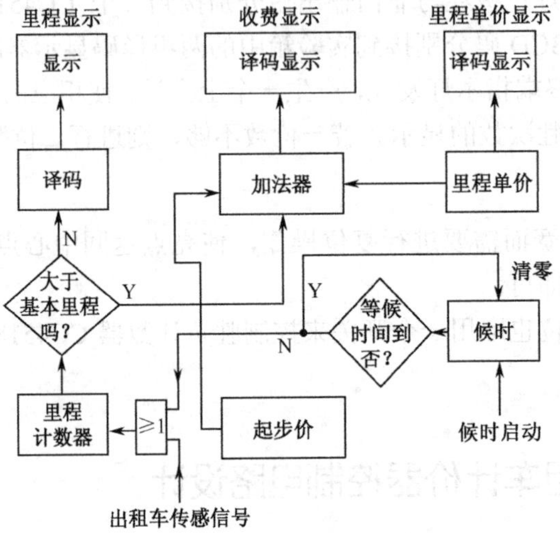

图5-24 出租车计价器控制电路框图

1. 里程计数及显示

在出租车转轴上加装传感器，以便获得“行驶里程信号”。设汽车每走10米发一个脉冲，到1千米时，发100个脉冲，所以对里程计数要设计一个模为100的一百进制计数器，如图5-25所示。里程的计数显示，则用十进制译码、显示即可，如图5-26所示。计数器采用74LS290，显示可用译码、驱动、显示三合一器件CL002或共阴、共阳显示组件（74LS248、LC5011-11或74LS247、LA5011-11）。

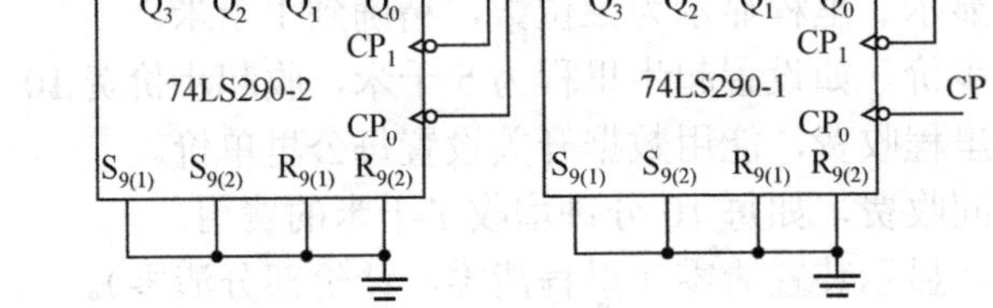

图5-25 一百进制计数器

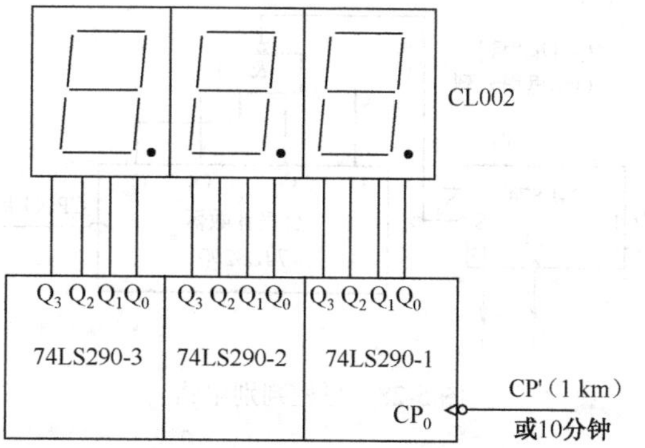

图 5-26 里程计数、译码、显示

2．计价电路

该电路由两部分组成。一是里程计价：在起价千米以内（如 5 千米内），按起步价算；若超过起价公里，则每走一千米，计价器则加上每公里的单价款。二是等候计价：汽车运行时，自动关断计时等待，而当要等候计数时，需要手动按动“等候”计费开关，进行计时，时间到（如 10 分钟），则输出 1 千米的脉冲。相当于里程增加 1 千米，数字显示均为十进制数，因此，加法也要以 BCD 码相加。

一位 BCD 码相加的电路如图 5-27 所示，当两位二进制数 BCD 码数字相加超过数值 9 时，有进位输出。

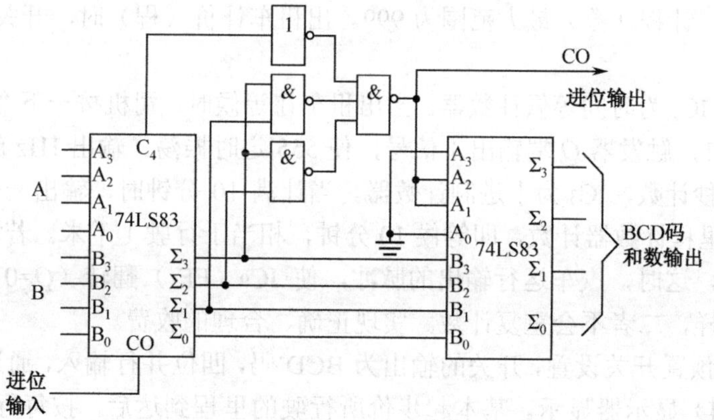

图 5-27 一位 8421 BCD 码加法器

里程判别电路如图 5-28 所示。当所设置的起价公里数到时，使触发器翻转。图 5-28 中为 5 千米时触发器动作。

3．秒信号发生器及等待计时电路

秒信号可用 32768Hz 石英晶振经 CD4060 分频后获得。简易的可用 555 定时器近似获得。

候时计数器每 10 分钟输出一个脉冲。个位秒计数器为六十进制，分计数器为十进制，这样就组成了六百进制计数器。

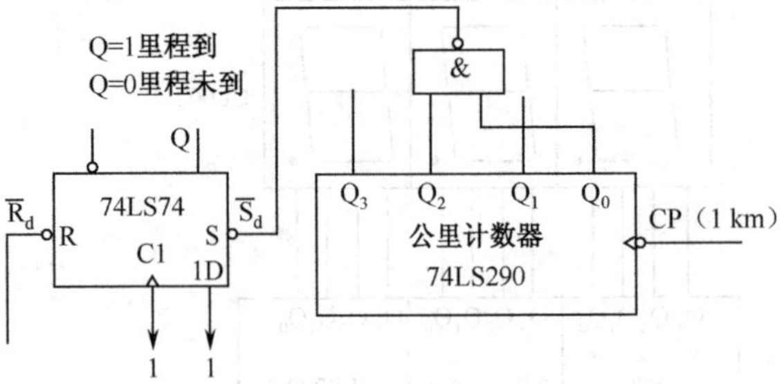

图 5-28　里程判别电路

4．清零复位

清零复位后，各计数位均清零，显示器中仅有单价和起步价显示，其余均显示为 0。

汽车启动后，里程显示开始计数。当汽车等候时，等候时间开始显示。运行计数和等候计数二者不同时计数工作。

根据出租车计价器的设计任务和要求，其参考逻辑电路如图 5-29 所示。

图 5-29 所示的出租车计价器分别由里程计数单元、候时计数单元、起步价、单价预置开关、加法器、显示及控制触发器等部分组成。

出租车启动后，每前进 10 米，发一个脉冲，通过 IC_{19} 与门（74LS08），输入到 IC_4 CP_0 端进行计数，IC_4、IC_5（74LS290）为模 100 计数器，当计数器计满 1 km（100×10），在 IC_5 的 Q_3 输出一个脉冲，使 IC_6 计数，显示器就显示 1 千米。IC_6、IC_7、IC_8 为 3 位十进制计数器，计程（数）最大范围为 999。出租车计价（程）时，开关 S 合上（打在位置 2 上）。

IC_3、IC_2、IC_1 为时间等候计数器。当出租车在等候时，司机按一下“候时”键，IC_9（FF_1）被置成 1，触发器 Q 端输出 1 信号，使 555 定时振荡，输出 1Hz 的脉冲到 IC_1、IC_2，进行 60 秒计数，IC_3 为十进制计数器。当计满 10 分钟时，输出一个脉冲 CP_{10} 到 IC_{18} 或门，给里程计数器计数，即等候 10 分钟，相当于行驶 1 千米。若等候 5 分钟时，汽车恢复行驶，这时，汽车运行输出的脉冲，使 IC_9（FF_1）翻转（Q=0），计时停止而转入计程。这样，二者不会重复计数。实现正确、合理的收费。

起步价由预置开关设置，开关的输出为 BCD 码，四位并行输入，通过三态门 IC_{10}、IC_{12}（74LS244）显示器显示。基本起步价所行驶的里程到达后，按每行驶 1 千米的单价进行计价。由控制触发器 IC_9（FF_2）控制起步里程若起步里程（图中设为 5 km）使 IC_9（FF_2）Q 端为 1，Q=0，这样 IC_{11} 和 IC_{13} 连通，显示器显示的为起步价与单价之和的值。

其实，本电路刚开始启动（复位）时，已经将起步价经 IC_{10}、IC_{14} 在 IC_{15} 中与单价相加了一次（即加了 1 千米的费用），所以，起步里程的预置值应为 6 公里，即图中 IC_6 的计数范围应是 0～6，IC_{20} 的 $\overline{Q}_2 \cdot \overline{Q}_1$ 就是实现到起步里程数的自动置数控制信号。

两位 BCD 码数值的相加，是通过 4 位二进制全加器 74LS83 进行的，两位相加若超过 9，需进行加 6 运算，使之变为 BCD 码。图 5-30 所示即为二位 BCD 码加法器电路图。

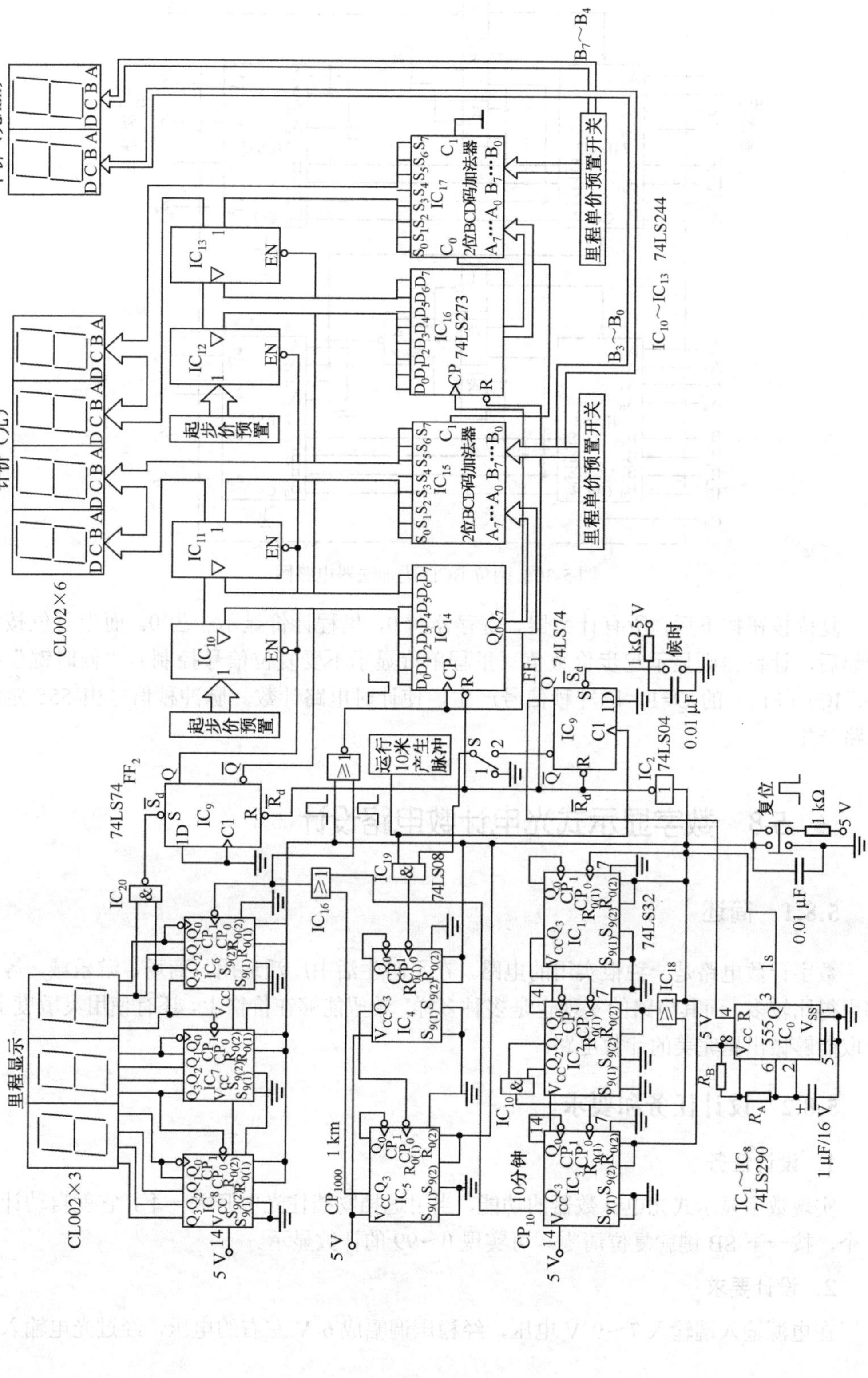

图5-29 出租车计价器逻辑电路图

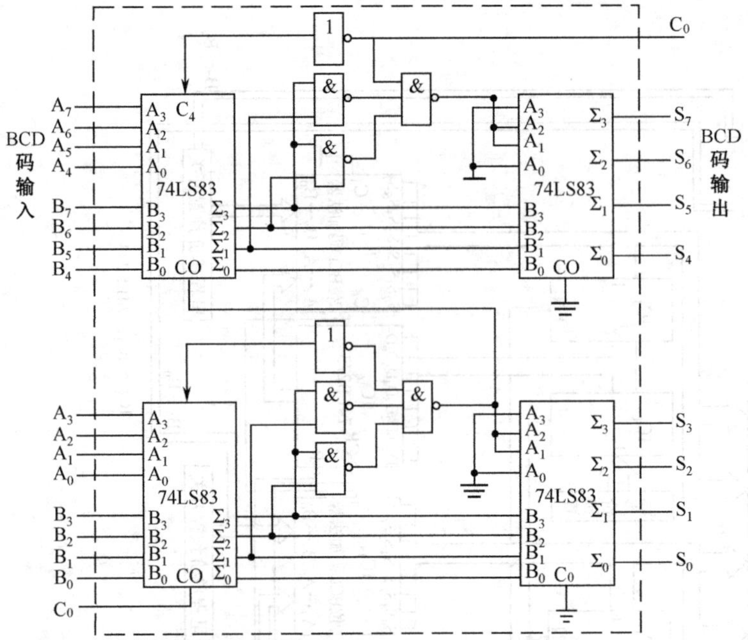

图 5-30　两位 BCD 码加法器电路图

复位按钮按下后，所有计数器、寄存器清 0，里程计价显示全为 0。而当复位按钮抬起后，计价器则显示起步价数值（里程单价显示不受复位信号控制）。“候时键”按下，IC_9（FF_1）的 Q=1，脉冲秒信号产生，使计时电路计数。脉冲秒信号由 555 定时电路产生。

5.8　数字显示式光电计数电路设计

5.8.1　简述

数字计数电路是一种很实用的电路，在平时生活中广泛运用，商场、游乐城，等等都用得比较多，而其电路的实现也是多种多样，希望能够在价格上，还有使用灵敏度上，争取能够做出更完美的计数电路。

5.8.2　设计任务和要求

1. 设计任务

实现数字显示式光电计数器的功能，当用遮挡物挡住光电开关一下，它就自动计数一个，按一下 SB 键就复位清零。可实现 0～99 的计数显示。

2. 设计要求

在电源输入端输入 7～9 V 电压，经稳压调幅成 6 V 左右的电压，经过光电输入电路、计数脉冲形成电路、显示电路组成和显示计数部分完成电路功能。

5.8.3 设计可选器材

（1）共阴极 LED 数码管；

（2）CD40110（为十进制可逆计数器 / 锁存器 / 译码器 / 驱动器）；

（3）CD4017（十进制计数器 / 脉冲分配器）；

（4）7806（三端稳压集成电路）；

（5）555 定时器；

（6）红外线光电开关、拨动式开关、按钮式开关。

5.8.4 设计方案分析

（1）**方案一**：如图 5-31 所示电路，当光敏三极管 VT1 接收到红外发光二极管射来的红外光线时，VT1 导通；比较器 IC2-B 的反相输入端 6 脚为低电平，7 脚输出为高电平，加到比较器 IC2-A 的反相输入端，使 1 脚输出低电平，则光电耦合器 4N35 内的发光管点亮，对应的光敏管导通，三极管 VT2 也导通，VT2 集电极输出低电平。当有物体通过红外发光二极管 VD1 和接收管 VT1 之间时，红外线被挡住，VT1 截止，IC2-A 的 1 脚输出高电平，4N35 截止，VT2 截止，VT2 集电极输出高电平。故当有物体通过 VT1 时，便在 VT2 集电极上输出计数脉冲信号，该信号送到十进制计数器，再送到译码显示电路，显示出相应的数据。

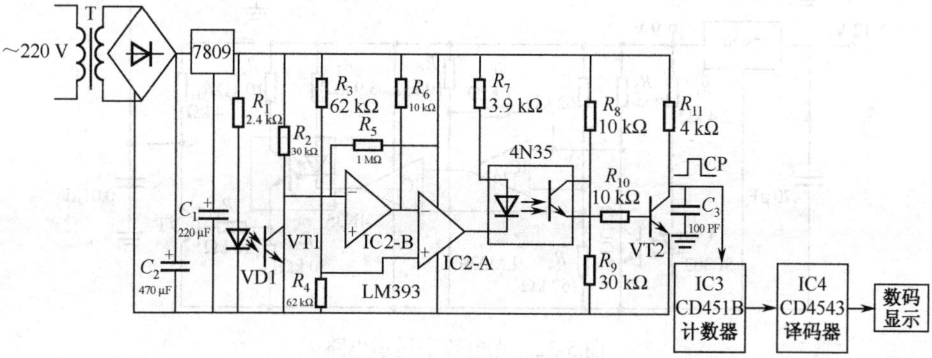

图 5-31　光电显示电路

缺点：输入电源需要 220 V 的较大电压，连接不好容易烧坏元件。

（2）**方案二**：实现方案如图 5-32 所示。

该电路由光电输入电路（VD，3DU12）、脉冲形成电路(IC1A 和 IC1B 组成电压比较器，光电耦合器，晶体管开关电路)和记数与显示电路等组成。当光敏三极管 VD 接收到红外发光二极管射来的红外光线时，3DU12 中 VT1 导通，比较器 IC1-A 的反相输入端为低电平，输出端为高电平，加到比较器 IC1-B 的反相输入端，使输出端为低电平，则光电耦合器 4N35 内的发光管点亮，对应的光敏管导通，三极管也导通，集电极输出低电平。当有物体通过红外发光二极管 VD 和接收管 VT 之间，红外线被挡住，VT 截止，IC1-B 的 1 脚输出高电平，4N35 截止，VT 截止，VT 集电极输出高电平。故当有物体通过 VT 时，便在 VT 集电极上输出计数脉冲信号，该信号送到十进制计数器，再送到译码显示电路，显示出相应的数据。

缺点：电路的计数脉冲形成部分比较复杂，焊接起来连线比较复杂。

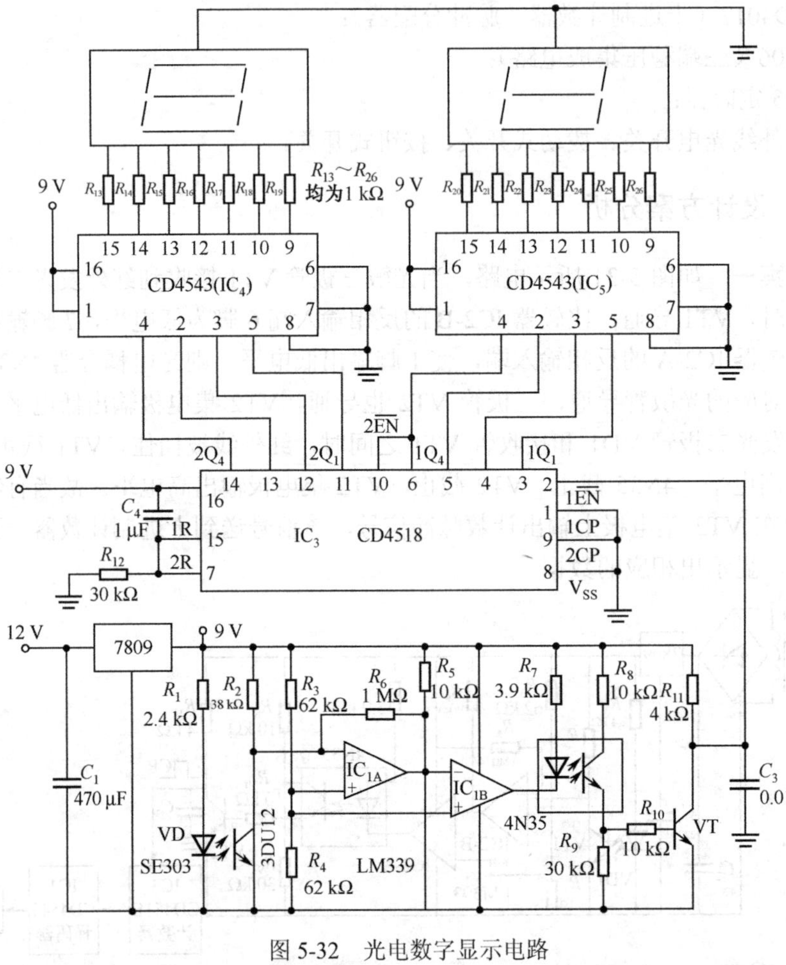

图 5-32　光电数字显示电路

（3）实现方式。以上两种电路基本都可以实现本课程项目的要求，但是经过比较改进，我们选用了以下这个电路，原理方框图如图 5-33 所示，电路图如图 5-34 所示。

电路主要从电源输入端输入 7～9 V 的电压，经过 7806 稳压器输出稳定的 6 V 左右电源。连接漫反射光电开关，当有被检测物体经过时，将光电开关发射器发射的足够量的光反射到接收器，VD 导通，三极管 VT 也导通，VT 集电极输出低电平。当有物体通过红外发光二极管 VD 和接收管 VT 之间时，光线被挡住，VT 截止，VT 集电极输出高电平；故当有物体通过 VT 时，便在 VT 集电极上输出一个高电平，经过 555 时基电路，555 电路有开关信号形成计数脉冲 CP，CP 通过倍率调节电路 CD4017，CD4017 有连续脉冲输入时，其对应的输出端依次变为高电平状态，故可直接用做顺序脉冲发生器；通过 14 脚输出 CP 给 CD40110，CD40110 计数集成电路能完成十进制数的加法、减法、进位、借位等计数功能，并能直接驱动小型七段 LED 数码管；第一个 LED 数码管通过 10 脚进位给第二个 LED 数码管，形成两位计数器，由此形成两位的光电数字显示电路。

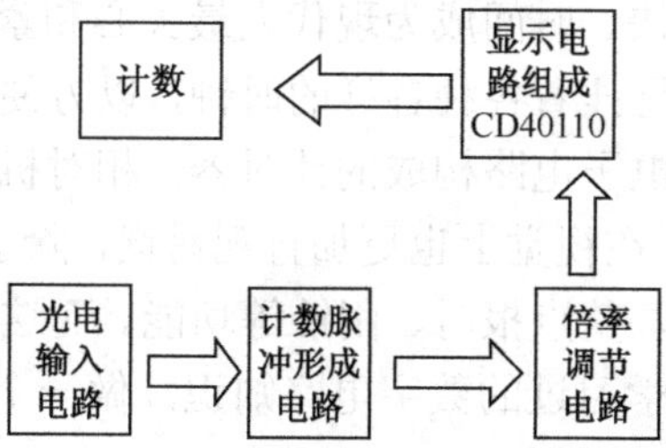

图 5-33 原理方框图

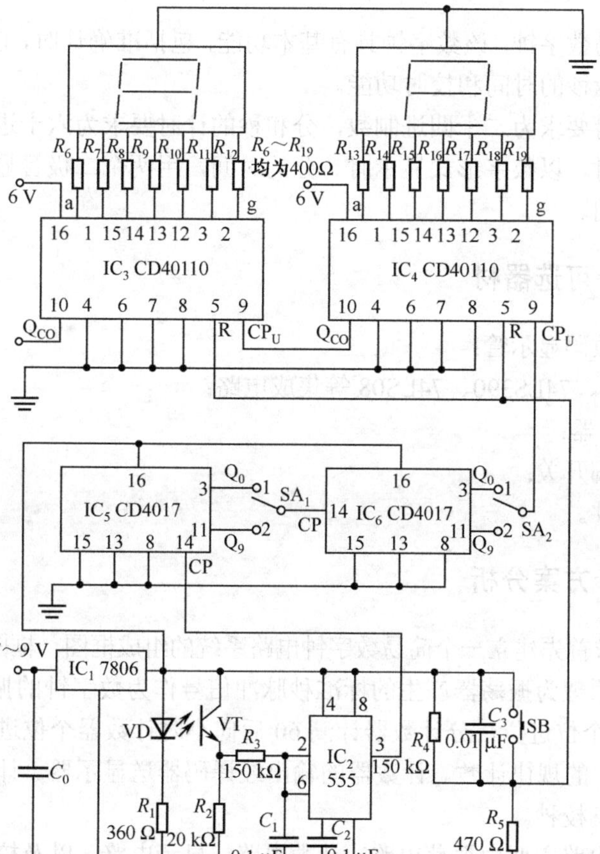

图 5-34 光电数字显示电路

5.9 基于数字电路的时钟设计

5.9.1 简述

随着现代生活节奏的增快，时间成为现代人最关心和紧张的概念。火车、汽车、商场、地铁站等公共场合也都悬挂着各种各样的时钟，以方便人们的生活，而这些时钟中大多数都是数字钟，是利用电子电路构成的计时器。相对机械钟而言，数字钟能达到准确计时，并显示时、分、秒，在视觉上也更加直观易读，除了基本的时间显示功能以外，大多数的时钟也都具有调整、整点报时、闹铃等功能。而这么神奇的电子产品背后是怎样的原理呢？下面我们就用学习过的数字电路知识，做一个简单的数字时钟。

5.9.2 设计任务和要求

设计一种简易数字钟，该数字钟具有基本功能，包括准确计时，以数字形式显示时、分，以二极管显示秒的时间和校时功能。

（1）时的计时要求为二十四进制数，分和秒的计时要求为六十进制数。

（2）准确计时，以数字形式显示时、分的时间，用两个二极管显示秒的时间。

（3）校正时间。

5.9.3 设计可选器材

（1）共阳极数码显示管；

（2）74LS247、74LS390、74LS08 等集成电路；

（3）555 定时器；

（4）双刀单掷开关；

（5）容阻器件。

5.9.4 设计方案分析

根据设计要求首先建立一个简易数字钟电路系统的组成框图，框图如图 5-35 所示。

电路的工作原理为振荡器产生的标准秒脉冲信号作为数字钟的振源。秒计数器计满 60 后向分计数器个位进位，分计数器计满 60 后向小时计数器个位进位，并且小时计数器按照“24 翻 1”的规律计数。计数器的输出经译码器送显示器。计时出现误差时电路进行校时、校分、校秒。

由框图可知电路主要由振荡电路、计数电路、显示电路，以及校时电路 4 大部分组成。下面将对各部分电路进行设计：

1. 振荡电路

数字电路中的时钟是由振荡器产生的，振荡器是数字钟的核心。振荡器的稳定度及频率的精度决定了数字钟计时的准确程度，一般来说，振荡器的频率越高，计时精度越高。

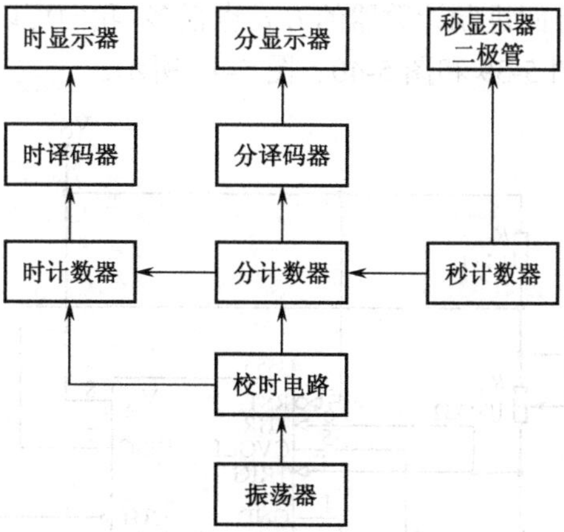

图 5-35　数字钟系统框图

因为想到要使产生的脉冲较稳定，我们首先想到了使用石英晶振电路，即采用 37 267 Hz 晶体振荡器，电路图如图 5-36 所示。

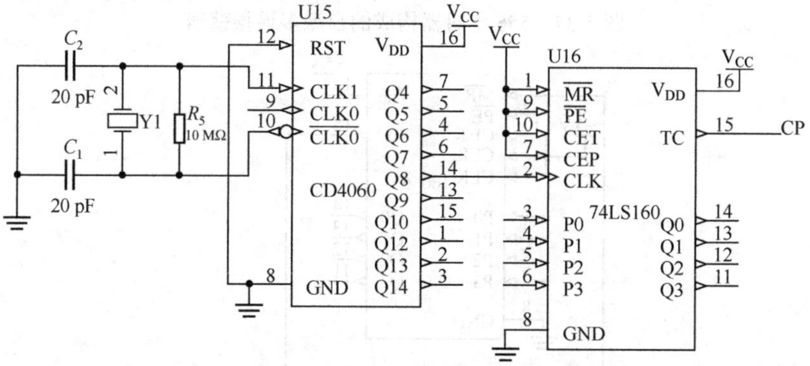

图 5-36　石英晶振振荡电路

由 37 268 Hz 晶体振荡器产生的 1 kHz 的脉冲经集成块 CD4060 分频后变为 10 Hz 脉冲，再经 74LS160 计数器分频得到了所需要的 1Hz 稳定脉冲。

虽然使用石英晶振产生频率稳定，但是电路图很复杂，而且 37268 晶体振荡器中阻值要求 10 MΩ以上，还需要分频电路。而由 555 构成的自激多谐振荡器通过调节电阻直接产生 1 Hz 的秒脉冲，但是性能不如石英晶振稳定（见图 5-37）。不过作为实验器件，我们可以先选择 555 定时器来实现时钟信号的产生。

2. 计数电路

数字钟的计数电路是用两个六十进制计数电路和一个二十四进制计数电路实现的。数字钟的计数电路的设计可以用反馈清零法。当计数器正常计数时，反馈门不起作用，只有当进位脉冲到来时，反馈信号将计数电路清零，实现相应模的循环计数。以六十进制为例，当计数器从 00，01，02，…，59 计数时，反馈门不起作用，只有当第 60 个秒脉冲到来时，反馈信号随即将计数电路清零，实现模为 60 的循环计数。

实现六十进制和二十四进制计数器的方式也很多，我们可以使用 74160 或者 74390。电路图分别如图 5-38、图 5-39 和图 5-40、图 5-41 所示。

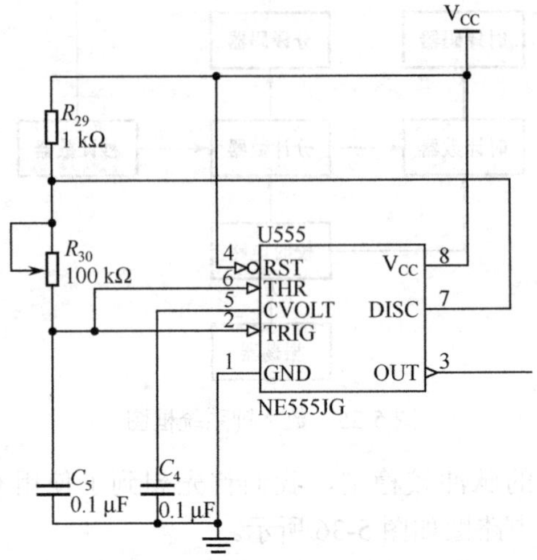

图 5-37　555 定时器构成的自激多谐振荡器

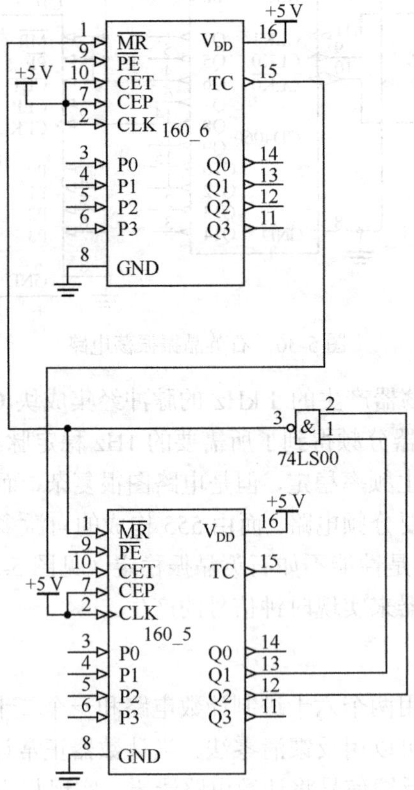

图 5-38　六十进制计数器

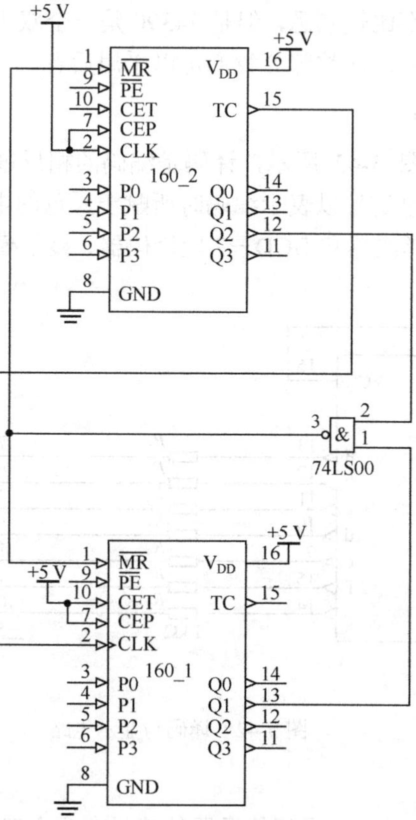

图 5-39　二十四进制计数器

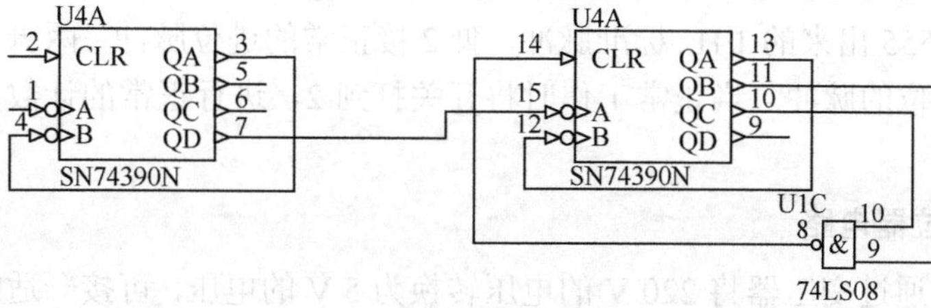

图 5-40　六十进制计数器

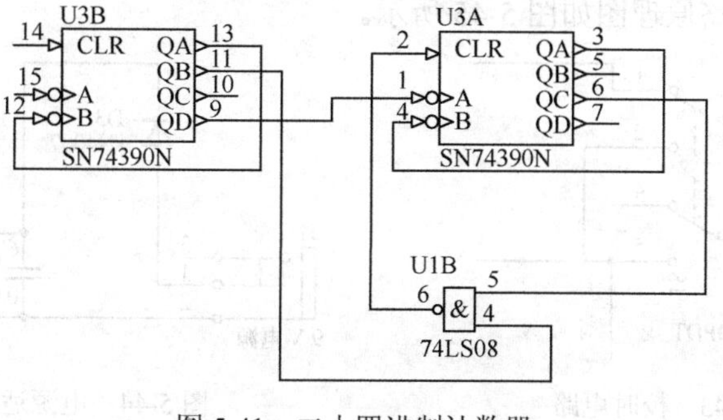

图 5-41　二十四进制计数器

虽然大家对 74160 都比较熟悉，但是 74390 是一个双十进制计数器，所以本着节省成本和电路最简化的原则，计数部分我们可以采用后者。

3. 译码与显示电路

译码与显示电路如图 5-42 所示，译码是编码的相反过程，译码器是将输入的二进制代码翻译成相应的输出信号以表示编码时所赋予原意的电路。常用的集成译码器有二进制译码器、二一十制译码器和 BCD－7 段译码器、显示模块用来显示计时模块输出的结果。

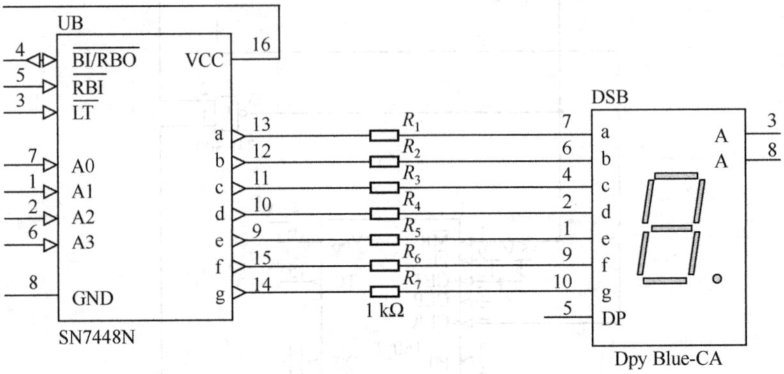

图 5-42 译码与显示电路

4. 校时电路

校时电路如图 5-43 所示，用到的元器件就只有两个双刀双掷开关 S1，非常简单。在此开关中起作用的可以是 1、2、3 脚或者 4、5、6 脚。而在此次设计中我们使用 1、2、3 脚。脚 1 接从 555 出来的 1 Hz 标准脉冲，脚 2 接正常的进位脉冲，两脚 3 分别接时个位的脉冲和分个位的脉冲。当正常工作时将开关打到 2，进行正常的计数，即校时时不影响正常计数。

5. 电源配位器电路

此电路可以通过变压器将 220 V 的电压转换为 5 V 的电压，可接一适配器插座直接接 220 V 电源给数字钟供电。图 5-44 所示为电源适配器的原理图。

数字电子钟电路原理图如图 5-45 所示。

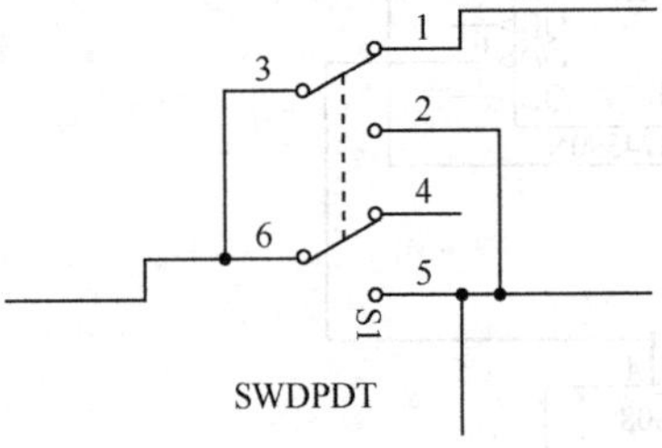

图 5-43 校时电路

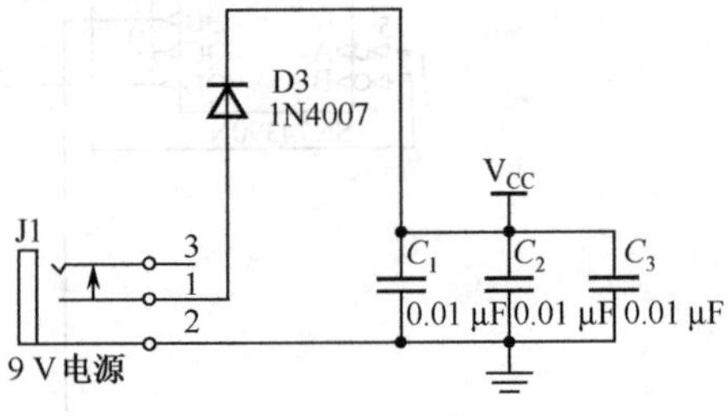

图 5-44 电源适配器

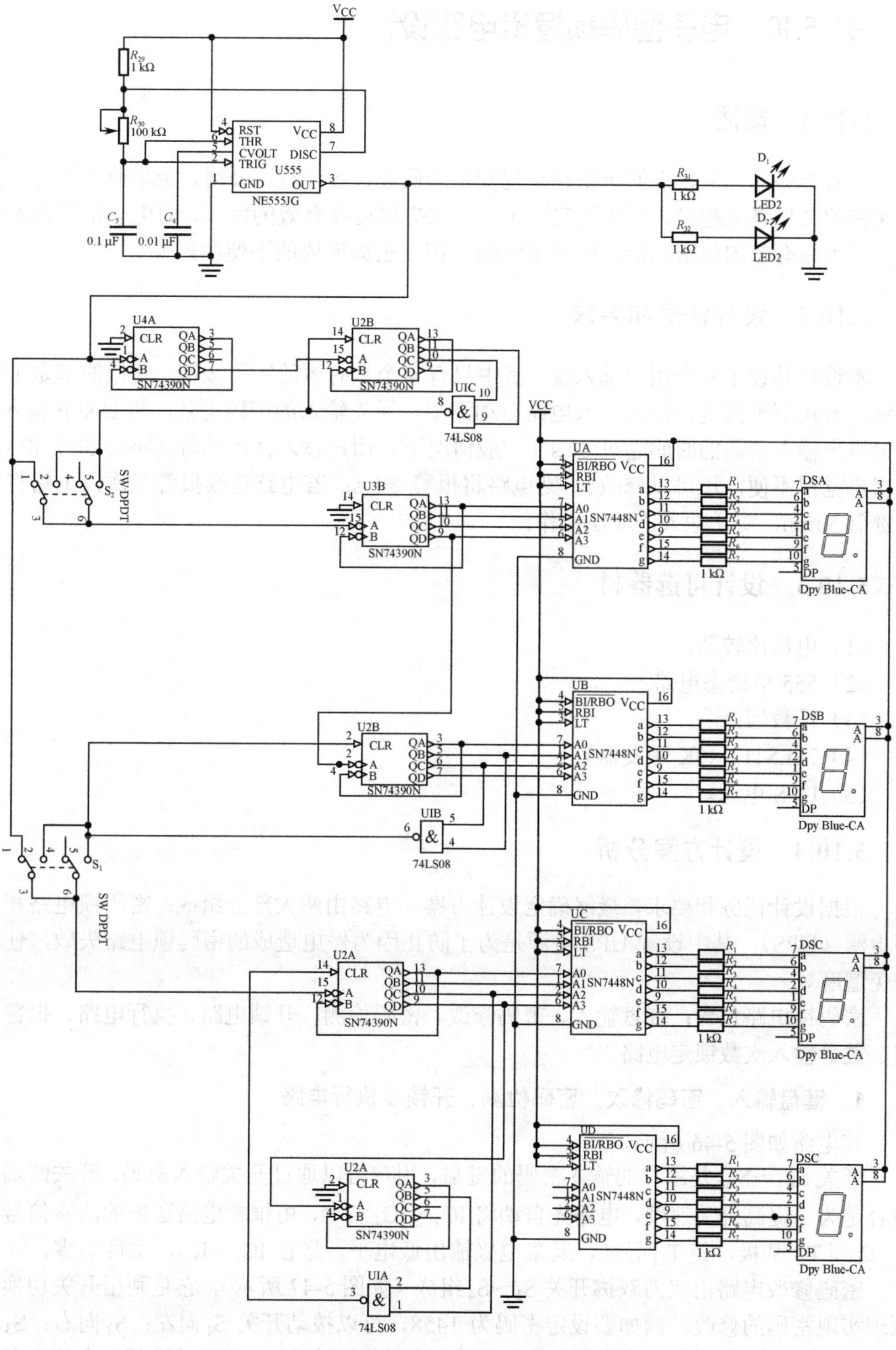

图 5-45　数字电子钟电路原理图

5.10 电子密码锁逻辑电路设计

5.10.1 简述

随着社会的发展，人们越来越重视安全的问题，如学校、公司、企事业单位等，需要保密的文件越来越多，而传统的锁而又无法提供可靠有效的保证，而电子密码锁不仅提供了可靠有效的保密功能，同时也解除了钥匙丢失造成的不便和损失。

5.10.2 设计任务和要求

本设计共设了 9 个用户输入键，其中只有 4 个是有效的密码按键，其他的都是干扰按键，若按下干扰键，键盘输入电路自动清零，原先输入的密码无效，需要重新输入；如果用户输入密码的时间超过 40 s（一般情况下，用户输入密码的时间不会超过 40 s，若用户觉得不便，还可以修改），则电路将报警 80 s；若电路连续报警三次，电路将锁定键盘 5 min，防止他人的非法操作。

5.10.3 设计可选器材

（1）电压比较器；
（2）555 单稳态电路；
（3）计数器；
（4）74LS112（JK 触发器）；
（5）UPS 电源。

5.10.4 设计方案分析

根据设计任务和要求，最终确定设计方案。电路由两大部分组成：密码锁电路和备用电源（UPS），其中设置 UPS 电源是为了防止因为停电造成的密码锁电路失效，使用户免遭麻烦。

密码锁电路包含：键盘输入、密码修改、密码检测、开锁电路、执行电路、报警电路、键盘输入次数锁定电路。

1．键盘输入、密码修改、密码检测、开锁及执行电路

其电路如图 5-46 所示。

开关 S_{K_1}～S_{K_9} 是用户的输入密码的键盘，用户可以通过开关输入密码，开关两端的电容是为了提高开关速度，电路先自动将 IC_1～IC_4 清零，由报警电路送来的清零信号经 C_{25} 送到 T_{11} 基极，使 T_{11} 导通，其集电极输出低电平，送往 IC_1～IC_4，实现清零。

密码修改电路由双刀双掷开关 S_1～S_4 组成（如图 5-47 所示），它是利用开关切换的原理实现密码的修改。例如要设定密码为 1458，可以拨动开关 S_1 向左；S_2 向右；S_3 向左；S_4 向右。即可实现密码的修改，由于输入的密码要经过 S_1～S_4 的选择，也就实现了密码的校验。本电路有 16 组的密码可供修改。

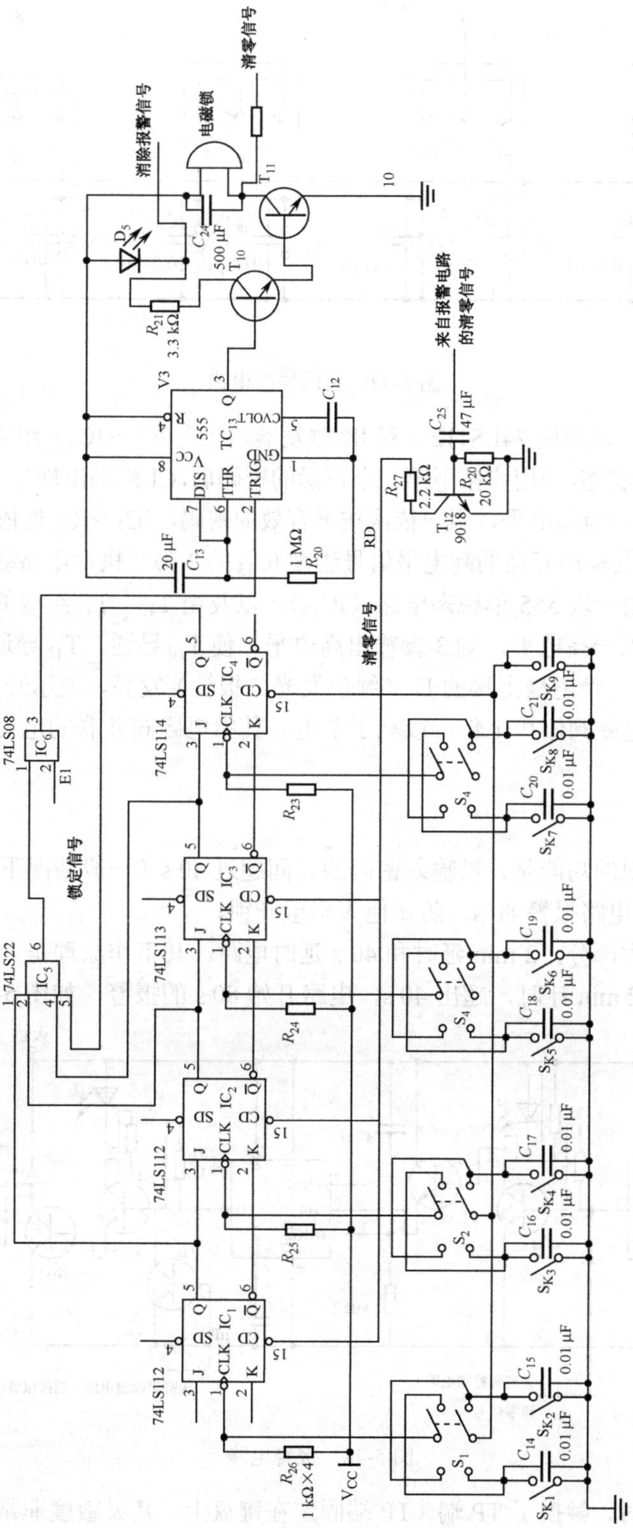

图 5-46 键盘输入、密码修改、密码检测、开锁、执行电路

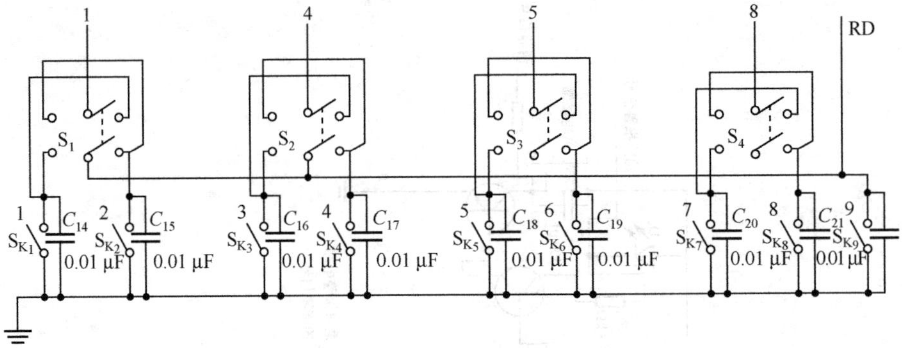

图 5-47 密码修改电路

在图 5-46 中，由两块 74LS112（双 JK 触发器，包含 IC_1～IC_4）组成密码检测电路。由于 IC_1 处于计数状态，当用户按下第一个正确的密码后，CLK 端出现了一个负的下降沿，IC_1 计数，Q 端输出为高电平，用户依次按下有效的密码，IC_2～IC_3 也依次输出高电平，送入与门 IC_5，使其输出开锁的高电平信号送往 IC_{13} 的 2 脚，执行电路动作，实现开锁。

执行电路是由一块 555 单稳态电路（IC_{13}），以及由 T_{10}、T_{11} 组成的达林顿管构成。若 IC_{13} 的 2 脚输入一高电平，则 3 脚输出高电平，使 T_{10} 导通，T_{11} 导通，电磁阀开启，实现开门。同时 T_{10} 集电极上接的 D_5（绿色发光二极管）发亮，表示开门，20 s 后，555 电路状态翻转，电磁阀停止工作，以利于节电。其中电磁阀并联的电容 C_{24} 是为了提高电磁阀的力矩。

2. 报警电路

报警电路实现的功能是，当输入密码的时间超过 40 s（一般情况下用户输入密码不会超过此时间），电路报警 80 s，防止他人恶意开锁。

电路包含两大部分，2 min 延时和 40 s 延时电路。其工作原理是当用户开始输入密码时，电路开始 2 min 计时，超出 40 s，电路开始 80 s 的报警，如图 5-48 所示。

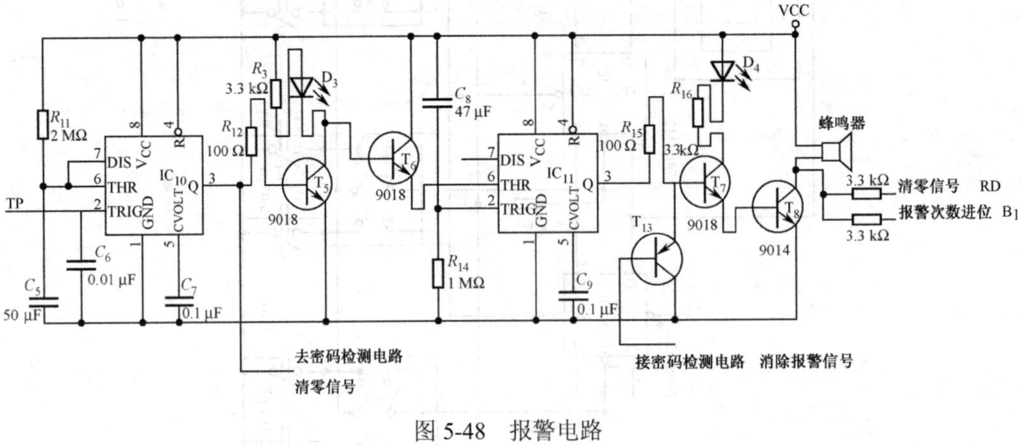

图 5-48 报警电路

有人走近门时，触摸了 TP 端（TP 端固定在键盘上，其灵敏度非常高，保证电路可靠的触发），由于人体自身带的电，使IC_{10}的2脚出现低电平，使IC_{10}的状态发生翻转，其3脚输出高电平，T_5导通（可以通过R_{12}控制T_1的基极电流），其集电极接的黄色发光二极管D_3发光，表示现在电子锁处于待命状态，T_6截止，C_4开始通过R_{14}充电（充电时间是40 s，此时为用户输入密码的时间，即用户输入密码的时间不能超过40 s，否则电路就开始报警，由于用户经常输入密码，而且知道密码，一般输入密码的时间不会超过40 s），IC_2开始进入延时40 s的状态。

当用户输入的密码不正确或输入密码的时间超过40 s时，IC_{11}的2脚电位随着C_4的充电而下降，当电位下降到$1/3V_{CC}$时（即40 s延时结束时），3脚变成高电位（延时时是低电平），通过R_{15}使（R_{15}的作用是为了限制T_7的导通电流防止电流过大烧毁三极管）T_7导通，其集电极上面接的红色发光二极管D_4发亮，表示当前处于报警状态，T_8也随之而导通，使蜂鸣器发声，令贼人生怯，实现报警。当达到了80 s的报警时间，IC_{10}的6、7脚接的电容C_5放电结束，IC_{10}的3脚变成低电平，T_5截止，T_6导通。强制使电路处于稳态，IC_{11}的3脚输出低电平，使T_7、T_8截止，蜂鸣器停止报警；或者用户输入的密码正确，则有开锁电路中的T_{10}集电极输出清除报警信号，送至T_{12}（PNP），T_{12}导通，强制使T_7基极至低电位，解除报警信号。

3．报警次数检测及锁定电路

若用户操作连续失误超过3次，电路将锁定5分钟。其工作原理如下：当电路报警的次数超过3次，由IC_9（74LS161）构成的3位计数器将产生进位，通过IC_7，输出清零信号送往74LS161的清零端，以实现重新计数。经过IC_8（与门），送到IC_{12}（555）的2脚，使3脚产生5分钟的高电平锁定脉冲（其脉冲可由公式$T=1.1RC$计算得出），经T_9倒相，送IC_6输入端，使IC_6输出低电平，使IC_{13}不能开锁，达到锁定的目的。电路图如图5-49所示。

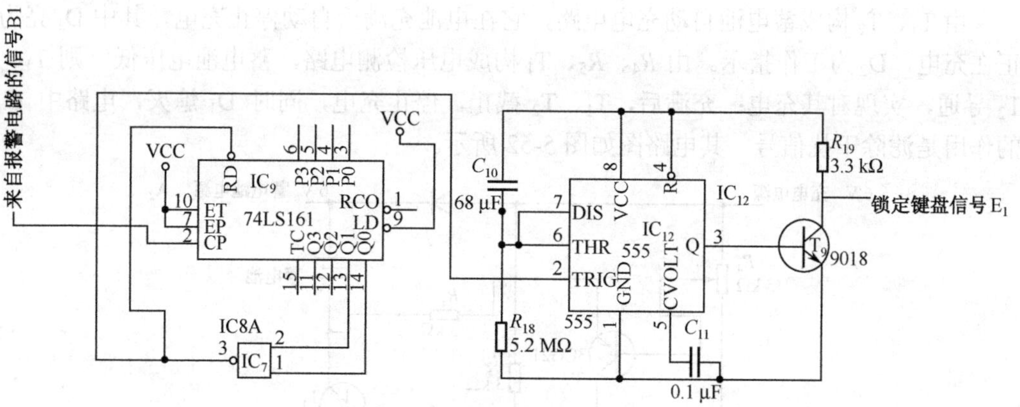

图5-49 报警次数检测及锁定电路

4．备用电源电路

为了防止停电情况的发生，本电路后备了UPS电源，它由市电供电电路、停电检测电路、电子开关切换电路、蓄电池充电电路和蓄电池组成。其电路图如图5-50所示。

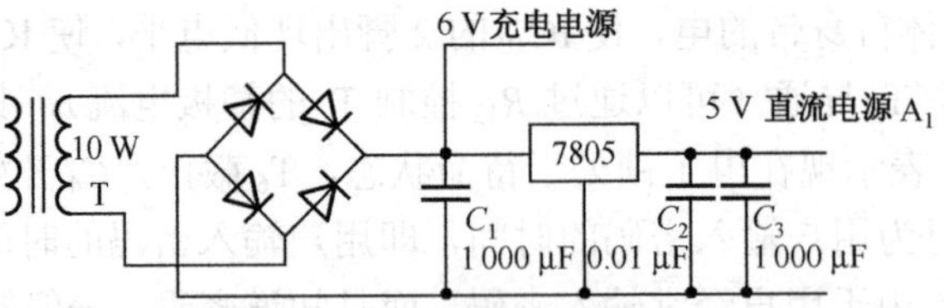

图 5-50　电源电路图

220 V 市电通过变压器 B 降压成 12 V 的交流电，再经过整流桥整流，7805 稳压到 5 V 送往电子切换电路，由于本电路功耗较少，所以选用 10W 的小型变压器。

由 R_8、R_9、R_6、R_7 及 IC_{14} 构成电压比较器，正常情况下，$V+<V-$，IC_{14} 输出高电平，继电器的常闭触点和市电相连；当市电断开时，$V+>V-$，IC_{14} 输出高电平，由 T_3、T_4 构成的达林顿管使继电器开启，将其常开触电将蓄电池和电路相连，实现市电和蓄电池供电的切换，保证电子密码锁的正常工作（视电池容量而定持续时间）。其电路图如图 5-51 所示。

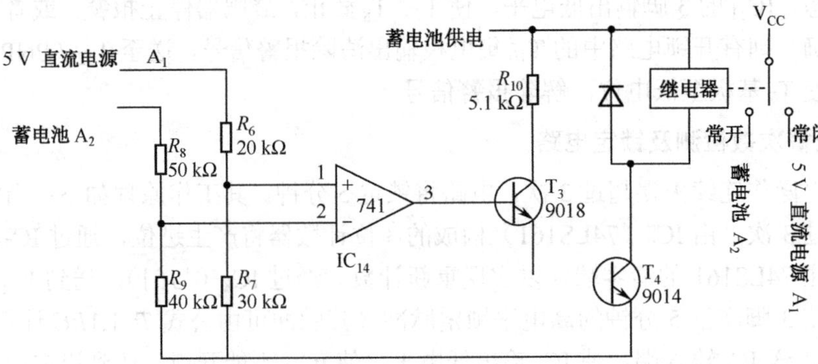

图 5-51　停电检测及电子开关切换电路

由 T_1、T_2 构成蓄电池自动充电电路，它在电池充满后自动停止充电，其中 D_1 亮为正在充电，D_2 为工作指示。由 R_4、R_5、T_1 构成电压检测电路，蓄电池电压低，则 T_1、T_2 导通，实现对其充电；充满后，T_1、T_2 截止，停止充电，同时 D_1 熄灭，电路中 C_4 的作用是滤除干扰信号。其电路图如图 5-52 所示。

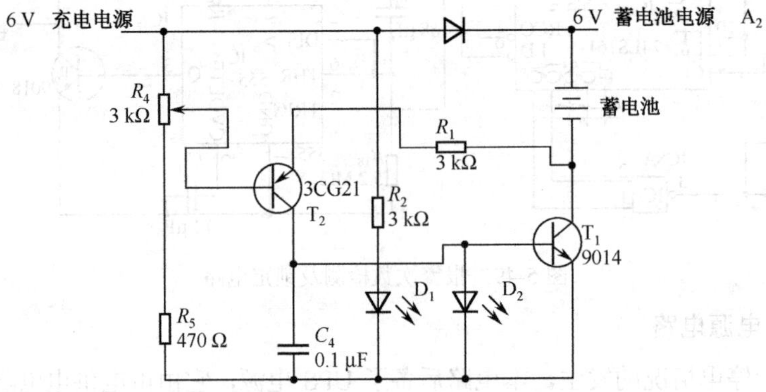

图 5-52　蓄电池自动充电电路

5.11 数字万用表逻辑电路设计

5.11.1 简述

数字万用表有用于基本故障诊断的便携式装置，也有放置在工作台的装置，有的分辨率可以达到七、八位数；这样的设备，一般被用做电压或电阻的基准，或用来调校多功能标准器的性能，同时避免了在读数时视差带来的偏差。数字万用表已经广泛应用在现实生活中。

5.11.2 设计任务和要求

设计一个数字万用表，要求实现以下功能：

（1）直流电压测量功能；

（2）模／数（A/D）转换与数字显示功能；

（3）直流电流测量功能；

（4）交流电压、电流测量功能；

（5）电阻测量功能。

5.11.3 设计可选器材

（1）天煌教仪数字电路试验台；

（2）DM-Ⅰ数字万用表；

（3）三位半或四位半数字万用表。

5.11.4 设计方案分析

数字万用表的基本组成如图 5-53 所示。

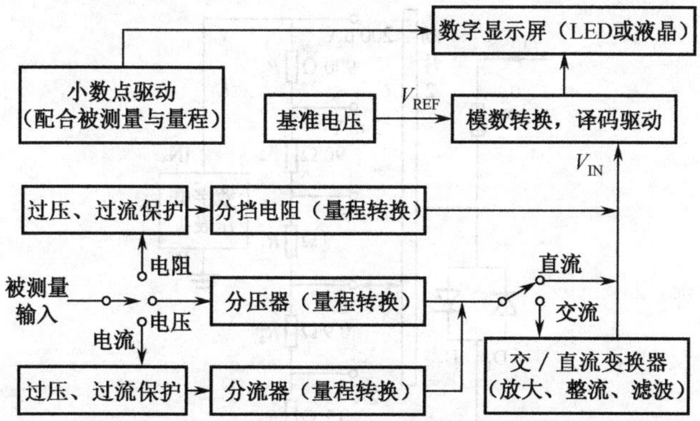

图 5-53 数字万用表的基本组成

1．模数（A/D）转换与数字显示电路

DM-Ⅰ型数字万用表设计性实验仪，其核心是一个三位半数字表头，它由数字表专用 A/D 转换译码驱动集成电路和外围元件、LED 数码管构成。该表头有 7 个输入端，包括 2 个测量电压输入端（IN_+、IN_-）、2 个基准电压输入端（V_{REF+}、V_{REF-}）和 3 个小数点驱动输入端。

2．直流电压测量电路

在数字电压表头前面加一级分压电路（分压器），可以扩展直流电压测量的量程。如图 5-54 所示，U_0 为电压表头的量程（如 200 mV）；r 为其内阻（如 10 MΩ）；r_1、r_2 为分压电阻；U_{i0} 为扩展后的量程。

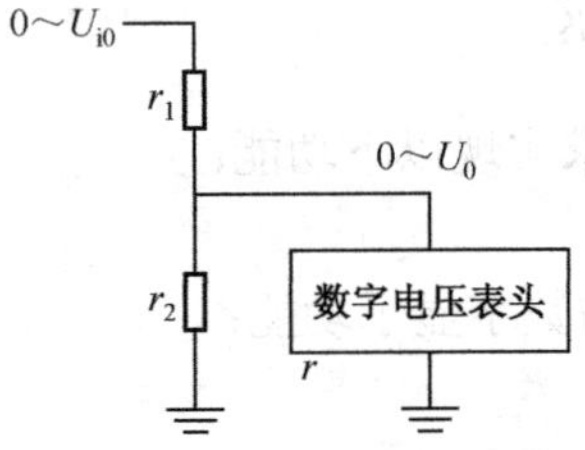

图 5-54　分压电路原理

由于 $r \gg r_2$，所以分压比为

$$\frac{U_0}{U_{i0}} = \frac{r_2}{r_1 + r_2} \tag{5-1}$$

扩展后的量程为

$$U_{i0} = \frac{r_1 + r_2}{r_2} U_0 \tag{5-2}$$

图 5-54 为少量程分压电路，若采用同样的分压方式进行分压，虽然可以达到多量程分压，但是同时也降低了输入阻抗，所以实际数字万用表的直流电压挡电路为图 5-55 所示，它能在不降低输入阻抗的情况下，达到同样的分压效果。

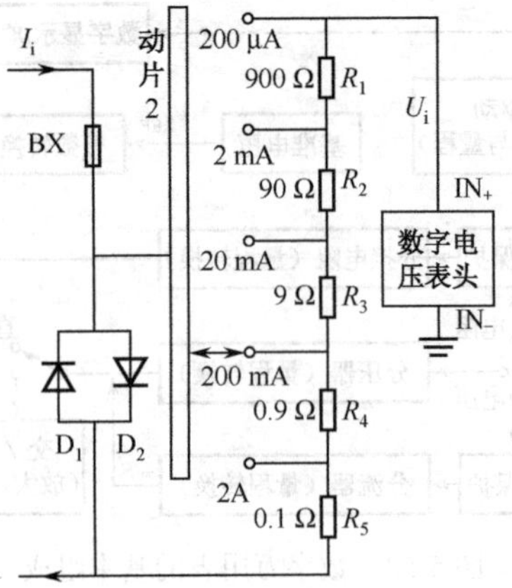

图 5-55　实用分压器电路

根据各挡的分压比和总电阻来确定各分压电阻，先计算最大电流挡的分流电阻 R_5 为

$$R_5 = \frac{U_0}{I_{m5}} = \frac{0.2}{2} = 0.1\ \Omega \tag{5-3}$$

再计算下一挡的 R_4 为

$$R_4 = \frac{U_0}{I_{m4}} - R_5 = \frac{0.2}{0.2} - 0.1 = 0.9\ \Omega \tag{5-4}$$

依次可计算出 R_3、R_2 和 R_1。

尽管上述最高量程挡的理论量程是 2 000 V，但通常的数字万用表出于耐压和安全考虑，规定最高电压量限为 1 000 V。

换量程时，多刀量程转换开关可以根据挡位自动调整小数点的显示，使用者可方便地直读出测量结果。

3．直流电流测量电路

测量电流的原理是：根据欧姆定律，用合适的取样电阻把待测电流转换为相应的电压，再进行测量。如图 5-56 所示，由于 $r \gg R$，取样电阻 R 上的电压降为

$$U_i = I_i R \tag{5-5}$$

即被测电流

$$I_i = U_i / R \tag{5-6}$$

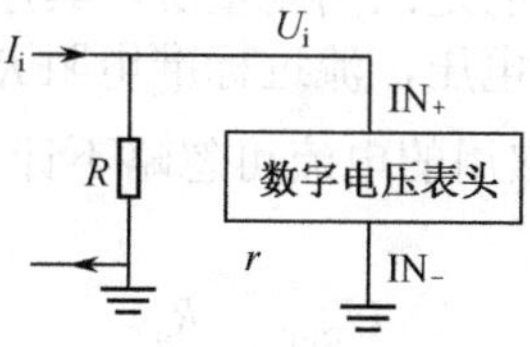

图 5-56 电流测量原理

若数字表头的电压量程为 U_0，欲使电流挡量程为 I_0，则该挡的取样电阻（也称分流电阻）为

$$R = U_0 / I_0 \tag{5-7}$$

如 U_0=200 mV，则 I_0=200 mA 挡的分流电阻为 $R = 1\ \Omega$。

图 5-55 中的 BX 是 2A 保险丝管，电流过大时会快速熔断，起过流保护作用。两只反向连接且与分流电阻并联的二极管 D_1、D_2 为塑封硅整流二极管，它们起双向限幅过压保护作用。正常测量时，输入电压小于硅二极管的正向导通压降，二极管截止，对测量毫无影响。一旦输入电压大于 0.7 V，二极管立即导通，两端电压被限制住（小于 0.7 V），保护仪表不被损坏。

用 2A 挡测量时，若发现电流大于 1A 时，应不使测量时间超过 20 s，以避免大电流引起的较高温升影响测量精度甚至损坏电表。

4．交流电压、电流测量电路

数字万用表中交流电压、电流测量电路是在直流电压、电流测量电路的基础上，在

分压器或分流器之后加入了一级交流-直流（AC-DC）变换器，图 5-57 为其原理简图。

该 AC-DC 变换器主要由集成运算放大器、整流二极管、RC 滤波器等组成，还包含一个能调整输出电压高低的电位器，用来对交流电压挡进行校准之用。调整该电位器可使数字表头的显示值等于被测交流电压的有效值。

同直流电压挡类似，出于对耐压、安全方面的考虑，交流电压最高挡的量限通常限定为 700 V（有效值）。

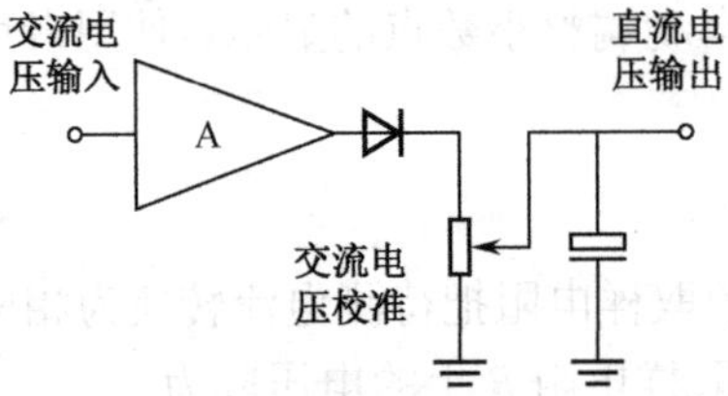

图 5-57　AC-DC 变换器原理简图

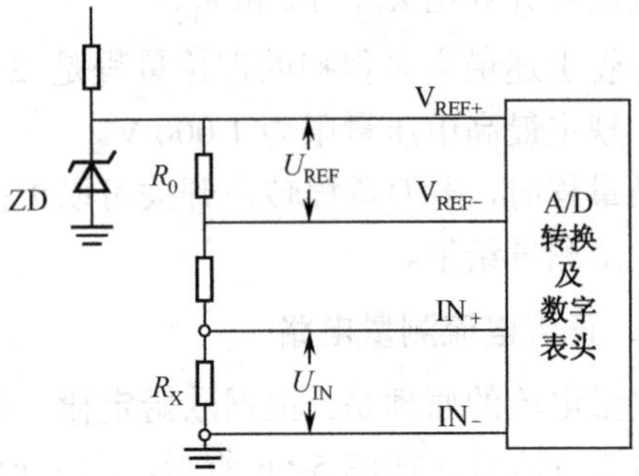

图 5-58　电阻测量图

5．电阻测量电路

数字万用表中的电阻挡采用的是比例测量法，其原理电路见图 5-58。

由稳压管 ZD 提供测量基准电压，流过标准电阻 R_0 和被测电阻 R_X 的电流基本相等（数字表头的输入阻抗很高，其取用的电流可忽略不计）。所以 A/D 转换器的参考电压 U_{REF} 和输入电压 U_{IN} 的关系为

$$\frac{U_{REF}}{U_{IN}}=\frac{R_0}{R_X} \tag{5-8}$$

即

$$R_X=\frac{U_{IN}}{U_{REF}}R_0 \tag{5-9}$$

根据所用 A/D 转换器的特性可知，数字表显示的是 U_{IN} 与 U_{REF} 的比值，当 $U_{IN}=U_{REF}$ 时显示“1000”，$U_{IN}=0.5U_{REF}$ 时显示“500”，依次类推。所以，当 $R_X=R_0$ 时，表头将显示“1000”，当 $R_X=0.5R_0$ 时显示“500”，这称为比例读数特性。因此，我们只要选取不同的标准电阻并适当地对小数点进行定位，就能得到不同的电阻测量挡。

如对 200Ω 挡，取 R_{01}=100Ω，小数点定在十位上。当 R_X=100Ω 时，表头就会显示出 100.0Ω。当 R_X 变化时，显示值相应变化，可以从 0.1Ω 测到 199.9Ω。

又如对 2 kΩ挡，取 R_{02}=1 kΩ，小数点定在千位上。当 R_X 变化时，显示值相应变化，可以从 0.001 kΩ测到 1.999 kΩ。

其余各挡道理相同，同学们可自行推演。

数字万用表多量程电阻挡电路如图 5-59 所示。

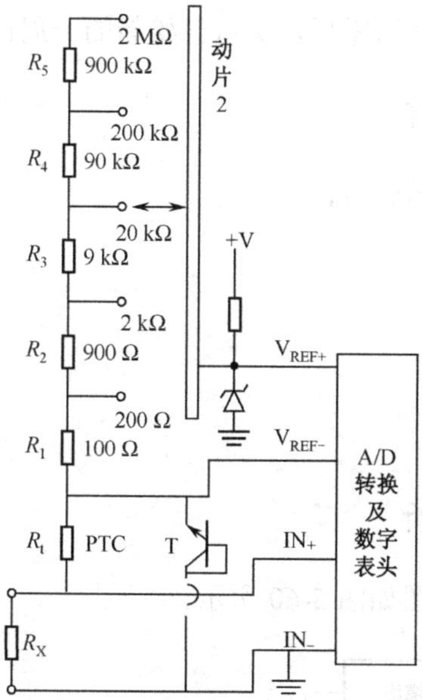

图 5-59 电阻测量电路

由上分析可知，

$$
\begin{aligned}
R_1 &= R_{01} = 100\ \Omega \\
R_2 &= R_{02} - R_{01} = 1\,000 - 100 = 900\ \Omega \\
R_3 &= R_{03} - R_{02} = 10\ \text{k}\Omega - 1\ \text{k}\Omega = 9\ \text{k}\Omega
\end{aligned}
\qquad (5\text{-}10)
$$

图 5-59 中由正温度系数（PTC）热敏电阻 R_t 与晶体管 T 组成了过压保护电路，以防误用电阻挡去测高电压时损坏集成电路。当误测高电压时，晶体管 T 发射极将击穿从而限制了输入电压的升高。同时 R_t 随着电流的增加而发热，其阻值迅速增大，从而限制了电流的增加，使 T 的击穿电流不超过允许范围。即 T 只是处于软击穿状态，不会损坏，一旦解除误操作，R_t 和 T 都能恢复正常。

5.12 乒乓球游戏机逻辑电路设计

5.12.1 简述

乒乓球游戏机实现了能够计分、同步显示比分。实现 LED 灯模拟乒乓球的移动；模拟乒乓球的击球、发球；与实际比赛一样判断得分和整局的胜负情况；还可以调整发球速度；计分、同步显示比分。该游戏机功能强大，可以模拟乒乓球比赛。

5.12.2 设计任务和要求

比赛时甲乙双方各在不同的位置发球或击球；根据球的位置发出相应的动作，提前击球或出界均判失分；乒乓球的位置和移动方向有灯亮及依次点亮的方向决定，球移动的速度为 0.1～0.5 s 移动一位；甲乙双方设置各自的记分牌，任何一方先记满 21 分，则该方就算胜了此局；当记分牌清零后，又可开始新的一局比赛。

5.12.3 设计可选器材

（1）天煌教仪数字电路试验台；
（2）单脉冲电路；
（3）定时计数器；
（4）LED 流水灯；
（5）七段译码显示器；
（6）数据转换器。

5.12.4 设计方案分析

乒乓球游戏机的总体框图如图 5-60 所示。

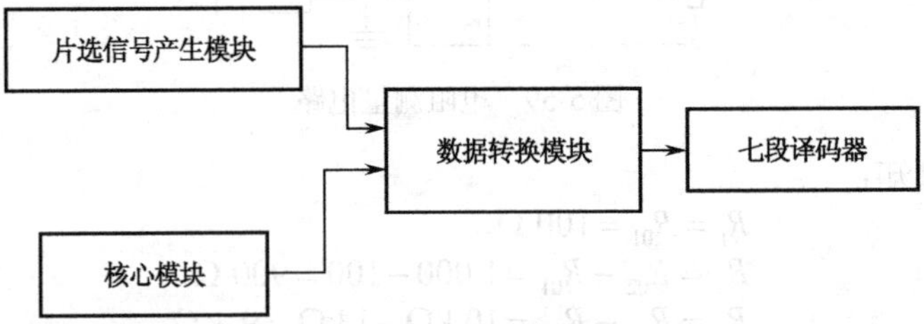

图 5-60 乒乓球游戏机总体框图

1. 片选信号产生模块

片选信号产生模块（如图 5-61 所示）用来产生数码管的片选信号。

CLK 是扫描时钟信号接 CLK5 时钟信号源，A[2..0]是代表扫描片选地址，信号 SEL2、SEL1、SEL0 的引脚同四位扫描驱动地址的低三位相连。

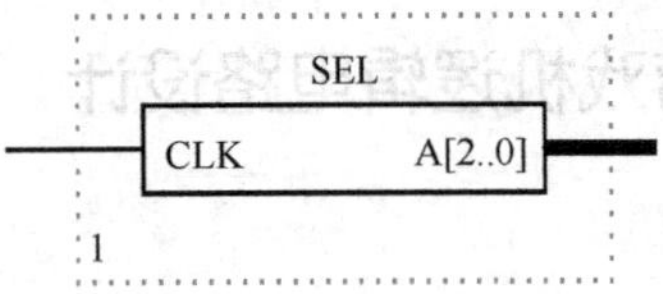

图 5-61 片选信号产生模块

仿真波形如图 5-62 所示。

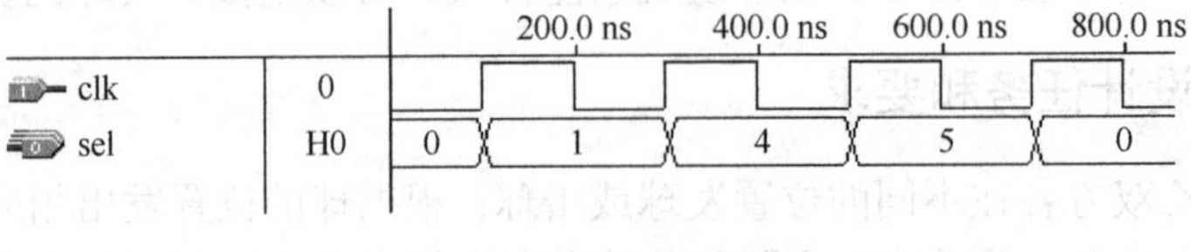

图 5-62 仿真波形图

波形分析：

当 CLK 的上升沿到达时，sel 按照十进制数 0、1、4、5、0 变化，并且向端口外输出片选信号，符合设计模块的要求。

2．核心模块

COMA 模块（如图 5-63 所示）有两个功能，第一个是实现整个设计的逻辑功能，当游戏开始时，先通过 CLR 对整个系统进行清零，在输入 CLK 上升沿有效的条件下，甲方开始发球，在 LED 灯上从距离甲方最近的一个开始闪亮，并依次向乙方移动，再过了网后乙方就可以击球，若乙方击球成功，则球按原路返回，在再次过网后甲方就可击球，若甲方击球成功，则按以上游戏一直进行下去，而若有一方击球失败则 LED 灯全部熄灭，并给对方在记分牌上记一分；倘若有一方发球失败，则给对方也在记分牌上记一分，当其中的一方记满 21 分时比赛结束，清零后可开始下一局。第二个是将整数得分转换为十进制数，便于译码显示。当甲乙双方的记分低位到达 9 时使低位清零，同时使高位加 1，以便正确地在数码管上显示得分。

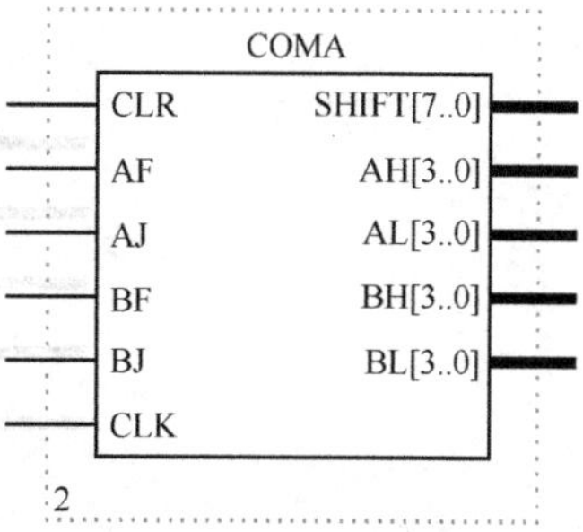

图 5-63　COMA 模块

CLR 为乒乓球游戏清零键，接按键；AF 为甲方发球控制键，接按键；AJ 为甲方接球控制键，接按键；BF 为乙方发球控制键，接按键；BJ 为乙方接球控制键，接按键；CLK 为控制乒乓球行进速度的时钟信号，接 CLK0 时钟信号源；SHIFT[7..0]为 LED 灯显示输出端，接 8 个 LED 显示灯；AH[3..0]为甲方记分的高位，AL[3..0]为甲方记分的低位，BH[3..0]为乙方记分的高位，BL[3..0]为乙方记分的低位，以上四位都在经过译码器译码后接 8 位共阴极数码显示管。仿真波形如图 5-64 所示。

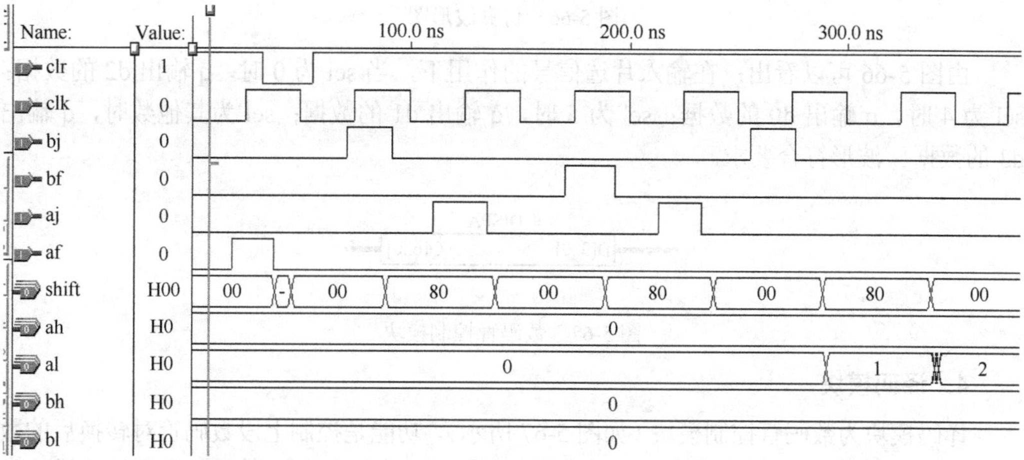

图 5-64　仿真波形图

CLR 的低电平有效，其清零后，在 CLK 上升沿有效的条件下，甲方先发球，则 LED 灯显示十进制数 80，即为二进制数 10000000，乒乓球灯右移，波形图符合要求。

3．数据转换模块

数据转换模块（如图 5-65 所示）在输入片选信号的作用下对核心模块输送过来的数据进行选择，并从输出端口进行输出。其中 SEL[2..0]为输入片选信号，D0[3..0]、D1[3..0]、D2[3..0]、D3[3..0]分别为得分记录的数据，分别接甲方记分低位、甲方记分高位、乙方记分低位、乙方记分高位。Q[3..0]为被选中的数据，并向七段译码器输出。仿真波形如图 5-66 所示。

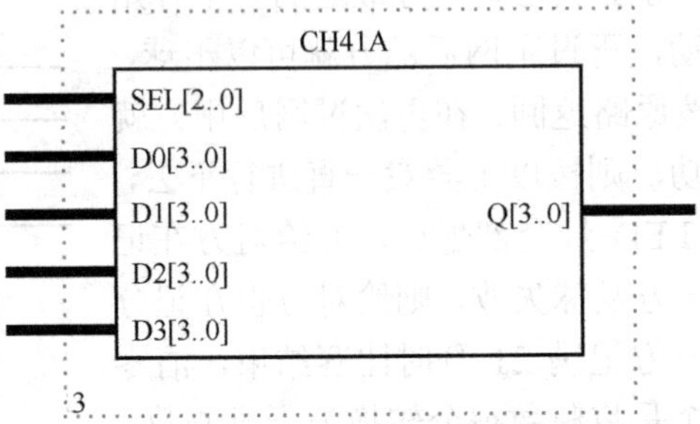

图 5-65　数据输入模块

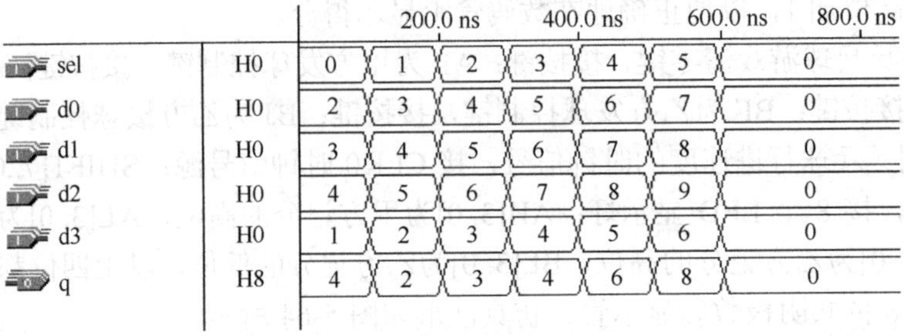

图 5-66　仿真波形图

由图 5-66 可以看出：在输入片选信号的作用下，当 sel 为 0 时，q 输出 d2 的数据；sel 为 4 时，q 输出 d0 的数据；sel 为 5 时，q 输出 d1 的数据；sel 为其他数时，q 输出 d3 的数据。波形符合要求。

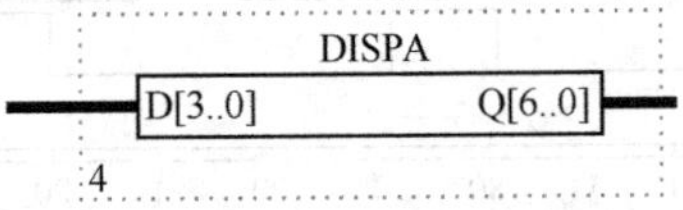

图 5-67　数码管控制模块

4．译码模块

译码模块为数码管控制模块（如图 5-67 所示），功能是控制七段数码管对转换后的数字量进行显示，使其完成甲方和乙方各自得分记录显示。其中 D[3..0]接数据转换模块的输出端口，*Q*[6..0]连接七段扫描数码管的段输入 a、b、c、d、e、f、g，利用其控制特性在数码管上显示出参加乒乓球游戏的甲乙双方各自的得分。仿真波形如图 5-68 所示。

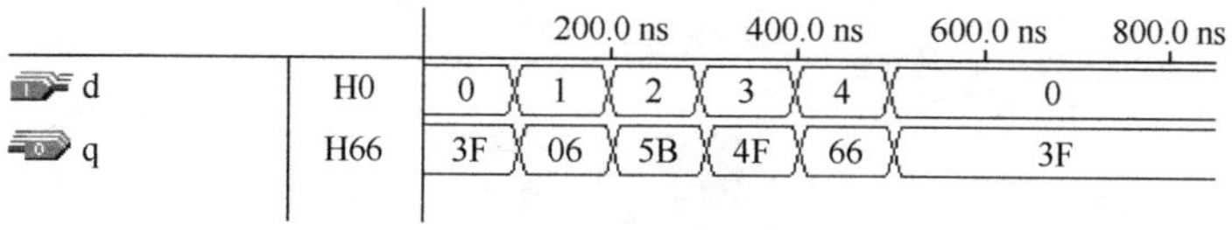

图 5-68 仿真波形图

由图 5-68 可以看出，译码模块完成了对数据在数码管上的正确显示，波形符合要求。

第6章

常用电子测量仪器

在电子产品制作过程中，无论是对电子元器件的检测，还是对电路或整机的调试，以及对故障进行查找分析，都需要用各种仪器仪表去检查，显示出数据或波形来，借以提高制作的效率和质量。本章主要介绍万用表、示波器、信号发生器、失真度测量仪、频率特性测试仪等仪器的使用和维护。鉴于各校使用仪表类型较多，各类仪表的模拟和数字形式并存，本章仅举出数字类仪表，以供实验时参考。

6.1 数字万用表

万用表是一种多用途的测量工具。目前广泛使用的有两种。一种是模拟式万用表（指针式），已有近百年历史，外型和结构仍在不断改进，其指针的偏转与被测量保持一种对应关系。

图 6-1 DT-890B 数字万用表的外形

另一种是数字万用表，它以数字形式（不连续、离散形式）显示被测量。两种万用表各有特点。数字万用表具有读数准确、精度高、电压灵敏度高、电流档内阻小、测量种类和功能齐全、使用方便等优点。但不足之处是不能反映被测量的连续变化过程及变化趋势，测量动态量时数字跳跃，价格偏高，维修困难。

DT-890B 数字万用表的外形如图 6-1 所示。

本节以 DT-890B 数字万用表为例，简单介绍数字万用表的使用方法。

DT-890B 为 31/2 位的数字万用表，是全面改良的手持式数字万用表，它可以用来测量直流电压、直流电流、交流电压、交流电流、电阻、电容、通导、二极管及晶体管的 hFE。

6.1.1 技术指标

（1）直流基本精度为±0.5%。

（2）全新优化设计的高可靠量程 / 功能开关结构。

（3）全量程、全功能自动调零，自动极性指示，过量程指示，电池欠压指示。

（4）电阻量程为 0.1 Ω～200 MΩ。

（5）快速电容测试范围为 1 pF～20 μF，无须调零。

（6）全保功能，全量程各挡误接入市电时，有报警声和保护功能。

6.1.2 使用方法

1. 直流（DC）和交流（AC）电压的测量

将红色测试笔插入“V/Ω”插口中，黑色笔插入“COM”中。将功能量程开关置于DCV（直流电压）或 ACV（交流电压）相应的位置上，如果被测量电压超过所设定量程，则显示器出现最高位的“1”，此时应将量程改高一档，直至得到合适的读数。

注意：当输入端开路时，显示器可能有数字出现，尤其在 200 mV 和 2 V 挡上，这是正常的。但如将二测试笔短路，显示器应回零。

2. 电阻测量

将红色测试笔插入“V/Ω”插口中，黑笔插入“COM”中。将功能量程选择开关置于 OHM（欧姆）相应的位置上，将二测试笔跨接在被测电阻的两端，即可得到电阻值。

注意：当用 200 MΩ量程进行测量时须注意以下两点。

（1）在此量程，二测试笔短路时读数为 1.0，这是正常的，此读数是一个固定的偏移值。如被测电阻为 100 MΩ时读数为 101.0，被测电阻为 10 MΩ时读数为 11.0，正确的阻值是显示读数减去 1.0。

（2）测量高阻值电阻时应尽可能将电阻直接插入“V/Ω”和“COM”插孔中，长线在高阻抗测量时容易感应干扰信号，使读数不稳。

3. 直流（DC）和交流（AC）电流的测量

将红色测试笔插入“A”插口（最大电流为 200 mA）或“20A”插口（最大电流为20 A，测量时间最长为 10 s），黑色测试笔插入“COM”中。将量程功能选择开关转到DCA（直流电流）或 ACA（交流电流）相应位置上，并将测试笔串入被测电路中。

注意：电流测量是用保险丝保护，如果误插入交流市电，保险丝会熔断而保护了内部电路，更换时必须注意换上 200 mA/250 V 的保险丝，必须特别留意 20 A 挡是不设保险丝保护的。用此挡测量最高电流可达 20 A，但时间不得超过 10 s，否则会因分流电阻发热导致阻值变化而使读数发生变化。

4. 测量电容

将被测电容插入电容插座中，将量程功能选择开关置于 CAP（电容）相应量程上，即得电容值。

注意：在未插入被测电容时，尤其是当量程功能开关由其他功能转入电容量程时，显示器可能不为零，须经一段时间才能回零，但不必理会是否已经回零，插入被测电容，不会影响精度。

5．晶体管测量

将量程功能开关转到 h_{FE} 位置，将被测晶体管 PNP 型或 NPN 型的发射极、基极和集电极引脚插入到相应的 E、B、C 插座中，即得 h_{FE} 参数。测试条件为 $V≈3$ V，$I_b≈10$ μA。

6．二极管和通断测试

将红色测试笔插入“V/Ω”插口中，黑色测试笔插入“COM”插口中，将量程功能开关转到测量位置上。将红色表笔接在二极管正极上，黑色表笔接在二极管负极上，显示器即显示二极管的正向导通压降，单位为 mV，电流为 1MA。如测试表笔反接，显示器应显示过量程状态“1”，否则表明此二极管反向漏电大。用来测量通断状态时，如被测量点间的电阻低于 30 Ω时，蜂鸣器会发出声音表示导通状态。

6.1.3 注意事项

（1）当测量电流没有读数时，请检查保险丝，在打开电池盖更换保险丝前应先将测试笔脱离被测电路，以免触电，更换相同规格的保险丝。

（2）当显示器出现“LOBAT”或“←”时表明电池电压不足应及时更换。

（3）用完仪表后，切记将电源关断。

6.2 双踪示波器

示波器是利用电子束的电偏转来观察电压波形的一种常用电子仪器，主要用于观察和测量电信号。一般的电学量（如电流、电功率、阻抗等）和可转化为电学量的非电学量（如温度、位移、速度、压力、光强、磁场、频率），以及它们随时间变化的规律都可以用示波器来观测。由于电子的惯性很小，电子射线示波器一般可在很高的频率范围内工作。采用高增益放大器的示波器可以观察微弱的信号；具有多通道的示波器，则可以同时观察几个信号，并比较它们之间的相应关系。

通用双踪示波器 YB4340 的外形如图 6-2 所示。

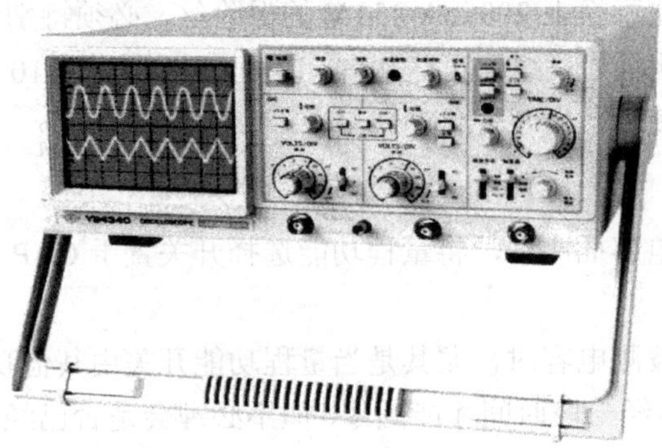

图 6-2　通用双踪示波器的外形示意

6.2.1 基本工作原理

1. 示波器显示波形的原理

示波器具有多种类型或型号，但它们在结构上都包含几个基本的部分：示波管、水平放大器、竖直放大器、扫描发生器、触发同步和直流电源等。

示波管是示波器的关键部件，当电子枪被加热发出电子束后，经电场加速打在荧光屏上就形成一个亮点，电子束在到达荧光屏之前要经过两对相互垂直的电偏转板所形成的正交偏转电场，如果没有偏转电场的作用，电子束将打在荧光屏的中央；如果施加了偏转电场，电子束（亮点）的位置就会发生偏移。

如果只在竖直（Y 轴）偏转板上加一交变的正弦电压 $u_y=U_{0m}\sin\Omega t$，则电子束的亮点将随电压的变化在竖直方向来回运动。由于 $U_x=0$，所以光点在 X 轴方向无位移，在荧光屏上将显示一条竖直扫描亮线。

如果只在水平（X 轴）偏转板上加上一个与时间成正比的锯齿波扫描电压 $U_X=K_t$,（它是由示波器内的扫描发生器产生的），电子束将在水平方向周期性地从一边匀速移动到另一边，如果锯齿波的周期较长，在荧光屏上可以看到电子束的移动过程，如果锯齿波的周期足够短，荧光屏上将只显示一条水平亮线。

如果在水平偏转板加上一个锯齿波电压的同时，在竖直偏转板加上一个周期性变化的电信号，电子束在水平匀速移动的同时还在竖直方向随周期性电信号的变化而移动，荧光屏上将显示出加在竖直偏转板上的电信号的变化规律——波形。

如果竖直方向电信号的周期与水平方向锯齿波电压的周期相同或为其整数倍，荧光屏上的图形将通过一次次的扫描得到同步再现，从而显示出竖直方向电信号稳定的波形。荧光屏上正好描绘出 Y 轴上的电压随时间的变化规律。

如果 Y 轴上所加电压的周期与扫描电压的周期不相等或不成整数倍，就不能形成稳定的图形,为了在荧光屏上得到稳定的信号波形。一般的示波器内都有“整步电路”，用待测信号控制扫描发生器的频率，称为触发扫描。让锯齿波扫描电压的扫描起点自动跟着被测信号，将被测信号显示出来，这是“内整步”；或者从外部另外接入一整步电压，加到锯齿波发生器上，强迫锯齿波与待测信号频率保持整数倍的关系，这叫“外整步”。

这里以 HH4315 型通用示波器为例，介绍示波器的有关知识。

2. 前面板中各调节控制机构

通用型示波器 HH4315 前面板中各调节控制机构的编号如图 6-3 所示。

前面板中各调节控制机构的编号和名称如下：

（1）示波管电路

① --“电源”（POWER）：主要电源开关，按下指示灯亮，电源接通。

② --“辉度”（INTEN）：控制光点和扫线的亮度。

③ --“聚焦”（FOCUS）：将扫线聚成最细。

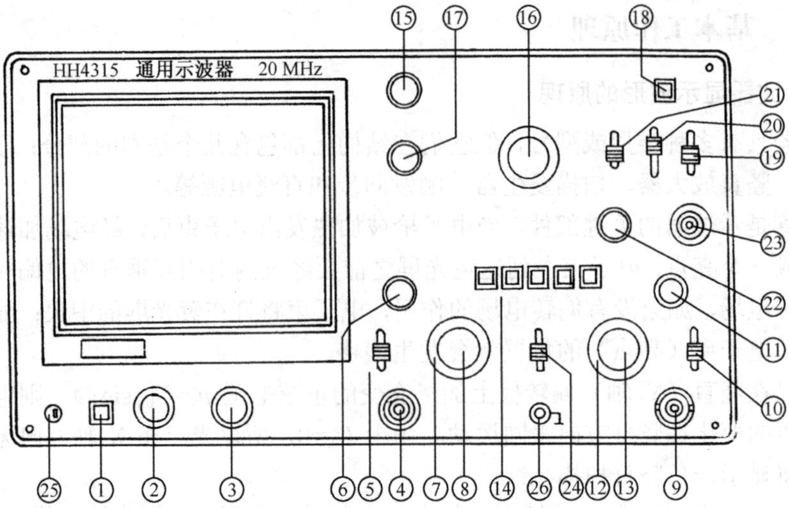

图 6-3 双踪示波器前面板图

（2）垂直偏转系统（Y 轴系统）

④ --“CH_1”（X）：Y_1 的垂直输入端，在 X-Y 工作方式时作为 X 轴输入端。

⑨ --“CH_2”（Y）：Y_2 的垂直输入端，在 X-Y 工作方式时作为 Y 轴输入端。

⑤ 和⑩ --“AC-GND-DC”：输入信号与 Y 值放大器间的连接方式选择开关。

“AC”交流耦合（阻容耦合），一般观察信号时常用，只有信号的交流成分可以被观察和测量。

“GND”输入信号与放大器断开，同时放大器输入端接地。

“DC”直流耦合（直接耦合），观察测量带直流成分的信号或测量直流电压时放此档（一般观察交流信号时也可用此档）。

⑥和⑪“位移”（POSITION）：调节扫线或波形的垂直位置。

⑦和⑫“VOL/DIV”：衰减开关（又称 Y 轴衰减），从 5 mV/cm 到 5 V/cm 共分 10 档，选择垂直偏转因数，一般观察信号时，顺时针旋转显示的信号幅度增大，反之减小。

⑧和⑬“微调”（VARIABLE）：垂直偏转因数微调（又称 Y 轴增幅），可调至面板指示值的 2.5 倍，当调至校准位置时（指该微调顺时针旋到底），偏转因数为面板上指示值（××V/DIV），此时可测量信号幅度。

⑭“Y 轴选择”（VERT MODE）：选择垂直系统的工作方式为

“CH_1（Y_1）：CH_1 单独工作，显示 CH_1 的输入信号；

“CH_2（Y_2）：CH_2 单独工作，显示 CH_2 的输入信号；

“交替”（ALT）：CH_1、CH_2 交替工作，显示两路信号，适用于较高频率信号的双踪显示。

“断续”（CHOP）：CH_1、CH_2 交替工作，适用于较低频率信号双踪显示。

“相加”（ADD）：用来观察测量两信号之和（CH_1+CH_2）。

㉔“内触发”（INT TRIG）：选择内部触发源，当触发源开关⑲设置在“内”时，

由此开关来选择送到触发电路的信号，有如下三种方式。

CH_1（Y_1）：以 CH_1 输入信号作为触发信号，在 X-Y 工作时，该信号连到 X 轴上，一般观察 CH_1 信号时，选它为触发信号。

CH_2（Y_2）：以 CH_2 输入信号作为触发信号，一般观察 CH_2 信号时以它为触发信号。

Y 方式：把显示在荧光屏上的信号作为触发信号。当 Y 轴选择⑭置“交替”时以 CH_1、CH_2 信号交替地作为触发信号。

（3）水平偏转系统（X 轴系统）又称时基

⑮“⟷”水平位移（POSITION）：调节扫线或波形的水平位置（左右移动）。

⑯“扫描范围”又称扫描速率（TIME/DIV）：选择扫描时间因数，一般观察信号时，顺时针旋转显示波形变疏，反之变密。

⑰“扫描微调”（VARIABLE）：一般观察信号波形时，配合扫描范围旋钮，使显示的波形、周期个数合适，以便于观察。当旋钮置于“校准”位置时，扫描范围旋钮所指的扫描时间因数（TIME/DIV）代表实际的时间坐标，由此可测出显示的信号周期。该旋钮拉出时，时间坐标处于×10 信号扩展状态，用它可测量短暂的波形边沿时间。

⑱“扫描方式”（SWEEP MODE）：选择需要的扫描方式，有如下两种。

“自动”（AUTO）：按钮在弹出位置，这是一种常用的自激扫描方式。

“常态”（NORM）：按钮在压入位置，当无信号加入时，扫描处于准备状态，无扫描线，属于等待触发扫描方式，主要用于观察低于 50 Hz 的信号。

（4）触发系统

⑲“触发源”（SOURCE）：又称“同步选择”其作用是选择触发信号。“内”是由“内触发”开关㉔选择内部信号作为触发信号，是常用的触发方式。当置于 X-Y 工作方式时，起连通信号作用。

“电源”，是将交流电（50 Hz）作为触发信号。

“外”（EXT TRIG），是将外触发输入端㉓的输入信号作为触发信号。

⑳“触发耦合”（COUPLING）:，选择触发信号和触发电路的耦合方式，分为四挡。

“AC”：交流耦合，这是常用的耦合方式。

“HFR”：属“AC”耦合，可抑制高于 50 kHz 的信号。

“DC”：直接耦合。

“TV”：触发信号通过电视同步分离电路连接到触发电路，由“扫描范围”选择 TV ·H 或 TV · V 同步。

㉑“极性”（SLOPE）：选择触发极性，共二挡；“+”在信号正斜率上触发，“−”在信号负斜率上触发。

㉒“电平”（LEVEL）：触发电平调节又称“同步增幅”，调该旋钮，使波形稳定显示。

㉓外触发输入端。

㉔“内触发”开关选择。

（5）其他

㉕“标准信号”（CAL（V_{P-P}））：该端供给方波信号，其频率为 1 kHz，电压为 0.5Vp-p（峰峰值），供调整校准示波器用。

㉖ "$\odot_{\perp}$":，示波器外壳接地端，需要时由该处引线连通其他设备或电路的地。

6.2.2 注意事项

1．安全注意事项

① 本仪器为 GB4793-84《电子测量安全要求》中规定的 I 类安全仪器。仪器通电前，需确保供电电源电压符合仪器的规定值 220 V±10%，50 Hz±5%。

② 本仪器的电源插头只可以插入带有保护接地点的电源插座中，绝不能因使用没有保护导体的加长软线而取消保护作用。

③ 在开启仪器进行调整、更换或维修之前，应将仪器从所有的电源开关上断开。当不可避免地在带电情况下对仪器进行调整和维修时，必须由了解有关故障的熟练人员进行。

④ 更换熔断器时，只能使用规定类型及额定电流熔断器，不允许使用临时代用熔断器和将熔断器短接。

2．操作注意事项

① 示波管亮度。为了防止对示波管的损坏，不要使示波管的扫线过亮或光点长时间静止不动。

② 最大输入电压。示波器的输入端和探头输入端的最大电压值如表 6-1 所示，不要施加高于这些极限值的电压。

表 6-1　示波器的输入端和探头输入端的最大电压值

输入端	最大允许输入电压
Y_1、Y_2 输入	400 V_{P-P}　(DC+AC_{P-P})
外触发输入	100 V_{P-P}　(DC+ AC_{P-P})
探头输入	400 V_{P-P}　(DC+ AC_{P-P})

③ 此仪器不能在强磁场或电场中使用，以免测量受场的干扰。

6.2.3 使用方法

1．开关及控制旋钮的起始位置

将电源线插入交流电源插座之前，按表 6-2 设置仪器的开关及控制旋钮（或按键）。

表 6-2　开关及控制旋钮设置表

项　目	位 置 设 置
电源	断开位置
辉度	相当于时钟"3 点"位置
聚焦	中间位置
Y 方式	Y_1

（续表）

项　　目	位置设置
↕ 位移	中间位置、推进去
v/cm	10 mV/cm
微调	校准（顺时针旋到底）推进去
AC-⊥-DC	⊥
内触发	Y_1
触发源	内
耦合	AC
极性	+
电平	居中
扫描方式	自动
t/cm	0.5 ms/cm
微调	校准（顺时针旋到底）推进去
⟷ 位移	中间位置

2．开机

各开关及控制旋钮如表 6-2 所示设置好之后，把电源线连接到交流电源插座上，然后，按下列步骤操作：

① 打开电源开关，并确认开关上方的电源指示灯亮，约 20 s 后，示波管屏幕上将出现一扫线，若 60 s 后还没有扫线出现，则按上表所示再检查开关及控制旋钮位置。

② 调节“辉度”和“聚焦”旋钮，使扫线亮度适当，且最清晰。

3．单通道调节

Y_1 通道工作的操作程序如下：

① 调节“Y_1 位移”旋钮和光迹旋转电位器（用起子调节），使扫线与水平刻度平行。

② 连接探极（10∶1，供给的附件）到 Y_1 输入端，将 $0.5V_{P\text{-}P}$ 校准信号加到探头上。

③ 将 AC-⊥-DC 开关置“AC”，如图 6-4 所示波形将显示在示波管屏幕上。

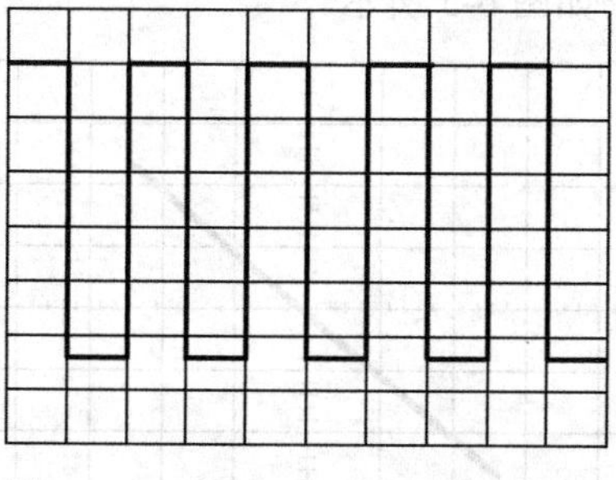

图 6-4　开关置于“AC”状态波形图

④ 调节“聚焦”旋钮，使波形达到最清晰的程度。

⑤ 为便于观察信号，调节“v/cm”和“t/cm”开关到适当的位置，使显示出来的波形幅度适中，周期适中。

⑥ 调节垂直位移“↕”和水平位移“⟷”控制旋钮于适当的位置，使显示的波形对准刻度，以便于读出电压值（V_{P-P}）和周期（T）。

上述为示波器的基本操作步骤，Y_2通道工作的操作程序与Y_1相同。

4．双通道工作

双通道工作分断续与交替两种方式，表述如下：

① 在“断续”方式时，两个通道信号以 4 μs（250 kHz）的速度依次被切换，双通道扫线是以时间分割的方式同时显示的，当信号频率较高时，应使用交替方式。

② 在“交替”方式中，一次完整的扫描只显示一个通道，接着是再一次完整地扫描显示下一个通道，这种方式主要用来在快速扫描时显示高频信号。在扫描速度很低时，应使用断续方式。

5．相加工作

在“相加”方式，屏幕上显示Y_1和Y_2信号的代数和。拉出Y_2位移旋钮，示波器屏幕上所显示的信号就是Y_1和Y_2之差。要精确地相加或相减需使用微调旋钮，必须将两通道的偏转因数精确地调整为相同值。

基于垂直放大器的线性，各通道垂直位移旋钮均应调整到中间位置。

6．X-Y 工作与 X 外接工作

当把“t/cm”开关设置在“X-Y、X 外接”位置时，内扫描电路断开，由触发源开关选择的信号驱动水平方向的迹线。当把内触发㉔开关置于Y_1（X-Y）和触发源⑲开关置于内（X-Y）位置时，示波器作为 X-Y 示波器工作，以Y_1信号为 X 轴，当它置于“外”位置时，示波器以“X 外接”（外扫描）方式工作。

（1）X-Y 工作

Y 方式开关选择Y_2（X-Y）方式。内触发开关置Y_1（X-Y），触发源开关置（X-Y），“t/cm”开关反时针方向旋到底。Y_1为 X 轴，Y_2为 Y 轴就可进行 X-Y 工作。X 轴的带宽为 DC～1 MHz（−3 dB），如图 6-5 所示。

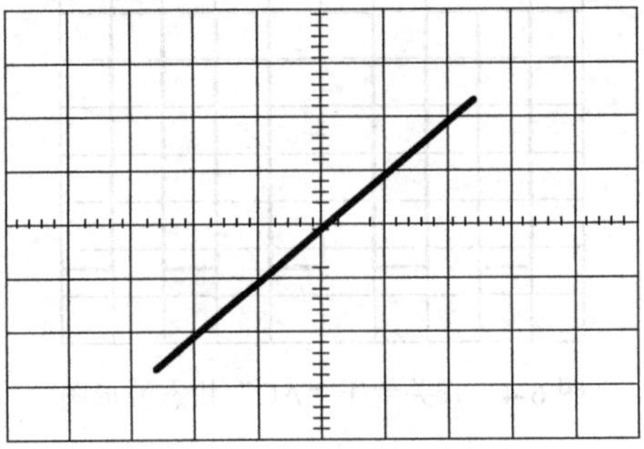

图 6-5　X-Y 方式下显示波形图

注：当 X-Y 工作时，若要显示高频信号，则必须注意 X 轴和 Y 轴之间的相位差及频带宽度。

（2）外接（外扫描）工作

外加信号经由外触发输入端㉓输入以驱动 X 轴，而其 Y 轴信号则可由 Y 方式开关选择为任一通道，若开关选择在交替或断续方式时，Y_1 和 Y_2 信号均以断续方式显示出来。断续方式显示的波形图如图 6-6 所示。

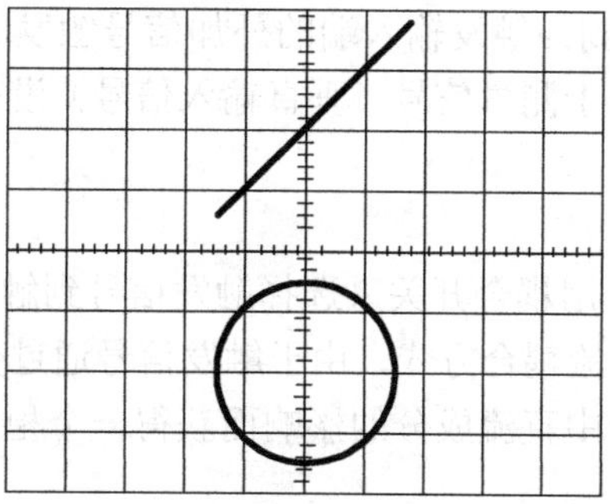

图 6-6 断续方式显示的波形图

7．触发

正确的触发方式直接影响到一台示波器的有效操作。因此，使用者必须非常熟悉各种触发功能及其操作方法。

（1）内触发开关的功能

加到通道 1 和通道 2 输入端的信号被分别从各自的前置放大器拾取，以便用做内触发信号，使用内触发开关。内触发信号可以选择如表 6-3 所示。

表 6-3 内触发信号的选择

内输发 \ Y 方式	Y_1	交替	断续	相加	Y_2
Y_1	用 Y_1 信号触发				
Y_2	用 Y_2 信号触发				
Y 方式	用 Y_1 信号触发	见注解	用 Y_1 信号触发	用 Y_1 信号触发	用 Y_2 信号触发

Y_1：Y_1 输入信号作触发信号；

Y_2：Y_2 输入信号作触发信号；

Y 方式：显示在屏幕上的所有信号作为 Y 触发信号。

注：① 当在“Y 方式”触发功能时，Y_1 和 Y_2 信号交替触发。

② 若触发耦合开关置于“AC”，则在扫描速度低时，可能产生信号抖动。

③“Y 方式”触发功能只在单通道和交替方式工作时有效，断续工作方式时是无效的。

（2）触发源开关的功能

要使屏幕上显示稳定的波形，须将显示信号本身或与显示信号有一定时间关系的触发信号加到触发电路。触发源开关的功能就是选择由何处供给触发信号。

① 1 内触发：是经常使用的一种触发方式。加到垂直输入端的信号（即测量信号）从放大电路中某一点取出，并通过内触发开关馈送到触发电路。由于触发信号本身就是测量信号的一部分，因此就可以在屏幕上显示出一个非常稳定的波形。

② 2 电源触发：以交流电源信号作为触发信号。这种方法在测量与电源频率有关的信号时是有效的，特别在测量音频线路、闸流管电路等低电平交流噪声时更为有效。

③ 外触发：扫描由加到外触发输入端的外加信号触发。外加触发信号与待测信号间应具有周期性的关系。由于测量信号（垂直输入信号）没有被用做触发信号，所以波形的显示与测量信号无关。

（3）耦合开关功能

根据测量信号的特点，用耦合开关来选择触发信号到触发电路的耦合方式。

①“AC”：这是一种交流耦合方式，由于触发信号通过交流耦合电路被加到触发电路，所以就排除了输入信号中直流成分的影响而获得一个稳定的触发，其低频截止频率为 10 Hz（−3 dB）。

当采用交替触发方式且扫描速度低时，会产生抖动。此时应选用直流“DC”耦合方式。

② 2“HFR”：这时触发信号经过交流耦合电路和一低通滤波器［约 50 kHz（−3 dB）］被馈送到触发电路。触发信号的高频成分通过滤波器被抑制，只有触发信号中的低频成份被加到触发电路。

③“TV”：电视同步，观察电视视频信号时用。只有触发信号中的低频成分被加到触发电路，触发信号的高频成分通过滤波器被馈送到电视同步分离电路，分离电路拾取同步信号，作为触发扫描用，这样视频信号就可以十分稳定地显示出来了。

调整扫描时间因数开关。扫描速度根据电视的场和行被选择如下：

电视的场：0.5 s～0.1 ms；

电视的行：50 μs～0.2 μs。

极性开关选择应与视频信号一致，如图 6-7 所示。

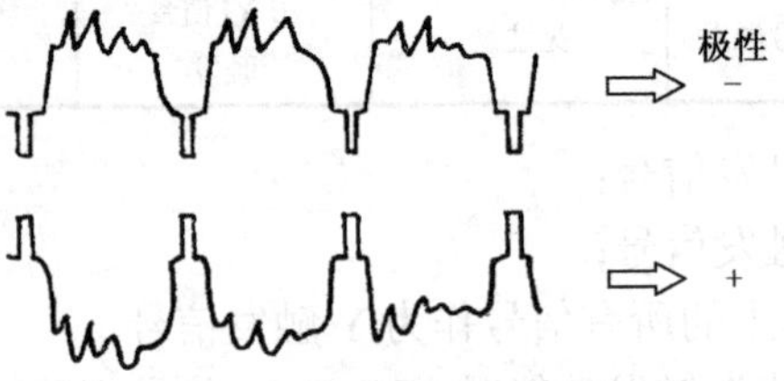

图 6-7　极性开关的选择

④“DC”：触发信号以直流耦合到触发电路，当使用信号的直流成分触发、触发信号的频率较低或者触发信号的占空比很大时，可用直流耦合。

（4）极性开关的功能

极性开关用来选择触发信号的极性。

当调在“+”的位置时，在信号增加的方向上，当触发信号超过触发电平时就产生触发，即为正方向触发。

当调在“−”的位置时，在信号减少的方向上，当触发信号反向超过触发电平时就产生触发，即为负方向触发。如图 6-8 所示。

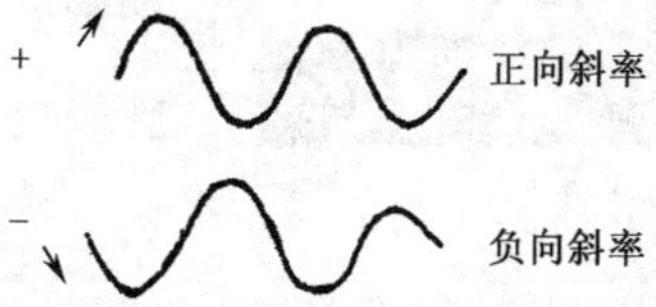

图 6-8　触发信号的极性选择

（5）电平控制器功能（同步）

电平控制器用来调节触发电平以稳定显示图像。一旦触发信号超过由这个控制旋钮所设置的触发电平时，扫描即被触发，并在屏幕上显示出稳定波形。

当顺时针旋转这个控制旋钮时，触发电平向正方向变化，而当反时针旋转这个控制旋钮时，触发电平向负方向变化，其变化率如图 6-9 所示。

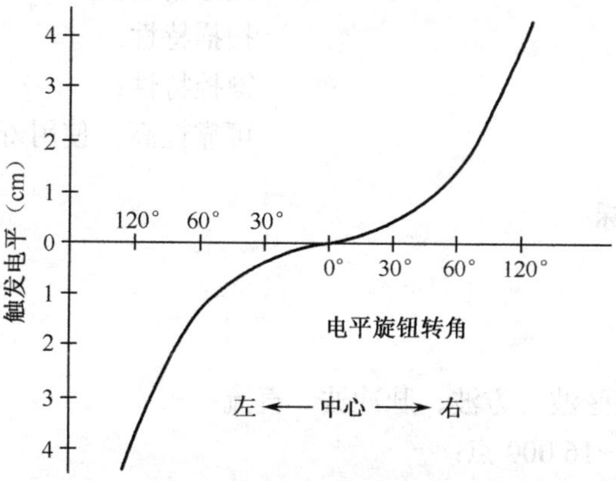

图 6-9　触发电平变化率

（6）扫描扩展

当被显示波形的某一个位置需要沿时间轴方向扩展时，就需要有一个较快的扫描速度，然而，如果需要扩展的位置远离扫描起点，此时欲扩展部分将跑出屏幕之外。在这种情况下，可以拉出扫描微调旋钮（置于×10 扩展状态），此时波形将由屏幕中心向左、右扩展 10 倍。

6.3　TFG2003 DDS 函数信号发生器

TFG2003 DDS 函数信号发生器采用现代直接数字合成技术，具有双路输出、多种波形、高精度、多功能、高可靠性的特点。可以广泛用于科研单位、高等院校的实验室，以及电子工业各个领域，是一种传统信号源的更新换代产品和同类进口信号源的替代产品。

TFG2003 DDS 函数信号发生器的外形如图 6-10 所示。

图 6-10　TFG2003 DDS 函数信号发生器

6.3.1　主要特点

TFG2003 DDS 函数信号发生器具有以下特点：

频率精度和分辨率高；

无过渡过程；

猝发特性；

调制特性；

计算功能；

无量程限制；

波形精度高；

扫描特性；

键控特性；

可靠性高、使用寿命长。

6.3.2　技术指标

1．输出 A

（1）波形特性

① 波形种类：正弦波、方波、脉冲波、直流；

② 波形长度：8～16 000 点；

③ 波形幅度分辨率：10 bits；

④ 采样速率：120 MSa/s。

（2）频率特性

① 频率范围：40 mHz～3 MHz，分辨率：40 mHz；

② 频率误差：$\pm(5\times10^{-5}+30\ \text{mHz})$；

③ 频率稳定度：$\pm5\times10^{-6}/3$ 小时。

（3）幅度特性

① 幅度范围：100 mVp-p～20 Vp-p（高阻），分辨率：80 mVp-p；

② 输出阻抗：50 Ω。

（4）调制特性

① 幅度调制。

调制信号：内部 B 路 4 种波形，频率为 100 Hz～3 kHz，或外部信号；

ASK：载波幅度和跳变幅度任意设定；
交替速率：0.1～6 553.4 ms。
② 频率调制。
FSK：载波频率和跳变频率任意设定；
交替速率：0.1～6 553.4 ms。
③ 脉冲串调制（猝发）。
猝发计数：1～65 534 个周期；
猝发信号间隔时间：0.1～6 553.4 ms。
猝发方式：连续猝发，单次猝发，门控输出。
（5）扫描特性
频率或幅度线性扫描，扫描过程可随时停止并保持，可手动逐点扫描。
① 扫描范围：扫描起始点和终止点任意设定。
② 扫描步进量：大于分辨率任意值。
③ 扫描速率：10～6 553.4 ms/步进。
④ 扫描方式：正向扫描、反向扫描、单次扫描、往返扫描。
2．输出 B
① 波形种类：正弦波、方波、三角波、锯齿波。
频率范围：100 Hz～3 kHz；
幅度范围：300 mVp-p～8Vp-p（高阻）。
② TTL 输出。
波形种类：方波，上升和下降时间<20 ns；
频率范围：同输出 A；
幅度范围：TTL 兼容，低电平<0.3 V，高电平>4 V。

6.3.3 通用特性

（1）操作特性：数字键直接输入数据，调节旋钮连续改变数据，步进键等间隔加减数据；频率值和周期值、幅度有效值和峰峰值可以自由选用和相互转换。
（2）电源条件：电压 220 V±10%，频率 50 Hz±5%，功耗<30 VA。
（3）机箱尺寸：宽 215 mm，高 110 mm，深 380 mm；重量：3 kg。
（4）显示方式：采用带背光液晶显示、6 位汉字显示、15 位数字和字符显示。

6.4 SG1040 直接数字合成（DDS）双路函数信号发生器/计数器

函数信号发生器是当前电子科学技术领域使用最多的仪器之一，正确使用该仪器应首先了解该仪器的一些特性。本说明适用于以下机型：SG1030、SG1040、SG1050、

SG1060、SG1080、SG1090、SG1100、SG1110。

6.4.1 概述

SG1040 直接数字合成（DDS）双路函数信号发生器 / 计数器外形如图 6-11 所示。

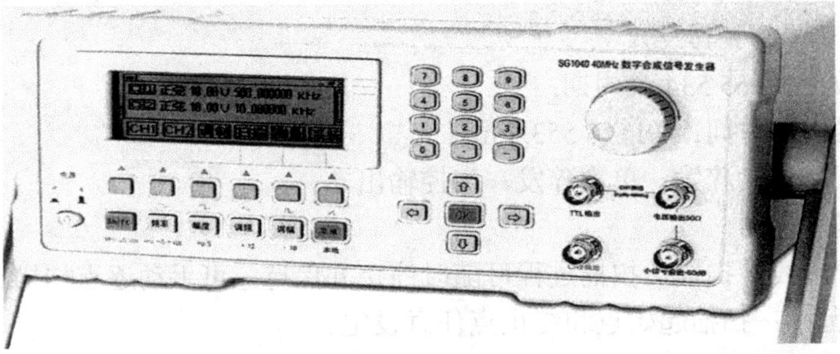

图 6-11 SG1040 直接数字合成（DDS）双路函数信号发生器 / 计数器外形

仪器采用大规模 CMOS 集成电路、超高速 ECL 和 TTL 电路、高速微处理器；内部电路采取表面贴片工艺，大大提高了仪器的抗干扰性和使用寿命。操作界面采用全中文化交互式菜单，并有效地利用按键资源，避免了用户频繁地按键操作，大大地增强了可操作性。功能方面，仪器具有双通道函数信号、调频、调幅、调相、FSK、ASK、PSK、频率扫描、幅度扫描、相位扫描等信号的发生功能，函数信号任意个数发生功能。本系列产品主波信号频率最高可达 110 MHz，频率分辨力可达 1 μHz。存储波信号多达几十种。

此外，仪器还具有测频和计数的功能。操作界面采用全中文交互式菜单，使用户一目了然。

机箱造型美观大方，按键操作舒适和灵活。

本仪器是电子工程师、电子实验室、生产线及教学、科研的理想测试、计量设备。

6.4.2 主要特征

SG1040 直接数字合成（DDS）双路函数信号发生器 / 计数器具有双通道函数信号发生，采用直接数字合成（DDS）技术。

1. 主要技术指标

（1）主波信号输出频率为：

SG1030　1 μHz ～ 30 MHz；SG1040　1 μHz ～ 40 MHz

SG1050　1 μHz ～ 50 MHz；SG1060　1 μHz ～ 60 MHz

SG1080　1 μHz ～ 80 MHz；SG1090　1 μHz ～ 90 MHz

SG1100　1 μHz ～ 100 MHz；SG1110　1 μHz ～ 110 MHz

内部含有全自动精密衰减电路，使小信号输出更加精确；

波形频率分辨力可达 1 μHz。

（2）输出波形。

输出波形达 30 余种；

具有频率、幅度、相位调制功能，并且有内外频率调制功能；

具有频率、幅度、相位键控功能；

具有任意起点、终点的频率、幅度的扫描功能；

具有测量和计数功能。

（3）波形特性。

① 主波形：正弦波，方波，TTL 波。

波形幅度分辨率：12 bit；

采样速率 300 Msa/s；

正弦波谐波失真：−50 dBc（频率<1 MHz）
−40 dBc（频率<6 MHz）
−30 dBc（频率<40 MHz）

正弦波失真度：0.1%（1 kHz，50 Ω负载，5 *V*p-p）

方波升降时间：<7 ns（最高输出频率在 60 MHz 以上的信号源）
<15 ns（最高输出频率在 60 MHz 以下的信号源）

② 存储波形：正弦波、方波、脉冲波、三角波、上斜波等 28 种波形。

单波点数：4 096 个点

波形幅度分辨率：12 bit

脉冲波占空系数：0%～100%

脉冲波分辨力：1%

③ 注意：正弦波谐波失真、正弦波失真度，方波升降时间测试条件为输出幅度峰值 2 V，环境温度 27 ℃。

（4）频率特性。

① 频率范围：主波形为 1 μHz～30 MHz 至 110 MHz（因型号而异）；
存储波为 1 μHz～100 kHz；

② 分辨力：1 μHz；

③ 频率误差：$\pm 5\times 10^{-6}$；

④ 频率稳定度：$\pm 1\times 10^{-6}$。

（5）幅度特性。

幅度最大范围：最高输出频率在 60 MHz 以下的信号源：
2 mVp-p～20 Vp-p（空载）　1mVp-p～10 Vp-p（50 Ω负载）
最高输出频率在 60 MHz 以上的信号源：
2 mVp-p～5 Vp-p（空载）　1 mVp-p～2.5 Vp-p（50 Ω负载）

幅度分辨力：1 mV

幅度稳定度：±0.5%每 5 小时

调制信号：正弦（FM）、方波（FSK）

调制速度：100 μHz～20 kHz

深度：载波频率的 100%

2．调幅特性

（1）调制方式：内调制、通道 II 辅助调制、外调制。

（2）调制信号：正弦、方波（内调制）。
通道 II　28 种波形（通道 II 辅助调制）
外部输入信号（外调制）

（3）调制频率：100 μHz～5 kHz（内部调制）。
1 μHz～100 kHz（通道 II 辅助调制）
外部输入信号频率（外调制）

（4）调制深度：1%～100%（内调制）。
1%～120%（通道 II 辅助调制）
外部输入信号 0～20 Vpp

3．调相特性

（1）调相范围：0.1°～360.0°。

（2）分辨力：0.1°。

（3）调制速度：100 μHz～20 kHz。

4．扫频特性

扫频范围：1 μHz～30 MHz 至 110 MHz（因型号而异）

扫描时间：10 ms～800 s

扫描方式：线性扫频、对数扫频、三角扫频

扫幅特性：扫描范围为 20 mVp-p～20 Vp-p（或 20 mVp-p～5 Vp-p，因型号而异）

扫描时间：10 ms～800 s

扫描方式：线性扫幅

存储特性：本仪器采用大容量 Flash ROM 存储，能存储 3 组用户设置参数，并且存储日期达百年之久。

5．操作特性

本仪器外围采用高级工程塑料，整体设计美观大方；材质光洁，手感舒适，操作灵活，使用方便。用户界面采用全中文菜单模式。键盘设有常用功能快捷键、单位键和标准数字键盘。设置数值输入有方向键移动输入、数字键盘直接输入和旋转脉冲开关输入 3 种输入模式，大大增加了操作的灵活性。

6．频率／计数器特性

（1）测频

频率测量范围：1 Hz～100 MHz

最小输入电压：

“内部衰减”开为 100 mV

“内部衰减”闭为 1 V

最大允许输入电压：20 V

测量闸门时间：

0.1 s～10 s 连续可调

“内部低通”特性：

截止频率约为 100 kHz

带内衰减<−3 dB

带外衰减>−30 dB

（2）计数

计数容量：16 位十进制数

溢出时间：100 MHz 外输入约 3 年

1 Hz 外输入约 3 亿年

控制方式：手动控制

6.4.3 基本操作

1．按键介绍

仪器按键包括以下几个部分。

（1）快捷键

快捷键区域如图 6-12 所示。

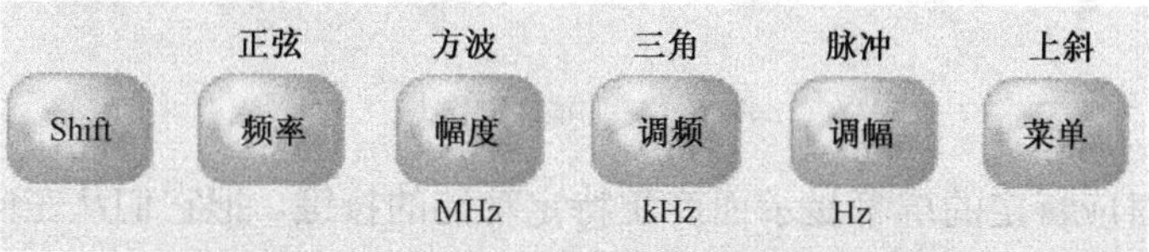

图 6-12 快捷键区域

快捷键区包含有【Shift】、【频率】、【幅度】、【调频】、【调幅】、【菜单】6 个键，主要功能是快速进入某项功能设定或者是常用的波形快速输出。它们的功能可以分为以下两类：

① 当显示菜单为主菜单时，通过单次按下【频率】、【幅度】、【调频】、【调幅】键进入相应的频率设置功能、幅度设置功能、调频波和调幅波的输出。任何情况下都可以通过按下菜单键来强迫从各种设置状态进入主菜单。

可以通过按下【shift】键配合【频率】、【幅度】、【调频】、【调幅】、【菜单】键来进入相应的“正弦”、“方波”、“三角”、“脉冲”、“上斜”的输出，即为按键上面字符串所示。

② 当显示菜单为频率相关的设置时，快捷键所对应的功能为所设置的单位。即为按键下面字符串所示。例如在频率设置时，按下数字键【8】，再按下【幅度】来输入 8 MHz

的频率值。

🔔 注意：快捷键上所标字符的作用域并不是任何菜单下都是有效的，除了以上两种情况，快捷键均是无效的（不包括【菜单】键）！

（2）方向键

方向键区域如图 6-13 所示。

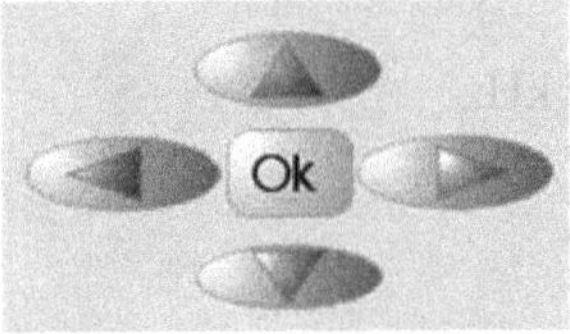

图 6-13 方向键区域

方向键分为【Up】、【Down】、【Left】、【Right】、【OK】5 个键，它们的主要功能是移动设置状态的光标和选择功能。例如设置“波形”的时候通过移动方向键来选择相应的波形，被选择的波形以反白的方式呈现。

当为计数功能时，【OK】键为暂停 / 继续计数键，当按下奇数次为暂停，偶数次为继续，【Left】为清零键。

🔔 注意：方向键是不可以移动菜单项的，菜单项是通过屏幕键来选择的。

（3）屏幕键

屏幕键区域如图 6-14 所示。

图 6-14 屏幕键区域

屏幕键是对应特定的屏幕显示而产生特定功能的按键。把它们从左向右排队，分别叫做【F1】、【F2】、【F3】、【F4】、【F5】、【F6】（本手册若无特殊说明，屏幕键均按这个称呼）。它们是一一对应屏幕的“虚拟”按键。例如通道 1 的设置中它们的功能分别对应屏幕的“波形”、“频率”、“幅度”、“偏置”、“返回”功能。

（4）数字键盘

数字键盘区如图 6-15 所示。

图 6-15 数字键盘区

数字键盘区是为了快速地输入一些数字量而设计的。由 0~9 的数字键、【.】和【-】12 个键组成。在数字量的设置状态下，当按下任意一个数字键的时候，屏幕会打开一个对话框，保存所按下的键，然后可以通过按下【OK】键输入默认单位的量或者相应的单位键来输入相应单位的数字量。

2．旋转脉冲开关

旋转脉冲开关如图 6-16 所示。

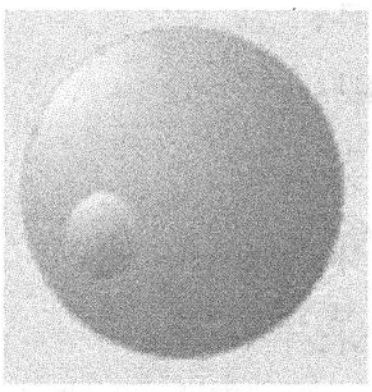

图 6-16 旋转脉冲开关

利用旋转脉冲开关可以快速地加、减光标所对应的量。利用它输入数字量，更得心应手。

3．显示菜单介绍

仪器显示器采用高分辨率、宽视角的 LCD 模块；状态一目了然。软件界面采用全中文交互式菜单，菜单显示大致可以分为以下几个状态：

（1）欢迎界面

欢迎界面如图 6-17 所示。

图 6-17 欢迎界面

当正常加电或者执行“软复位”操作时，可以看到如图欢迎界面并伴随一声蜂鸣器的响声。欢迎界面大约停留 1 秒钟。欢迎界面出现之后是仪器自检状态，仪器自检通过后进入主菜单。

（2）主菜单

主菜单如图 6-18 所示。

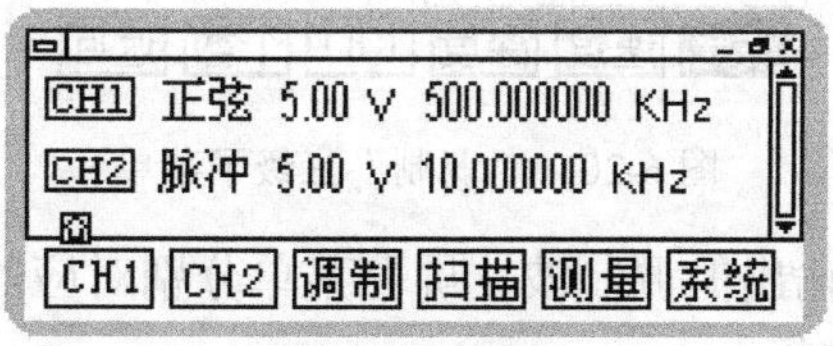

图 6-18 主菜单

主菜单包括子菜单选项和当前输出提示两项，它们的含义分别表述如下：

“CH1”表示当前的输出通道，“正弦”表示当前通道I输出波形为正弦信号，5.00 V、500.000000 kHz 表示当前输出波形参数；

“CH2”表示当前的输出通道，“脉冲”表示当前通道I输出波形为脉冲信号；5.00 V、10.000000 kHz 表示当前输出波形参数；

“⊠”标志：【Shift】键按下，奇数次确认，偶数次取消；

“CH1”为“通道 1”二级子菜单；

“CH2”为“通道 2”二级子菜单；

“调制”为仪器调制功能二级子菜单；

“扫描”为仪器扫描功能二级子菜单；

“测量”为仪器测量功能二级子菜单；

“系统”为系统功能二级子菜单。

例如，当按下【CH1】对应的【F1】键时，【CH1】菜单便会激活，就进入了“通道 1”二级子菜单。

（3）“通道 1”二级子菜单

“通道 1”二级子菜单如图 6-19 所示。

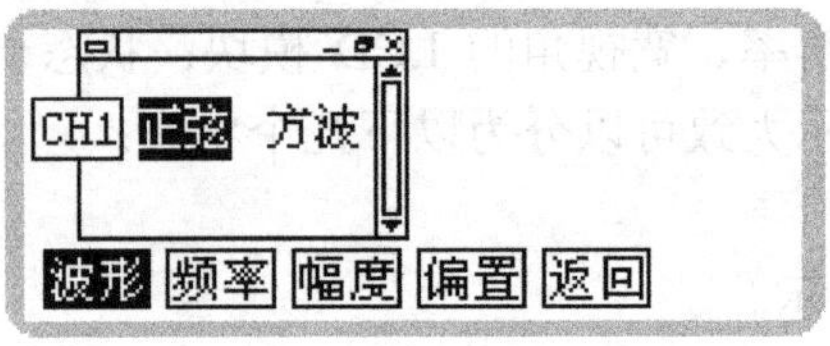

图 6-19 “通道 1”二级子菜单

这时可以通过方向键来选择波形，通过屏幕键【F1】～【F4】来设定输出波形的其他参数（其中“CH1”表示当前工作菜单为通道 I）。

注意：选择波形时，只需要按方向键即可，反白显示的波形表示已经选定了，不需要按【OK】键确认，可以去设置其他参数。

当按下“调制”所对应的屏幕键后，就进入了“调制”三级子菜单。

（4）“调制”三级子菜单

“调制”三级子菜单如图 6-20 所示。

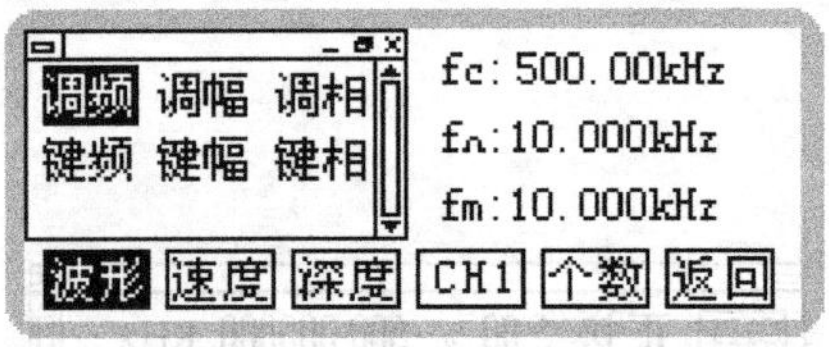

图 6-20 “调制”三级子菜单

通过方向键来选择要输出的调制波。屏幕菜单分别对应的功能设定如下：

【波形】为调制波形选择；

【速度】为调制的速度，即频率，为 0～10 kHz；

【深度】为调制深度，调频时为调频深度，是频率量；调幅时为调幅的深度，为幅度量；调相时为调相深度，为相位量；

【CH1】为设置通道 I 参数作为载波信号；

【个数】为调制波的个数输出，范围为 0～65 535 个；

【返回】为返回到上一级菜单，即“通道 1”二级子菜单。

fc: 500.00kHz

fn:10.000kHz

fm:10.000kHz

为当前参数索引。处在调频状态时，分别表示载波频率、调制速度和频偏。

🔔 注意：调制波形分为“调频”、“调幅”、“调相”、“键频”、“键幅”、“键相”，并且有的调制方式还有“内部调制、外部调制、通道 II 调制”，所以根据您选择的调制参数不同，相对应的屏幕菜单也不同。

按下【F6】键返回主菜单后，可以再次按下【F4】，这时便进入了“扫描”二级子菜单。

（5）“扫描”二级子菜单

“扫描”二级子菜单如图 6-21 所示。

图 6-21 “扫描”二级子菜单

这时可以通过方向键来选择要输出的扫描波形；屏幕菜单分别对应功能设定如下：

【波形】为扫描波形选择，分线性、对数、三角三种扫描方式和扫频、扫幅两个类别；

【起点】为扫描的起点，扫频时对应频率量，扫幅时对应幅度量；

【终点】为扫描的终点，扫频时对应频率量，扫幅时对应幅度量；

【时间】为扫描一次（从起点到终点）所用时间设定功能；

【轮次】为多少个从起点到终点的循环，即扫描波个数；

【返回】为返回上一级菜单，即主菜单。

🔔 注意：扫描波的参数依赖于“通道 1”二级子菜单的设置。例如要输出“线性扫频”波，这个波形的幅度是取决于在“通道 1”二级子菜单的设定值。

（6）“CH2”二级子菜单

“CH2”二级子菜单如图 6-22 所示。

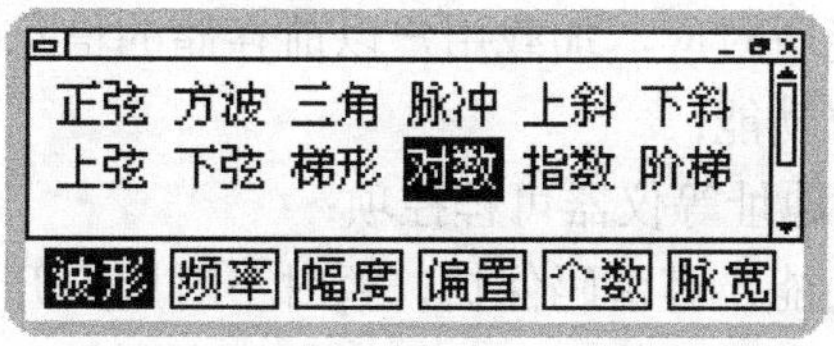

图 6-22 “CH2”二级子菜单

屏幕键所对应的功能设定如下：

【波形】为选择通道 2 输出信号的波形；

【频率】为设定信号的频率；

【幅度】为设定信号的幅度（峰值）；

【偏置】为设定直流偏移量；

【个数】为设定要输出的波形个数，0 表示一直输出；

【脉宽】为设定脉冲波的脉宽。

（7）“测量”二级子菜单

“测量”二级子菜单如图 6-23 所示。

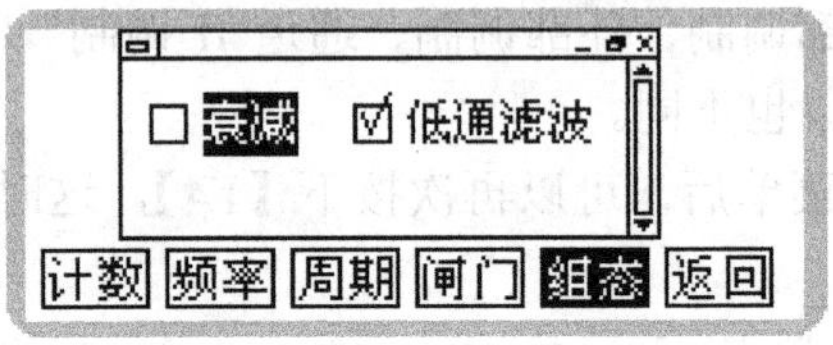

图 6-23 “测量”二级子菜单

屏幕键所对应的功能设定如下：

【计数】为计数器功能；

【频率】为频率测量功能；

【周期】为周期测量功能；

【闸门】为测量闸门时间设置；

【组态】为测量时是否选择衰减或者是低通滤波；

【返回】为返回主菜单。

（8）“系统”菜单

“系统”菜单如图 6-24 所示。

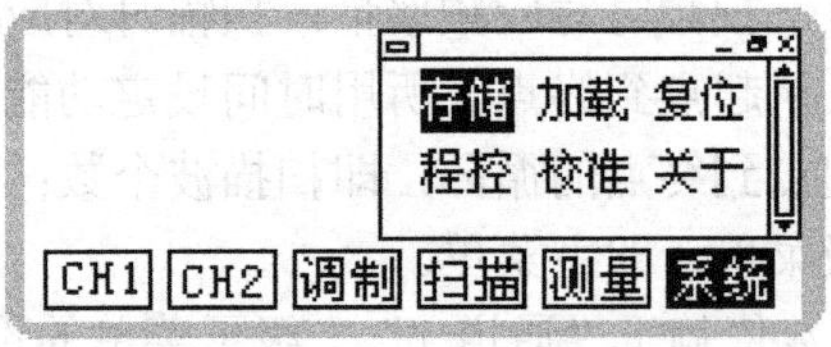

图 6-24 “系统”菜单

菜单项功能定义如下：

【存储】为当前仪器设置参数存储功能，可存储 3 组用户设置信息；

【加载】为跟存储功能所对应，加载用户以前存储的信息；

【复位】为提供软复位功能；

【程控】为设定 GPIB 地址等仪器可程控项；

【校准】为仪器校准功能，有密码保护，暂时不对用户开放；

【关于】为关于本仪器的一些信息，包括本仪器序列号、系统软件版本号等。

注意：如果感到当前仪器设置特别紊乱，可以通过“系统”->“复位”进行软复位！

4．测量的组态设置

组态功能可以对被测信号进行预处理，使其达到最佳的测量目的，如图 6-25 所示。

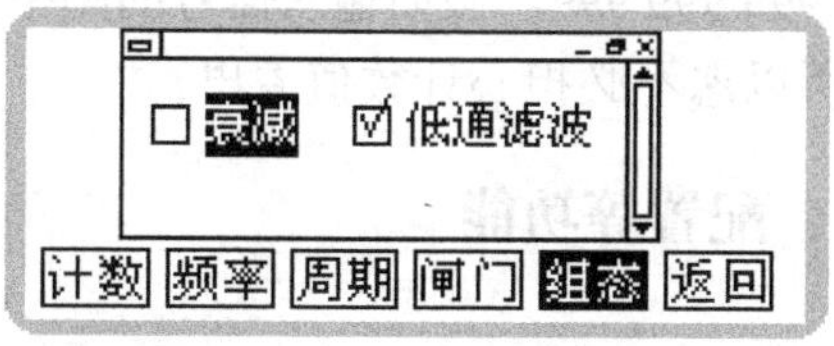

图 6-25 组态功能

显然，组态功能包括“衰减”、“低通滤波”，您可以通过方向键【Left】、【Right】来选择使其反白，然后通过【OK】键使其改变状态。

6.4.4 测频计数

作为函数发生器的一个附属功能，频率计能实现频率测量、周期测量、计数器功能并且能够对被测信号进行调理。下面将介绍频率计的主要功能。

1．频率测量

频率测量的步骤如下：

外部信号输入正确连接后开机，进入主菜单或者通过按【菜单】键进入主菜单后，按“测量”菜单对应的屏幕键【F5】即可进入测量二级子菜单，如图 6-26 所示。

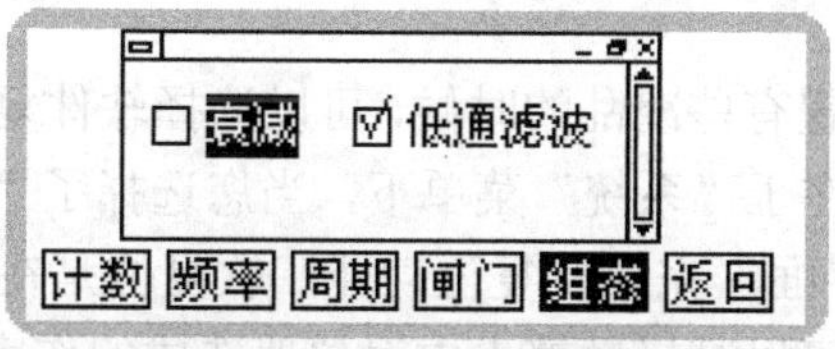

图 6-26 测量二级子菜单

通过按“频率”所对应的屏幕键【F2】来达到测频。

注意：频率测量量的表示是仪器自动刷新显示的，并且显示单位也是自动完成的。您只需要设置好测量闸门时间和组态状态既可。

2．周期测量

周期测量步骤如下：

外部信号输入正确连接后开机，进入主菜单或者通过按【菜单】键进入主菜单后，按“测量”菜单对应的屏幕键【F3】进入测量二级子菜单；

通过按“周期”所对应的屏幕键【F3】来达到测量周期功能。

3．计数器功能

如上例同样的方法通过按“计数”菜单对应的屏幕键【F1】进行计数功能。这时当外部有满足要求的信号输入时，您可以看到计数一直在进行，如果您需要暂停计数，只需要按下【OK】键即可实现，再次按下【OK】键可以继续本次计数。当您需要重新计数时，您可以按下左方向键【Left】来清除本次计数开始下一次计数。

注意：本仪器功能强大，计数位数达 16 位之多，也就是说，如果要溢出的话就要达到计数值为 9 999 999 999 999 999，假如输入信号的频率为 100 MHz 的话，如果要溢出也要大约 3 年之久，所以您不必担心计数值溢出。

6.4.5 仪器的接口、配置等功能

1. 程控功能

仪器包含标准的 GPIB、RS232 接口可选配件。可以选配接口配件来扩充仪器功能，由计算机控制组成自动测试系统。

2. 校准功能

校准功能存在于“系统”一级菜单下，当按下【校准】功能键后会提示输入密码，本功能主要是出厂时设定一些校准参数，暂时不对用户开放。如果仪器输出的实际值跟理论值有很大的差距而需要校准的话，请联系厂家或代理商来完成校准功能。

3. 存储 / 加载功能

仪器内部含有长寿命的 flash rom，可以对当前设定频率值、幅度值、波形种类、偏置、调制速度、深度、扫描起始位置、终止位置、扫描时间的所有设置参数进行存储，存储时间达百年以上，方便以后调用。

4. 软件复位功能

当感觉对本仪器的设置有些凌乱的时候，可以选择软件复位功能来初始化仪器的所有参数。软件复位功能存在于“系统”菜单下，当您选择了“复位”选项后再按确认键【OK】，会出现开机欢迎界面，完成软复位功能。软复位是在不重新加电的情况下对所有参数进行初始化！这样可以减轻频繁上电对仪器造成的伤害。

5. 波形个数控制功能

每种波形设置下都有“个数”这一项，您可以通过改变“个数”参数来达到输出任意个波形的功能。当您进入“个数”菜单时，仪器切断波形的输出，等您设置完个数后，按一次【OK】键来触发输出，仪器会输出您所设置的具体的波形个数，个数输出完成后，仪器切断波形输出。当您离开个数菜单时，个数参数由系统自动清零。

6.4.6 使用注意事项

1. 使用指导

仪器属于高精密电子装置，为了充分发挥其功能，使用之前请先阅读以下关于保养、安全及有效的使用指导。

（1）确保电压为 200～240 V，频率为 47～53 Hz 的电源供电；

（2）工作温度为-10～50 ℃，存储温度为-20～70 ℃；并使仪器保持干燥。

（3）不要试图拆开本仪器，破坏封装会导致保修失效。本仪器内部并无用户可以维修的部件，维修只能通过指定维修网点。

（4）请避免点燃的蜡烛、盛水的杯子、有腐蚀性的化学物品等不安全物品放置到仪器表面，以免引起仪器的损坏。

（5）显示屏幕属于易污染、易碎设备，请不要用手，以及外部触摸及碰撞，避免玩弄本仪器。

（6）仪器正常工作时请不要剧烈移动仪器，以免对内部电路造成不可修复的损坏。

2．出错处理

（1）如果波形输出不正常，应首先检查菜单里的“个数”设置是不是零状态，如果非零状态即可显示波形的输出。

（2）显示屏幕偶尔有花斑属于正常现象，遇到这种情况，大部分原因为工作环境及碰撞所致，只需要重新加电即可。

（3）正常按键会伴有清脆的响声，如果您按键时没有听到此响声，说明按键可能有损坏或者内部电路损坏，请联系供应商。

（4）排除以上问题重新加电后仪器还是不能正常工作，请联系供应商！

6.4.7 SG1040双路函数信号发生器/计数器程控命令一览表

SG1040直接数字合成（DDS）双路函数信号发生器 / 计数器程控命令较多，见表6-4。

表6-4 SG1040直接数字合成（DDS）双路函数信号发生器 / 计数器程控命令一览表

1．通道命令		
命令行	注释	例子
CHAN 1	选择通道1	
CHAN 2	选择通道2	
2．波形类选择命令		
命令行	注释	例子
WAVE SINE	正弦波	
WAVE SQUA	方波	
WAVE TRIA	三角波	
WAVE PULS	脉冲波	
WAVE UPRA	上斜波	
WAVE DORA	下斜波	
WAVE UPSI	上弦波	
WAVE DOSI	下弦波	
WAVE TRAP	梯形波	
WAVE LOGA	对数	
WAVE EXPO	指数	

（续表）

WAVE STEP	阶梯波	
WAVE HALF	半波整流	
WAVE FULL	全波整流	
WAVE NOIS	噪声	
WAVE POPU	正脉冲	
WAVE NEPU	负脉冲	
WAVE COPU	编码脉冲	
WAVE SECI	半圆	
WAVE ECGR	心电图	
WAVE QUAK	地震	
WAVE TANG	正切	
WAVE SAMP	抽样	
WAVE SQRT	平方根函数	
WAVE THRE	三次方根	
WAVE DAMP	阻尼振动	
WAVE GAUS	高斯函数	
WAVE PARA	抛物线	
WAVE FM	调频	
WAVE AM	调幅	
WAVE PM	调相	
WAVE FSK	键频	
WAVE ASK	键幅	
WAVE PSK	键相	
WAVE LINF	线性扫频	
WAVE LOGF	对数扫频	
WAVE TRIF	三角扫频	
WAVE LINA	线性扫幅	
3．频率类设置命令		
命令行	注释	例子
FREQ xxxxxxxx.xxxxxx	设置频率	FREQ 2490.435600
SPED xxxxx.xxxxxx	设置调制波的速度	SPED 10000.000000
DEEP xxxxxxxx.xxxxxx	设置调制波频率深度	DEEP 20000.000000
SFRE xxxxxxxx.xxxxxx	设置扫描波的起始频率	SFRE 1.000000
EFRE xxxxxxxx.xxxxxx	设置扫频波的终止频率	EFRE 10000.000000
4．幅度类设置命令		
命令行	注释	例子
AMPL xx.xxxxxx	设置幅度	AMPL 5.230000
OFFS [-]xx.xxxxxx	设置偏置	OFFS −5.600000
DEEP xx%	设置调制波幅度深度	DEEP 49%

（续表）

SAMP xx.xxxxxx	设置扫幅波起始幅度	SAMP 1.000000
EAMP xx.xxxxxx	设置扫幅波终止幅度	EAMP 5.000000
5．个数类设置命令		
命令行	注释	例子
NUMB xxxxx	设置普通波形个数、调制波形调制波个数、扫描波扫描轮次	NUMB 45654
6．脉宽设置命令		
WIDE xxx	设置脉冲波脉宽百分比，按照整数格式发送	WIDE 80
7．时间设置命令		
TIME xxx.xxxxxx	设置扫频一轮时间	TIME 100.000000
8．相位设置命令		
SPHA xxxx	调相、键相开始相位，单位 0.1 度	SPHA 450
EPHA xxxx	调相、键相终止相位 单位 0.1 度	EPHA 3600
9．测量命令		
MEAS MFRE?	测频	
MEAS MCYC?	测周期	
MEAS COUN?	计数	
COUN PAUS	计数暂停	
COUN STAR	计数开始	
MEAS WIDE?	测脉宽	
ATTE ON	衰减开	
ATTE OFF	衰减关	
LOWP ON	低通滤波开	
LOWP OFF	低通滤波关	
10．其他命令		
MODE IN	调制内触发方式	
MODE OUT	调制外触发方式	
MODE CHAN2	通道 2 辅助方式	
SYST REST	复位命令，所有参数恢复默认状态	
SYST TEST	自检命令（保留）	
SYST CAL	校准命令 （保留）	

6.4.8 通道 2 波形索引

通道 2 波形索引见表 6-5。

表 6-5 SG1040 通道 2 波形索引

编　号	波 形 名 称	编　号	波 形 名 称
1	正弦波	15	噪声
2	方波	16	正脉冲
3	三角波	17	负脉冲
4	脉冲波	18	编码脉冲
5	上斜波	19	半圆
6	下斜波	20	心电图
7	上弦波	21	地震波
8	下弦波	22	正切
9	梯形波	23	抽样
10	对数	24	平方根函数
11	指数	25	三次方根
12	阶梯波	26	阻尼振动
13	半波整流	27	高斯函数
14	全波整流	28	抛物线

6.5 BT-3C 型频率特性测试仪

频率特性测试仪又称扫频仪，广泛用于广播、通信、电视台（站）、卫星地面站、CATV 系统、电视机生产厂，以及各地的维修单位。用来测试宽带放大器、雷达接收机的中频放大器、高频放大器，电视机的公用通道、伴音通道、视频通道，调频广播，通信的发送和接收设备，以及滤波器等各种有源和无源四端网络的频率特性。

频率特性测试仪目前广泛使用的有模拟和数字式两种，一种数字式频率特性测试仪的外型和结构如图 6-27 所示。

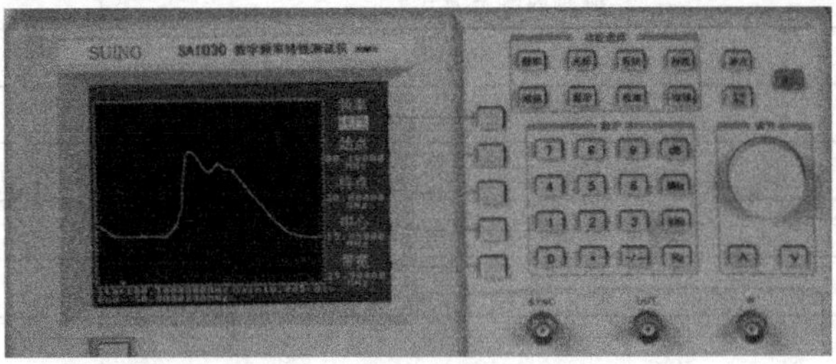

图 6-27 数字式频率特性测试仪的外型和结构

这里以 BT—3C 系列型频率特性测试仪为例，介绍一下频率特性测试仪的结构、原理和使用。

BT—3C 系列型频率特性测试仪是 BT—3 型频率特性测试仪的改进和提高型系列产品。电路全部采用晶体管、集成电路。因此本仪器与 BT—3 型相比较，具有功耗低、体积小、重量轻、频率范围宽、输出电压高、寄生调幅小、扫频线性误差小、衰减器精度高、频谱纯度好、扫频不分波段、显示灵敏度高等一系列优点。

BT—3C 系列型频率特性测试仪采用方示波管作为显示器，比原 BT—3 有更大的显示面积，用它显示被测设备的频率响应曲线就更为清晰。

6.5.1 性能指标

（1）扫频中心频率：1～300/450/550/300 MHz 连续可调。

（2）扫频宽度：最大扫频宽度≥30 MHz，
最小扫频宽度≤1 MHz。

（3）扫频线性误差：≤15%（扫频宽度≤50 MHz 时）。

（4）寄生调幅系数：≤10%（扫频宽度≤30 MHz 时）。

（5）频率标志：形状为菱形，有 1 MHz、10 MHz、50 MHz 及外接四种；
1 MHz 与 10 MHz 复合显示，其余单独显示。

（6）输出电压：≥0.5 Vrms（有效值）。

（7）输出衰减：细衰减 1dB×9，1 dB 步进。误差≤±0.5 dB；粗衰减 10 dB×7，10 dB 步进。

（8）输出阻抗：75 Ω/50 Ω。

（9）Y 轴偏转因数≤10 mV/cm。

（10）检波探头：输出电容≤5 pF；直流耐压≤300 V。

（11）75 Ω/50 Ω检波器：频率范围为 1～500 MHz；灵敏度≥10 mV/50 mV 的射频信号。

（12）示波管屏幕有效面积：100 mm×80 mm。

（13）扫描基线长度：≥110 mm。

（14）使用电源：电压 220 V±10%；频率 50 Hz±5%。

（15）整机功耗：约为 40 VA。

（16）绝缘电阻：不小于 2 MΩ。

（17）使用环境：温度为 0～40 ℃，湿度≤75%。

6.5.2 结构特点

1. 内部分布

仪器的后半部为电源变压器，±1 500 V 整流滤波，左上部为低压电源，右上部为+150 V 电源和 X、Y 偏转放大器。下半部从左到右分别为频标发生器、宽带放大器、扫频源和稳幅电路，靠面板处为衰减器。

2. 前面板

前面板布置如图 6-28 所示。

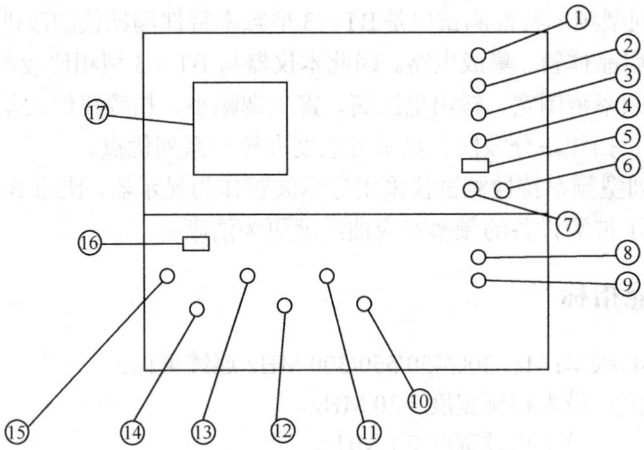

图 6-28　BT—3C 型频率特性测试仪前面板分布

前面板各部位代号、名称、作用如下：

① 电源辉度——电源开、关、辉度调节，可调节显示屏明暗程度。

② 聚焦——调节聚焦，可使扫描线清晰。

③ Y 移位——调节 Y 移位，可使扫描线上、下移动。

④ Y 增益——拉出 Y 为直流输入，按入 Y 为交流输入，可调节 Y 输入信号的大小。

⑤ 衰减——可使 Y 输入信号按 1、10、100 倍衰减。

⑥ Y 输入——被测信号可由此输入 Y 放大器。

⑦ 影像开关——可使显示的图形上、下倒向。

⑧ 工作方式开关——可使信号源输出为扫频信号或连续点频信号。

⑨ 扫频宽度——可调节扫频信号的频偏大小。

⑩ 粗衰减——10 dB×7，10 dB 步进，调节输出信号的大小。

⑪ 中心频率——可使中心频率在 1～300/450/550/300 MHz 连续调节。

⑫ 细衰减——1 dB×9，1 dB 步进，调节输出信号的大小。

⑬ 频标幅度——可调节频标信号的大小。

⑭ 扫频输出——扫频信号可由此输出。

⑮ 外频标入——外部信号可由此输入，可检查外部信号的频率或本机输出信号的频率。

⑯ 频标选择开关——可使频标显示分别为外频标、1 MHz 和 10 MHz 频标、50 MHz 频标。

⑰ 荧光屏——显示器。

3．后面板

后面板布置如图 6-29 所示。

⑱ +12 V 输出—— +12 V 电压，0.5 A，供测试设备用。

⑲ 接地—机壳接地处。

⑳ FU——220 V，1 A 保险丝。

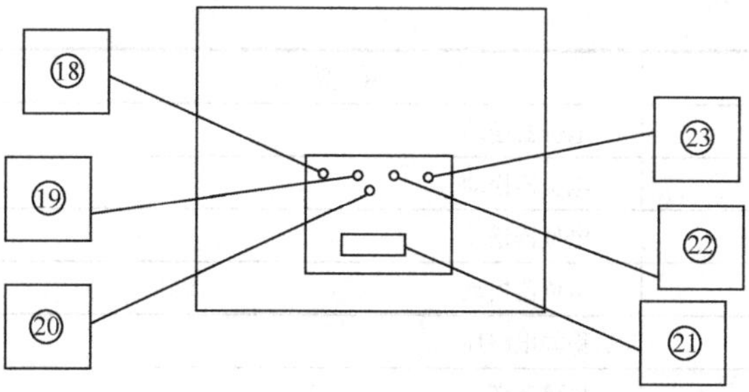

图 6-29　后面板布置

㉑ 电源插座——电网电压输入插座。

㉒ AGC——AGC 电压输出，供测试调谐器用。

㉓ AGC 控制旋钮——AGC 电压可在 0～6 V 之间调节。

6.5.3　使用注意事项

（1）被测设备的输入端不允许有直流电位，否则，会导致仪器不能正常工作，严重时会损坏仪器。

（2）仪器的输出阻抗与被测件的输入阻抗必须匹配，否则，会造成反射，使测量不准确。

（3）射频连接电缆应尽量地短，避免不必要的损耗。

（4）仪器输出信号过大，会使有源器件饱和，测出的则是失真的图形曲线。可利用衰减器适当地改变输出信号的大小，观察特性曲线的变化情况予以确定。

注：为了给使用者提供方便，本仪器还具备下列三项辅助功能：

① 仪器可以输出+12 V（0.5）直流电压，供测试过程中使用。

② 仪器可输出 0—+6 V 可调的 AGC 电压，供电视高频调谐器测试用。

③ 仪器可以输出对称稳幅的单频信号，可作为一般信号发生器使用。

6.5.4　常见故障及维修

当仪器发生故障时，先按照故障现象判断其部位，然后按原理图逐级进行检查。可按表 6-6 判断其故障发生的部位。

表 6-6　常见故障维修

故障现象	主要原因	排除方法
开机无显示	无±1 500 V 电压，高压整流二极管坏或总保险丝烧	更换
仅有亮显示	+150 V 保险丝烧	更换
扫描线偏向一边	±15 V 稳压坏，集成稳压电路块坏	更换
扫描线抖动	扫描发生器的频率与电源不同步	重调 5RP3.5
扫描线一端出现亮点	X 偏转放大器工作点偏移	重调 5RP6.7
扫宽变小，频标抖动，对跑	+24 V 电压升高，集成稳压块坏	更换

（续表）

故障现象	主要原因	排除方法
中心频率偏高或偏低	电位器松动	重调 4RP2
零拍位置偏高或偏低	电位器松动	重调 6RP2
扫宽不够	电位器松动	重调 6RP1
输出电压偏高或偏低	电位器松动	重调 6RP3
输出电压不稳幅	稳幅电路坏	检查修理
无输出电压	振荡器坏	修理
	宽带放大器坏	修理
	高频通路不通	检查修理
无 50 MHz 频标	50 MHz 晶振放大器坏	修理
无 10 MHz、1 MHz 频标	10 MHz 晶振放大器坏	修理
无外频标	8V17 坏	更换

6.6 SG3320 型多功能计数器

6.6.1 概述

SG3320 型多功能计数器的测频范围为 1 Hz～1 000 MHz 的多功能计数器。其特点是，采用八位 0.5 吋高亮度 LED 数码管显示；六种测量功能；多种基准频率信号输出；低功耗线路设计。体积小、重量轻、灵敏度高。全频段等精度测量和等位数显示（本机基础为 10 MHz 等精度计数器）。高稳定性的晶体振荡器保证测量精度和全输入信号的测量。

本仪器有六个主要功能：A 通道测量频率、B 通道测量频率、A 通道测量周期、A 通道计数、A 通道测量脉冲正宽度及 A 通道测量脉冲负宽度，测量采用单片机 AT89C52 及 CPLD 进行智能化的控制、测量和数据处理。

高灵敏度的测量设计可满足通信领域高频信号的正确测量，并取得最好的效果。A 路输入通道具有输入信号衰减、低通滤波器选择功能。该仪器可广泛用于实验室、工矿企业、大专院校、科研、生产调试线，以及无线电通信设备维修之用。

SG3320 型多功能计数器的外形如图 6-30 所示。

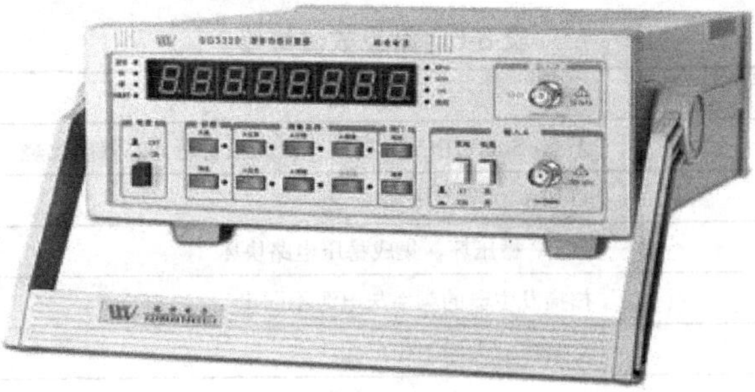

图 6-30　SG3320 型多功能计数器的外形

6.6.2 技术指标

1．频率测量范围

（1）A 通道：1 Hz～100 MHz；
（2）B 通道：100～1 000 MHz。

2．周期测量范围（仅限于 A 通道）

1 Hz～10 MHz。

3．计数频率及容量（仅限于 A 通道）

（1）频率：1 Hz～10 MHz；
（2）容量：10^8-1。

4．脉冲宽度测量（仅限于 A 通道）

频率：1 Hz～1 MHz。

5．输入阻抗

（1）A 通道：R≈1 MΩ；C≤35 pF；
（2）B 通道：50 Ω。

6．输入灵敏度

（1）A 通道：1 Hz～100 MHz 时
方波：优于 30 mVrms；
正弦波：优于 50 mVrms（仅供参考）。
（2）B 通道：100～1 000 MHz 时
测试条件：环境温度为 25 ℃±5 ℃，优于 20 mVrms；
环境温度为 0 ℃～40 ℃时，输入灵敏度指标不得降低 10 mVrms。

7．闸门时间预选

快速、慢速或保持。

8．输入衰减（仅限于 A 通道）

×1 或×20 固定。

9．输入低通滤波器（仅限于 A 通道）

（1）截止频率：约 100 kHz；
（2）衰减：约 3 dB（100 kHz 频率点，输入灵敏度不得<30 mVrms）。

10．最大安全电压

A 通道：250 V（直流和交流之和，衰减置×20 挡）；
B 通道：3 V。

11．准确度

±时基准确度±触发误差±LSD，

其中：LSD=被测频率（或被测周期）。

12．时基

（1）标称频率：10 MHz；

（2）频率稳定度：优于 5×10^{-6}/d。

13．时基输出

（1）标称频率：范围为 0.125 Hz～10 MHz 的 32 种频率输出；

（2）输出幅度（空载）："0"电平为 0～0.8 V；

"1"电平为 3～5 V。

14．显示

（1）八位 0.5 吋发光数码管并带有十进制数小数点显示数据；

（2）溢出灯、闸门灯、标频输出灯、MHz、kHz、μs 测量单位及保持指示灯，发光管指示；

（3）标频调节、功能选择、闸门预选指示灯。

15．工作环境

0℃～40 ℃。

16．电源电压

（1）电压：交流 220 V±10%；

（2）频率：50 Hz±2%。

6.6.3 SG3320 多功能计数器的工作原理

测量的基本电路主要由 A 通道（100 MHz 通道）、B 通道（1 000 MHz 通道）、系统选择控制门、同步双稳，以及 E 计数器、T 计数器、MPU 微处理器单元、LED 数据显示、键盘和电源等组成。

该多功能计数器对频率、周期测量是采用等精度的测量原理，即在预定的测量时间（闸门时间）内对被测信号的 N_X 个整周期信号进行测量，分别由 E 计数器累计在所选闸门时间 T_X 内的对应周期的个数，同时 T 计数器累计标准时钟的个数，然后由微处理器进行数据处理。

计算公式如下：频率：$F_X=N_X / T_X$

周期：$P_X=T_X / N_X$

根据上述原理，可知本机的闸门时间实际上是预选时间，实际测量时间为被测信号的整周期数（总比预选时间长），从而降低了测量误差。

标频输出由微处理器直接控制，可输出多种标频信号，使仪器的使用范围更加广泛。

6.6.4 使用说明

1. 使用前的准备

（1）电源要求：AC220 V±10%，50 Hz 单相，最大消耗功率为 10 W。

（2）测量前预热 20 分钟以保证晶体振荡器的频率稳定。

2. 仪器前面板特征

（1）电源开关：按下按钮，电源打开，仪器进入工作状态，再按一下则关闭整机电源。

（2）标频选择：可按“升高”或“降低”键从 32 种频率的标频输出脉冲信号中选择任意一种所需的波形。被选频率在面板上显示。

（3）测量选择：测量选择模块，可选择“A 频率”、“B 频率”、“A 周期”、“A 计数”、“A 正宽”、“A 负宽”测量方式，按一下所选功能键，仪器认可操作有效后，相应的指示灯亮，以示所选择的测量功能。所选键按动一次，机内原有测量无效，机器自动复原，并根据所选功能进行新的控制。“A 计数”键按动一次为计数开始，闸门指示灯点亮，此时 A 输入通道所输入的信号个数将被累计并显示。当“A 计数”键再按动一次则计数重新开始。仪器将自动清零。

（4）闸门选择：闸门速度选择模块可供三种闸门速度预选（快速、慢速或保持）。

闸门速度的选择不同将得到不同的分辨率。

“保持”键的操作：按动一下保持指示灯亮，仪器进入休眠状态，显示窗口保持当前显示的结果，此时功能选择键、闸门选择键均操作无效（仪器不给予响应)。“保持”键重新按动一次保持指示灯灭。仪器进入正常工作状态。（注：“A 计数”功能操作时，仪器置保持状态下，此时计数暂停，显示状态不变，当“保持”释放后，机器将恢复计数功能，并在暂停前累计的基础上继续累计。）

（5）衰减：操作 A 通道输入信号衰减开关，当按下时输入灵敏度被降低 20 倍。

（6）低通滤波器：此键按下，A 通道输入信号经低通滤波器后进入测量（被测信号频率大于 100 kHz，将被衰减）。此键的使用可提高低频测量的准确性和稳定性，提高抗干扰性能。

（7）A 通道输入端：标准 BNC 插座，被测信号频率为 1 Hz～100 MHz 接入此通道进行测量。当输入信号幅度大于 3V 时，应按下衰减开关 ATT，降低输入信号幅度能提高测量值的精确度。

当信号频率<100 kHz，应按下低通滤波器进行测量，可防止叠加在输入信号上的高频信号干扰低频主信号的测量，以提高测量值的精确度。

（8）B 通道输入端：标准 BNC 插座，被测信号频率大于 100 MHz，接入此通道进行测量。

（9）“保持”显示灯，仪器处于保持状态时点亮。

（10）“μs”显示灯：周期测量时自动点亮。

（11）“kHz”显示灯：频率测量时，根据测量结果自动点亮。

（12）“MHz”显示灯：频率测量时，根据测量结果自动点亮。

（13）数据显示窗口：测量结果通过此窗口显示。

（14）“溢出”指示：显示超出八位时灯亮。

（15）“快”指示灯：闸门速度置于“快速”时点亮。

（16）“慢”指示灯：闸门速度置于“慢速”时点亮。

（17）“标频输出”指示：当进行标频输出频率调节时灯亮。

3．后面板特征

（18）交流电源的输入插座（交流 220 V±10%）。

（19）交流电源的限流保险丝座，座内保险丝规格为（0.5 A/220 V）。

（20）标频输出，内部基准信号的输出插座，该插座可输出 32 种频率的脉冲信号，这个信号可用做其他频率计数的标准信号。

4．频率测量

（1）根据所需测量信号的频率大致范围选择“A 频率”或“B 频率”测量。

（2）“A 频率”测量输入信号接至 A 输入通道口，“A 频率”功能键按一下。“B 频率”测量输入信号接至 B 输入通道口，“B 频率”功能键按一下。

（3）“A 频率”测量时，根据输入信号的幅度大小决定衰减按键置×1 或×20 位置；输入幅度大于 3 Vrms，衰减开关应置×20 位置。

（4）“A 频率”测量时，根据输入信号的频率高低决定，低通滤波器按键置“开”或“关”位置。输入频率低于 100 kHz，低通滤波器应置“开”位置。

（5）根据所需的分辨率选择适当的闸门预选速度（快或慢），闸门预选速度越慢，分辨率越高。

5．周期测量

（1）功能选择模块，置“A 周期”输入信号接入 A 输入通道口。

（2）根据输入信号频率高低和输入信号幅度大小，决定低通滤波器和衰减器的所处位置。

（3）根据所需的分辨率，选择适当的闸门预选速度（快或慢），闸门预选速度越慢分辨率越高。

6．累计

（1）功能选择模块置“A 计数”键一次，输入信号接入 A 输入通道口，此时闸门指示灯亮，表示计数控制门已打开，计数开始。

（2）根据输入信号频率高低和输入信号幅度大小决定低通滤波器和衰减器的所处位置。

（3）“A 计数”键再置一次则计数重新开始。

（4）按“保持”键一次，累计功能暂停，再置“保持”键一次，累计功能恢复，并在原累计基础上继续累计。

（5）当计数值超过 108-1 容量后，则“溢出”指示灯亮，表示计数器已计满，显示已溢出，而显示的数值为计数器的累计尾数。

7. 脉宽测量

（1）输入信号接入 A 输入通道口。功能选择模块置“A 正宽”或“A 负宽”可分别测量脉冲信号的正、负脉宽。

（2）根据输入信号频率高低和输入信号幅度大小，决定低通滤波器和衰减器的所处位置。

8. 标频输出的调节

仪器开机即输出 10 MHz 标频信号，按“上升”键或“下降”键可在 0.125 Hz～10 MHz 范围内改变标频信号的频率，改变后的频率值在仪器面板上数据显示窗口内显示。

6.7 2.7 GHz 频谱分析仪

GSP-827 为轻巧可携式频谱分析仪，全合成和低噪声设计的优越性能，使其成为执行 RF 精准量测应用上所必备的仪器。

GSP-827 频谱分析仪有多种测试功能，包括 10 组全方位的光标量测功能、波形轨迹功能、功率的测试，以波形限制线、双轨迹显示和触发等功能，可使量测简易迅速，100 组波形 / 设定状态内存的容量、实时时间 / 日期的功能和电池的使用带来真正的方便性，11 挡外部输入参考时钟脉冲可提供电信标准的同步频率的性能。

使用选购的软件配备，如追踪产生器，使用相同的频宽提供频率响应测试和 GPIB 及 RS-232 接口连接仪器和 PC 计算机，以增加仪器的应用功能；12V 直流电源供应器，可以机动性地进行频率监视；充电式的电池组，可支撑 4 个小时不必使用电源线；可携式行动机器背包，方便携带移动，可以增加服务的效率；使用 9 kHz 和 120 kHz EMI 滤波器和峰值侦测器进行 EMC 测试；AM/FM 调变功能，经由耳机和扩音器做输出调变；转接器的工具箱，方便于不同环境的使用。

GSP−827 为 RF 量测应用上不可或缺的仪器，其多样化弹性的设计功能、友善的使用接口和完整的附件配备，可广泛地应用在实验室和不同场合的测试及维修。

频谱分析仪 GSP−827 如图 6-31 所示。

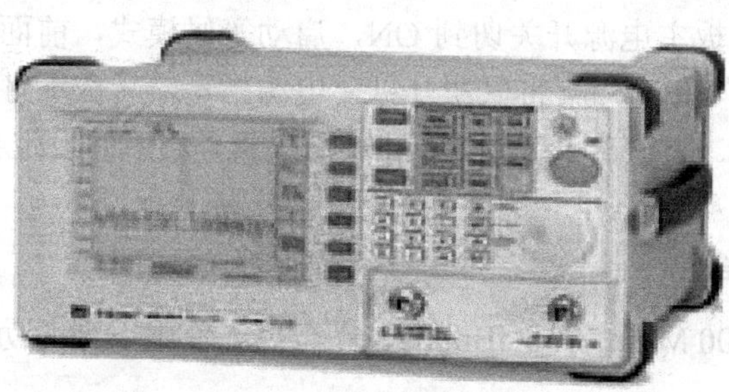

图 6-31 GSP-827 外形图

6.7.1 技术指标

1．数字式合成的设计

频率范围为 9 kHz～2.7 GHz。

2．低噪声设计

−140 dBm/Hz 噪声准位。

3．性能

（1）内建 100 组波形轨迹和设定状态的内存。

（2）相邻波道功率比（ACPR）、占用频宽（OCBW）和波道频宽 CHBW 等功率测试。

（3）11 挡外部输入参考时钟脉冲（64 kHz～19.2 MHz）。

（4）10 组光标量测功能可应用于峰值（Peak）、峰值追踪（Peak Track）、差异值（Δ marker）和峰值至中心等功能。

（5）以单击和连续模式进行外部（External）或 Video 准位的触发。

（6）波形限制线（Limit Line）和 Pass/Fail 的功能可快速地核定测试的条件。

（7）分割窗口的功能增加测试的弹性。

（8）波形轨迹功能包括峰值保持（Peak Hold）、平均（Average）和冻结（Freeze）。

（9）选购的追踪产生器（TG）可提供一个扫描波形的频率响应测试。

（10）选购的滤波器和 Quasi- Peak 侦测器可做 EMI 测试。

（11）GPIB 和 RS232 界面作为 ATE 应用。

（12）AC/DC 双电源供应器和电池的操作。

6.7.2 有关说明

1．开机与关机

（1）每次在操作仪器之前，确定仪器已妥善地接地保护，并且在连接待测物前，必须检查待测物是否也妥善接地。

（2）前面板的接头必须定期地清洁，因为 RF 测试相当地敏锐，干净的接头可确保精确地测试。

（3）将位于后面板主电源开关切到 ON，启动等候模式，前面板的电源指示器的红灯亮，按住“STBY”钮 2～3 s 将仪器开机，电源指示器转成绿灯。按住同一钮可转到等候（Standby）模式。当仪器设定到 Standby 后关机，最后的设定会被储存，再开机时，可叫出储存的设定。

2．内部校正信号

本机内建一个 100 MHz、−30 dBm 的校正信号，使用下列的功能键可打开或关闭此信号。

（1）Sysetm：按下系统键。

（2）F3：按下 F3 键切换内部校正信号到 ON 或 OFF。

这个信号不是完整的滤波信号。仪器开机时，假如显示器上出现一个 100 MHz 的谐波信号，先检查内部校正信号是否已开启。

3．面板介绍

前面板布置如图 6-32 所示。

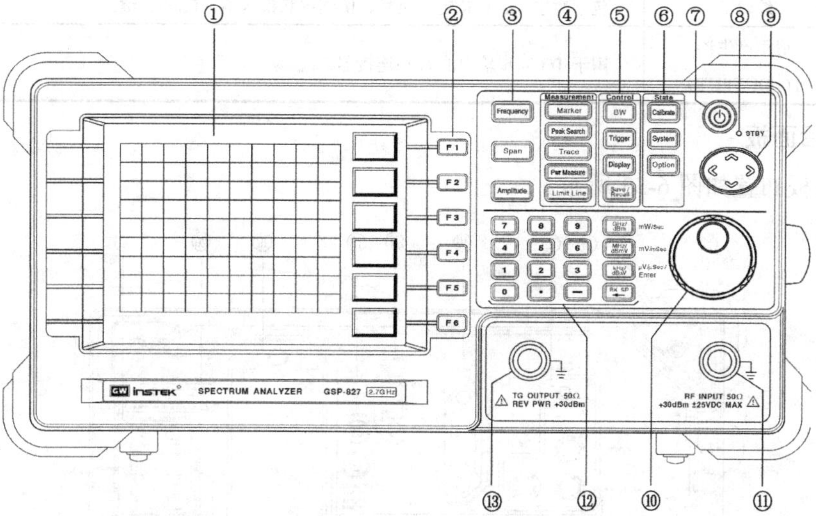

图 6-32 前面板布置

前面板功能键编号与功能见表 6-7。

表 6-7 前面板功能键编号与功能

项目	功 能 键	说 明
1	LCD	分辨率为 640×480 的黑白 LCD，背光可以切换到 ON 或 OFF，并可调整明亮对比，请参考显示器功能的说明
2	F1-F6	面板上功能互相连接的软键
3	主要功能	包括频率（Frequency）、展幅（Span）和振幅（Amplitude）等最常用的键
4	Measurement 功能键	测量群组：包括光标（Marker）、峰值搜寻（Peak Search）、波形轨迹（Trace）、电源量测（Pwr Measure）和限制线（Limit Line）等键
5	Control 键	控制功能群组：包括频宽（BW）、触发（Trigger）、显示器（Display）和储存 / 叫出（Save/Recall）等功能；其中 BW 包括 RBW、VBW 和扫描时间（Sweep Time）
6	State 键	状态功能群组：包括校正（Calibrate）、系统（System）和附件（Option）。校正功能在出厂前就已设定完成，附件的功能则定义附件的状态
7	电源键	按住此键 2～3 s 开启等候（Standby）模式，位于后面板主电源开关必须切换到 ON，才能启动这个电源键
8	电源指示器	开启电源时，指示灯为绿色，等候（Standby）模式时，指示灯为红色

（续表）

项目	功能键	说明
9	方向键	使用上（Up）、下（Down）的方向键可调整频率、频宽和振幅。在频率调整时改变频率步阶，（频率 >>步阶（F4）），以 1-2-5 的顺序调整展幅（Span），振幅调整步骤则等于振幅刻度（振幅>> 刻度（F3））。左右方向主要用于校正
10	旋钮	改变微调的设定
11	RF INPUT	用于 RF 测试输入的 N 型连接器
12	编辑键	包括数字键、单位键、负号、倒回键和键入值（Enter）键
13	追踪产生器（TG OUTPUT）	用于 TG 同步输出的 N 型连接器

4．后面板

后面板布置如图 6-33 所示。

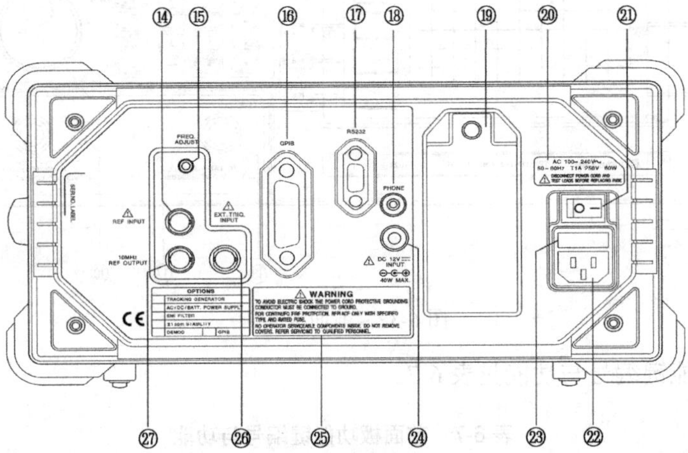

图 6-33　后面板布置

后面板功能键编号与功能见表 6-8（使用见使用说明书）。

表 6-8　后面板功能键编号与功能

项目	功能键	说明
14	REF INPUT	外部参考信号输入。当外部参考信号输入时，系统的频率会同步输入，请参阅 Option >> ExtRefFreq 的功能说明
15	FREQ. ADJUST	调整内部参考频率，使其频率与其他仪器的频率结合
16	GPIB	GPIB 界面
17	RS-232	RS-232 界面
18	PHONE	安装选购附件后，方可使用耳机
19	电池组槽	插入电池的位置。电池的安装很简单，只需逆时针旋转电池盖上方的螺钉移开盖子，装入电池组后锁回盖子即完成
20	面板标签	标示保险丝值的选择

（续表）

项目	功 能 键	说 明
21	电源开关	主 AC 电源开关
22	AC 输入	AC 输入
23	保险丝座	保险丝座
24	DC 输入	DC 12V 输入
25	面板标签	警示标签
26	EXT.TRIG.INPUT	外部触发输入。请参阅触发 >> 外部功能的说明
27	10MHz REF OUTPUT	10 MHz 输出可与其他仪器同步

附录 A　CC7107 A/D 转换器组成的 $3\frac{1}{2}$ 位直流数字电压表

CC7107 型 A/D 转换器是把模拟电路与数字电路集成在一块芯片上的大规模的 CMOS 集成电路，它具有功耗低、输入阻抗高、噪声低，能直接驱动共阳极 LED 显示器，不需另加驱动器件，使转换电路简化等特点。附图 A-1 是它的引脚排列及功能，各引出端功能见附表 A-1。

附表 A-1　CC7107 引出端功能表

端　名	功　能
V+和 V−	电源的正极和负极
aU～gU aT～gT aH～gH	个位、十位、百位笔画的驱动信号，依次接至个位、十位、百位数码管的相应笔画电极
abk	千位笔画驱动信号，接千位数码管的 a、b 两个笔画电极
PM	负极性指示的输出端，接千位数码管的 g 段。PM 为低电位时显示负号
INT	积分器输出端，接积分电容
BUF	缓冲放大器的输出端，接积分电阻
AZ	积分器和比较器的反相输入端，接自动调零电容
IN+、IN−	模拟量输入端，分别接输入信号的正端与负端
COM	模拟信号公共端，即模拟地
C_{REF}	外接基准电容端
$V_{REF}+$、$V_{REF}-$	基准电压的正端和基准电压的负端
TEST	测试端。该端经 500 Ω 电阻接至逻辑线路的公共地。当做“测试指示”时，把它与 V+短接后，LED 全部笔画点亮，显示数 1888
OSC_1～OSC_2	时钟振荡器的引出端，外接阻容元件组成多谐振荡器

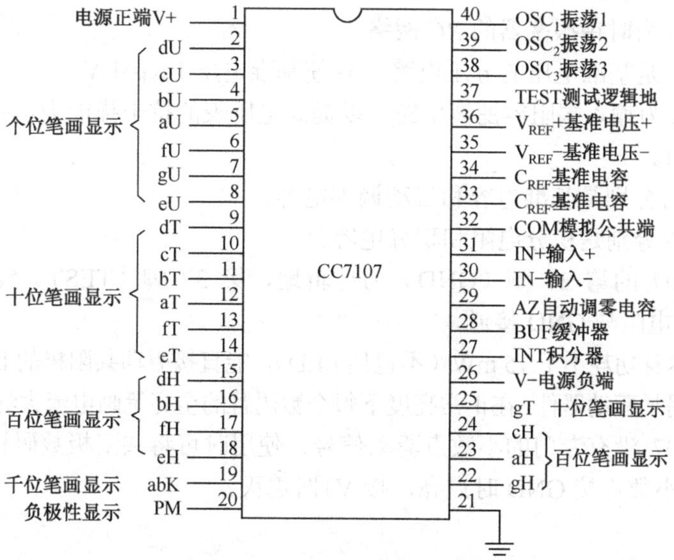

附图 A-1　CC7107 引脚排列功能

由 CC7107 组成的$3\frac{1}{2}$位直流数字电压表接线图如附图 A-2 所示。

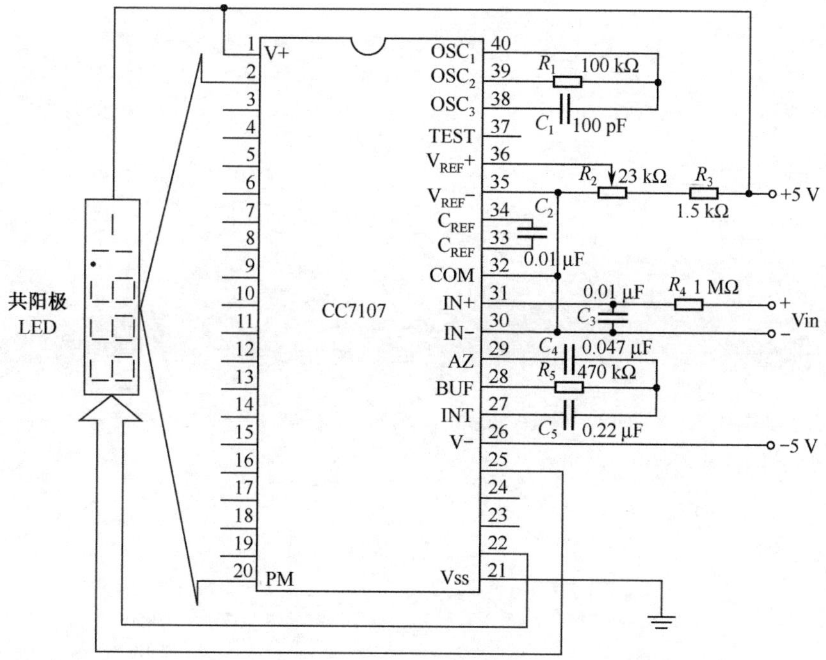

附图 A-2　CC7107 组成的 $3\frac{1}{2}$ 位直流数字电压表接线图

外围元件的作用是：

（1）R_1、C_1 为时钟振荡器的 RC 网络。

（2）R_2、R_3 是基准电压的分压电路。R_2 使基准电压 V_{REF}=1 V。

（3）R_4、C_3 为输入端阻容滤波电路，以提高电压表的抗干扰能力，并能增强它的过载能力。

（4）C_2、C_4 分别是基准电容和自动调零电容。

（5）R_5、C_5 分别是积分电阻和积分电容。

（6）CC7107 的第 21 脚（GND）为逻辑地，第 37 脚（TEST）经过芯片内部的 500 Ω电阻与 GND 接通。

（7）芯片本身功耗小于 15 mW（不包括 LED），能直接驱动共阳极的 LED 显示器，不需要另加驱动器件，在正常亮度下每个数码管的全亮笔画电流大约为 40～50 mA。

（8）CC7107 没有专门的小数点驱动信号，使用时可将共阳极数码管的公共阳极接 V+，小数点接 GND 时点亮，接 V+时熄灭。

附录 B　集成逻辑门电路新、旧图形符号对照

名称	新国标图形符号	旧图形符号	逻辑表达式
与门	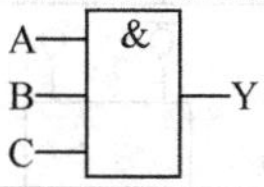	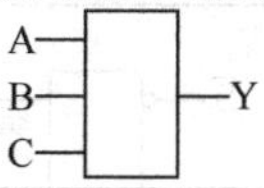	$Y=ABC$
或门	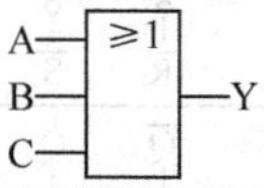	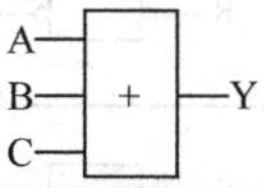	$Y=A+B+C$
非门	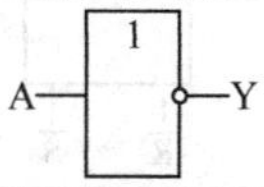	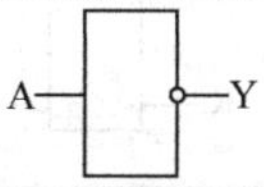	$Y=\overline{A}$
与非门	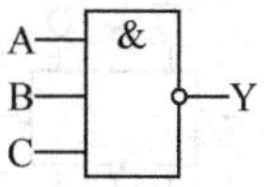	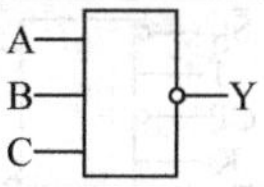	$Y=\overline{ABC}$
或非门	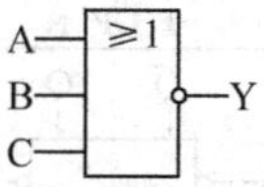	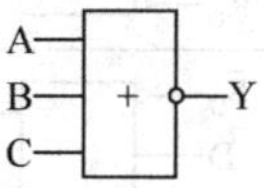	$Y=\overline{A+B+C}$
与或非门	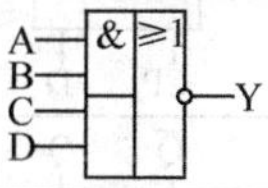	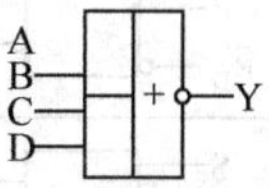	$Y=\overline{AB+CD}$
异或门	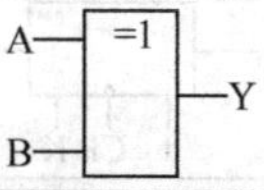	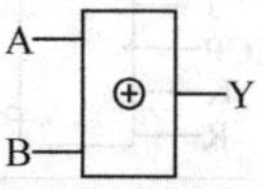	$Y=A\overline{B}+A\overline{B}$

附录 C　集成触发器新、旧图形符号对照

名称	新国标图形符号	旧图形符号	触发方式
由与非门构成的基本 RS 触发器	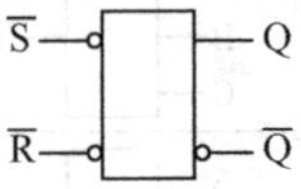	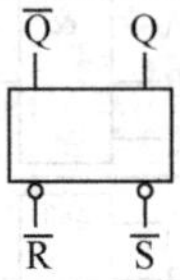	`无时钟输入，触发器状态直接由 S 和 R 的电平控制
由或非门构成的基本 RS 触发器	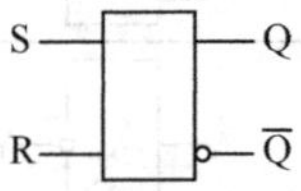	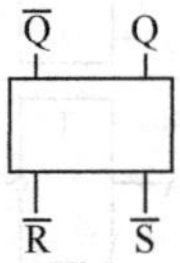	
TTL 边沿型 JK 触发器	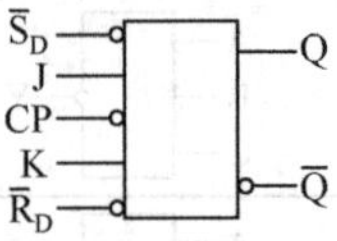	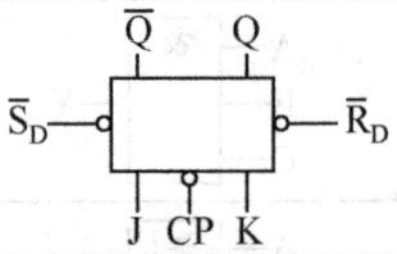	CP 脉冲下降沿
TTL 边沿型 D 触发器	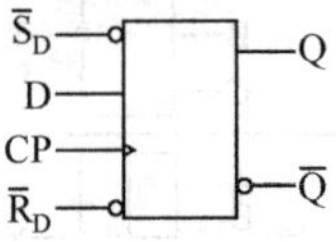	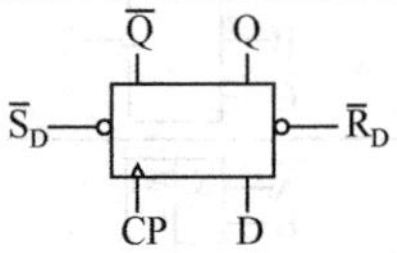	CP 脉冲上升沿
CMOS 边沿型 JK 触发器	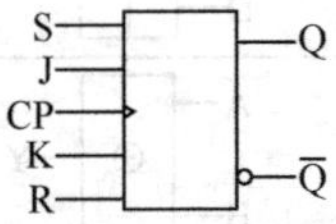	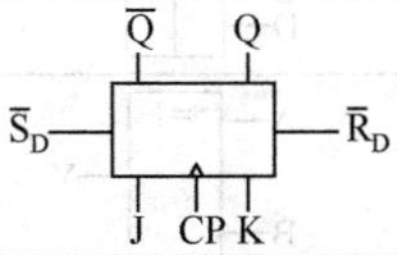	CP 脉冲上升沿
CMOS 边沿型 D 触发器	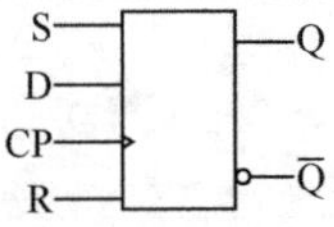	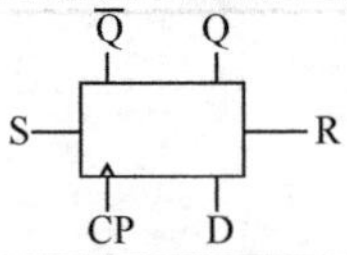	CP 脉冲上升沿

附录D 部分集成电路引脚排列

1. 74LS系列

74LS00四2输入与非门

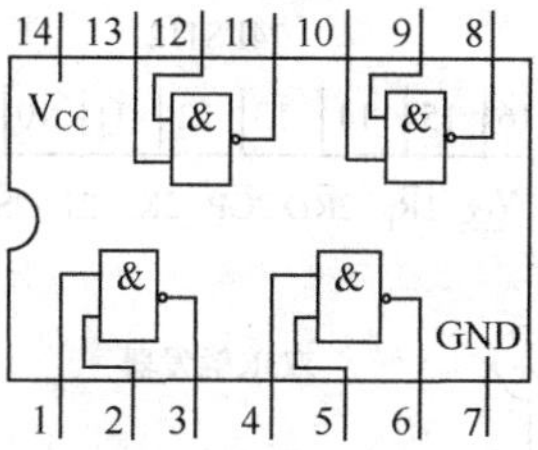

74LS86四2输入异或门

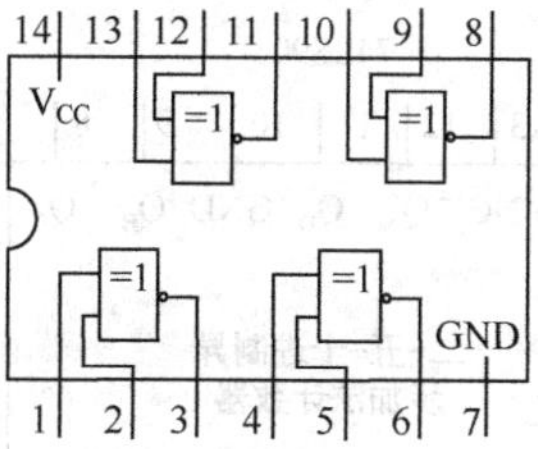

74LS03四2输入OC与非门

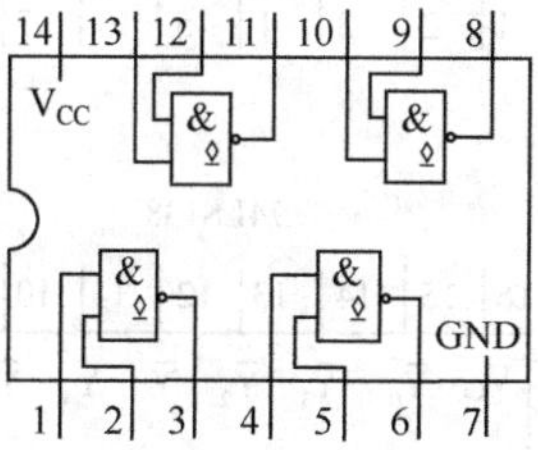

74LS04六反相器

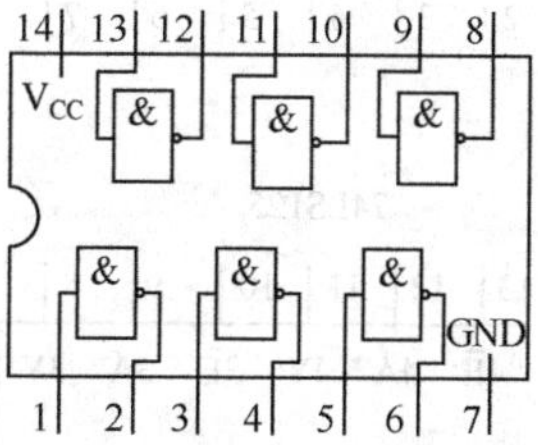

74LS08四2输入与门

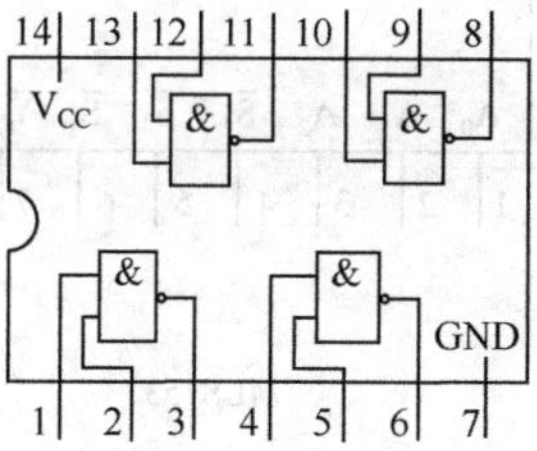

74LS20双4输入与非门

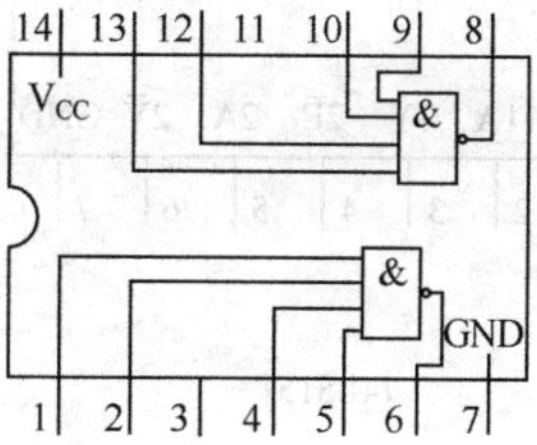

74LS32四2输入或门

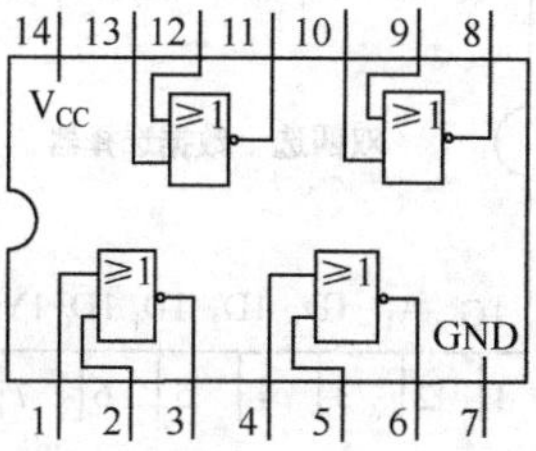

74LS54

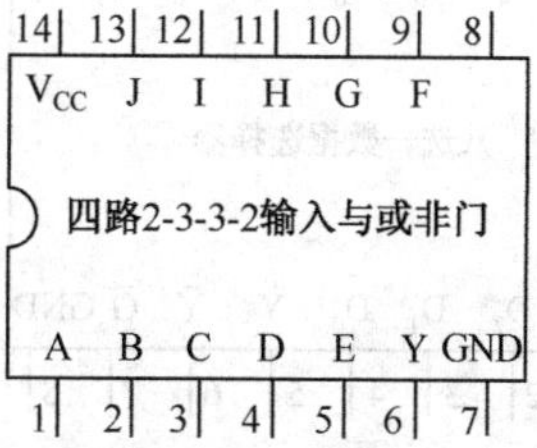

74LS74

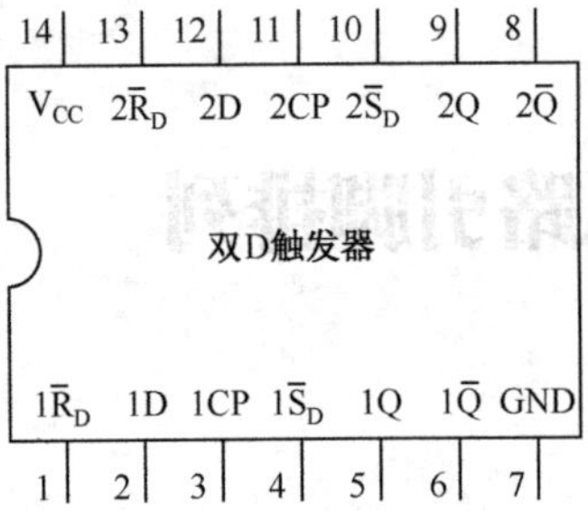

74LS02

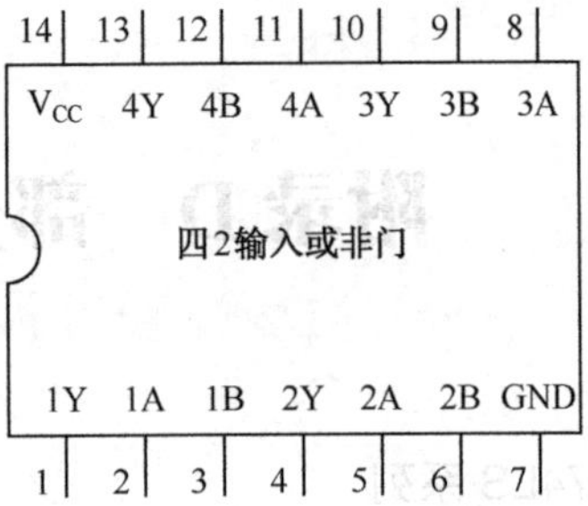

74LS90

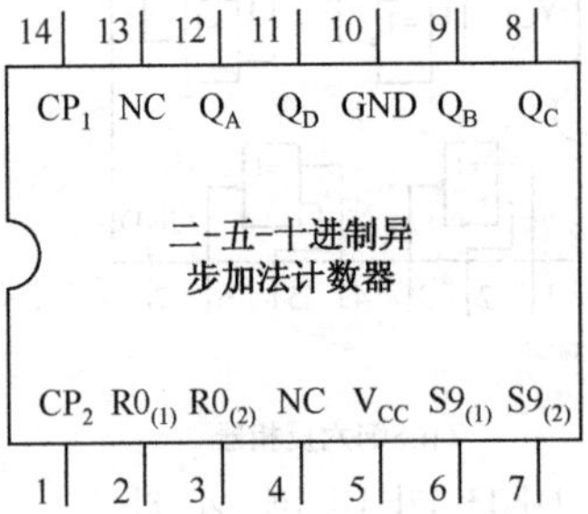

74LS112

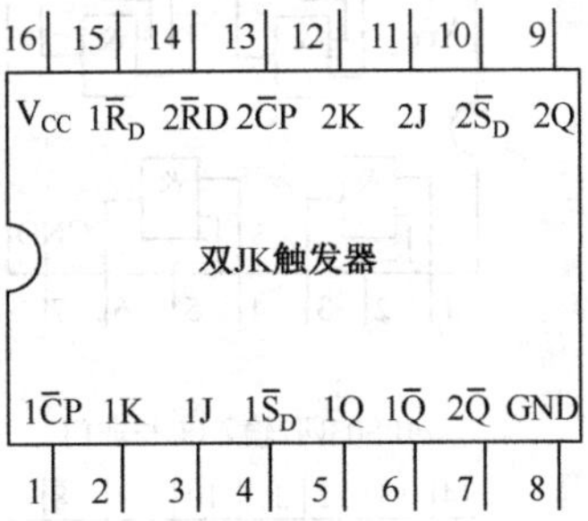

74LS125

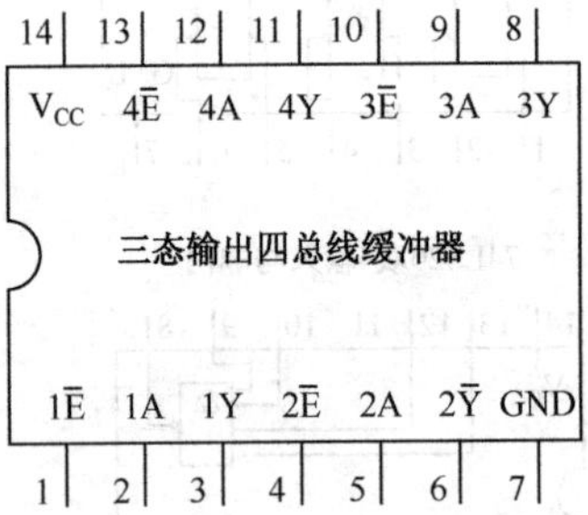

74LS138

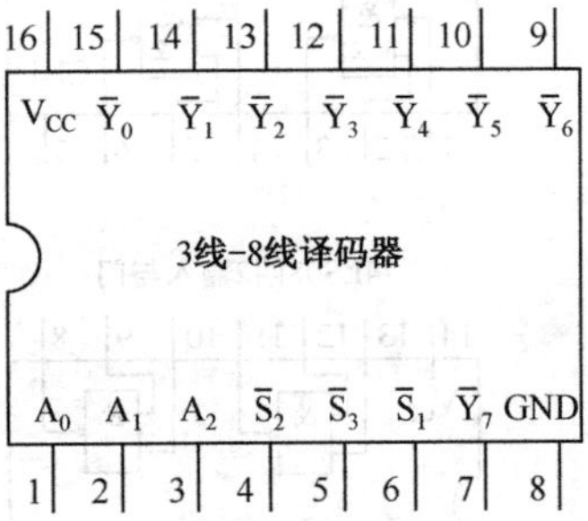

74LS151

74LS153

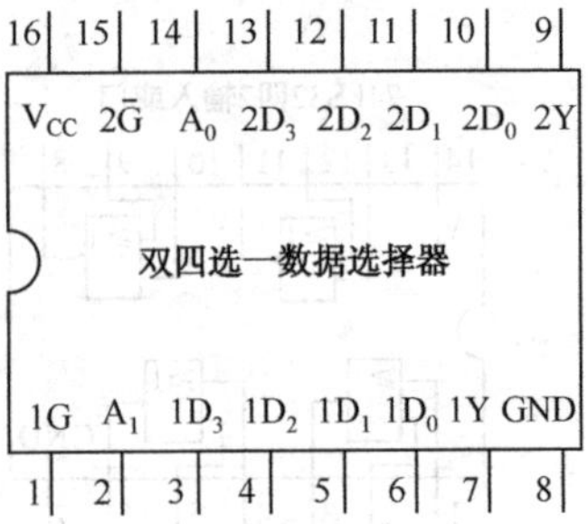

74LS175

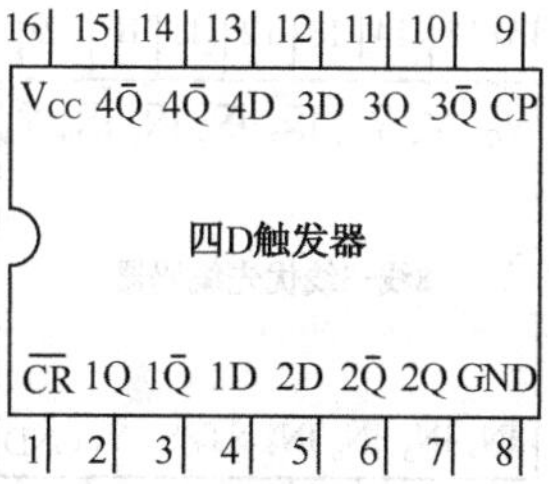

74LS192

74LS193

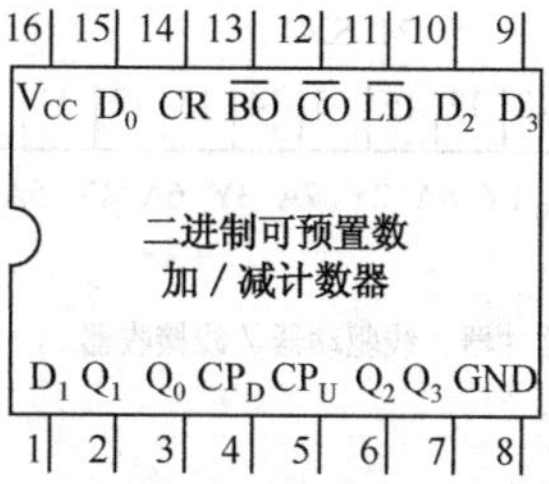

74LS194

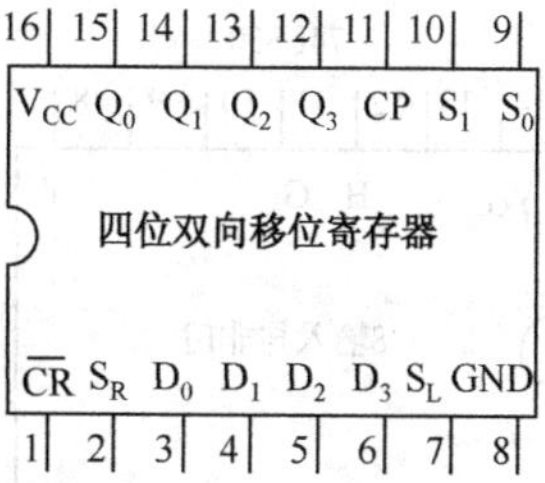

ADC0809

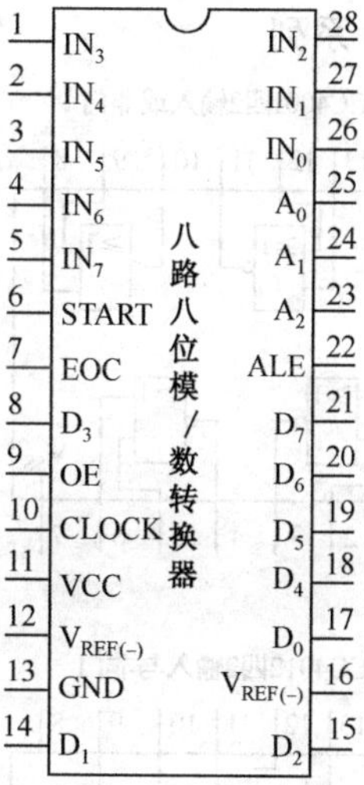

DAC0832

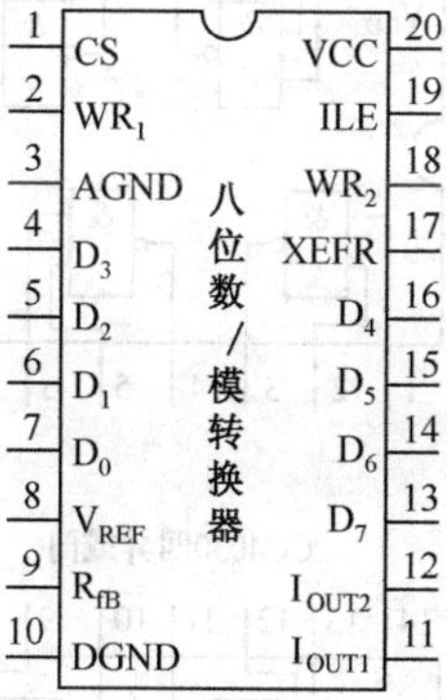

μA741运算放大器

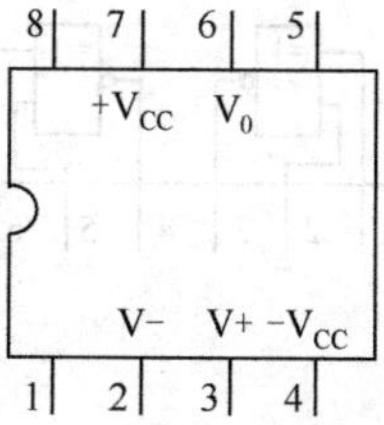

555时基电路

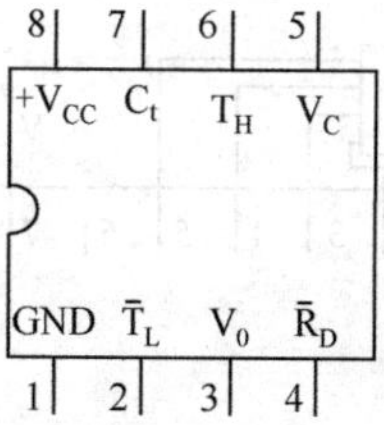

74LS161

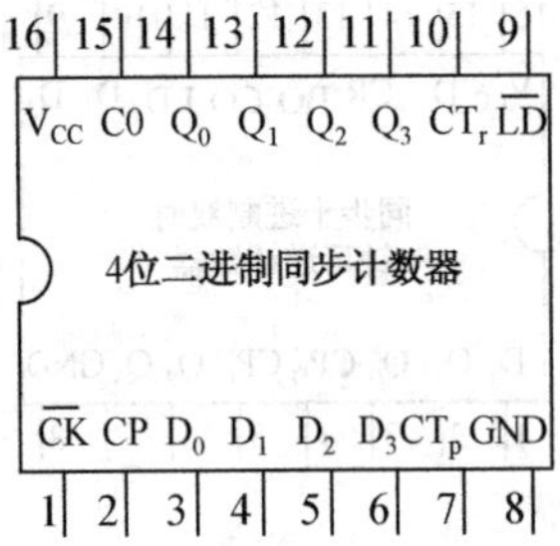

74LS148

74LS30

74LS244

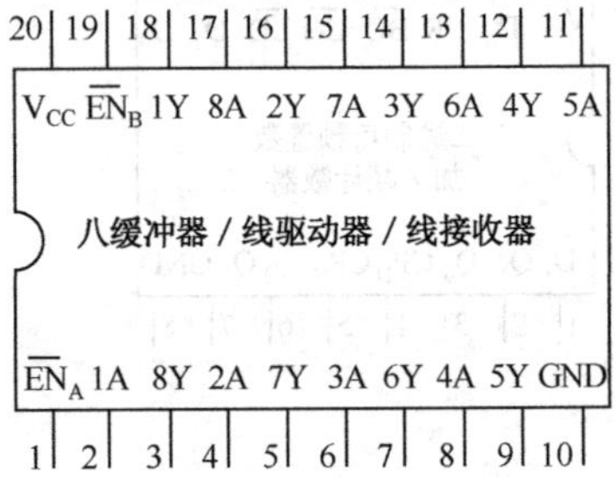

2．CC4000系列

CC4001四2输入或非门

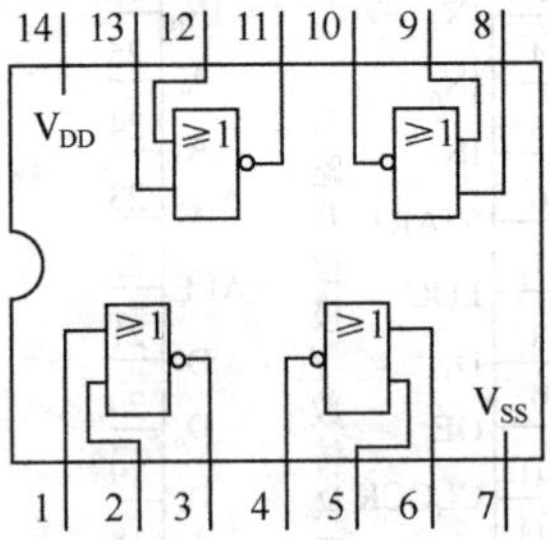

CC4011四2输入与非门

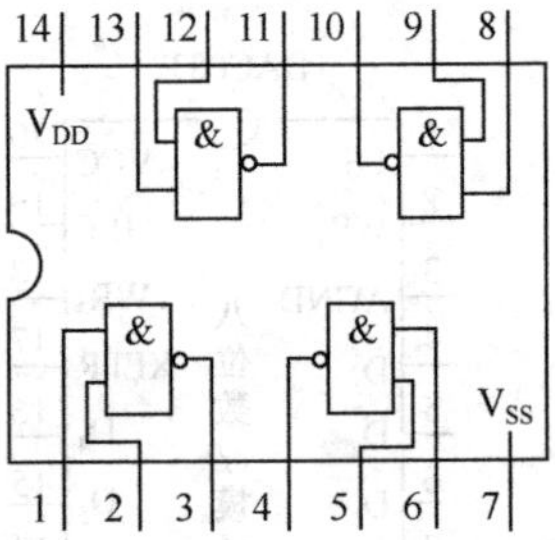

CC4012四2输入与非门

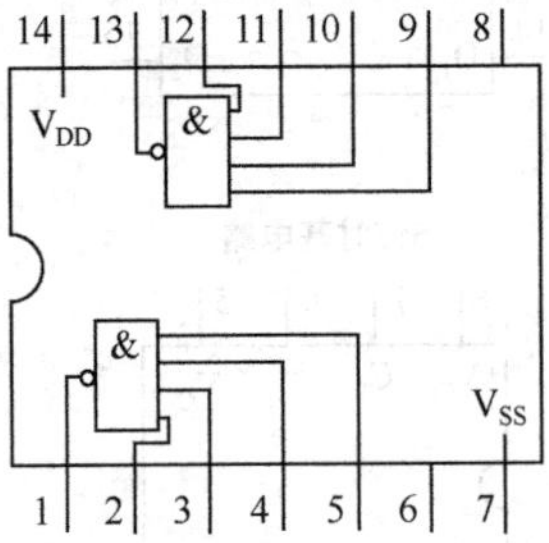

CC4030四异或门

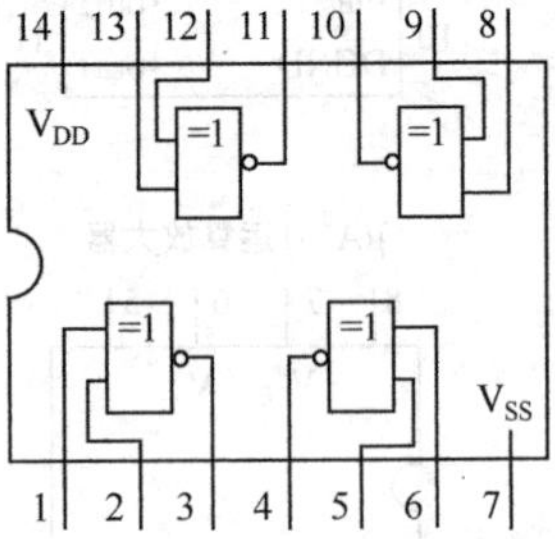

CC4071四2输入或门

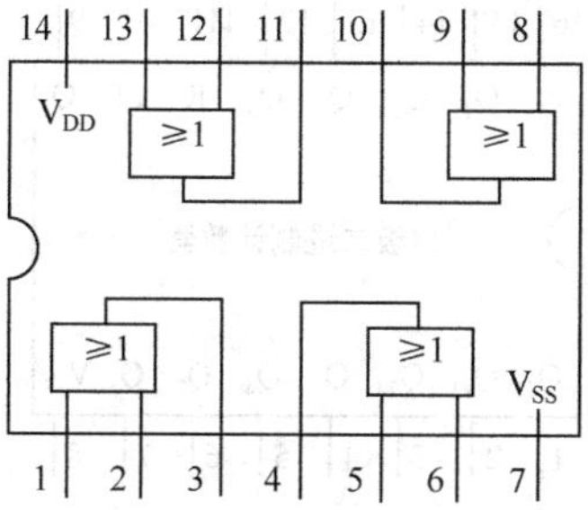

CC4081四2输入或门

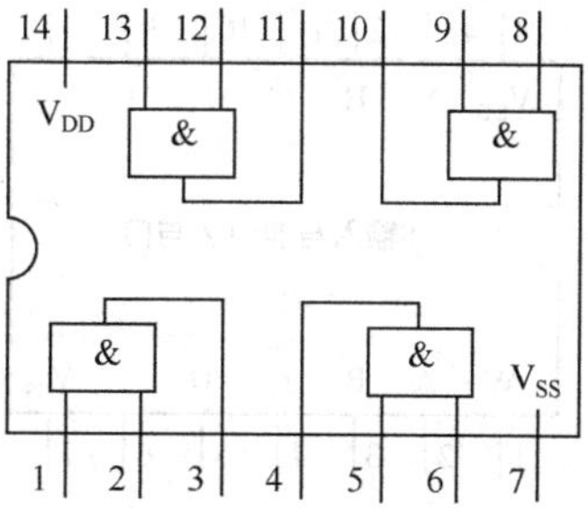

CC4069六反相器

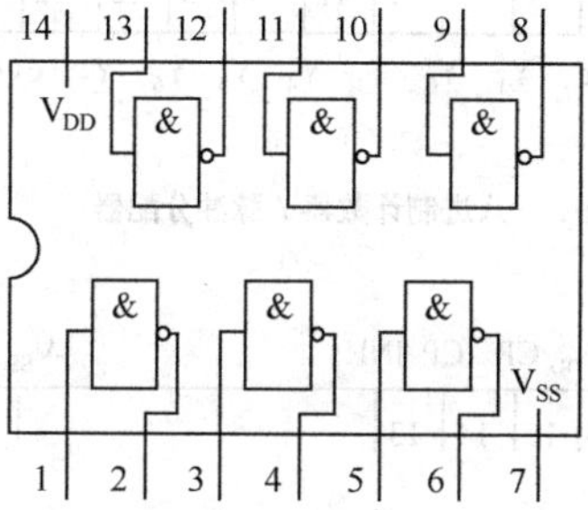

CC40106六施密特触发器

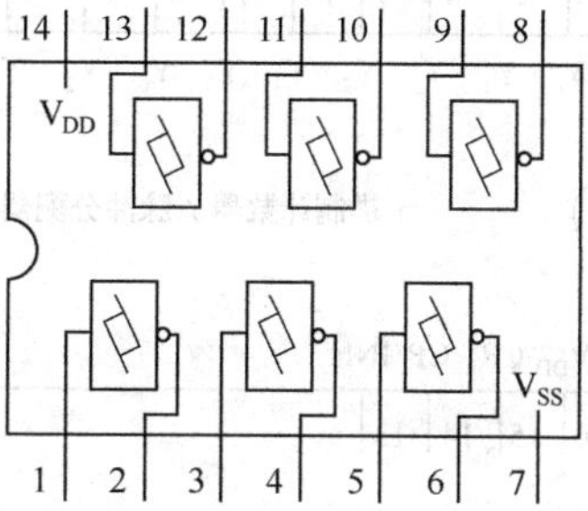

CC4027

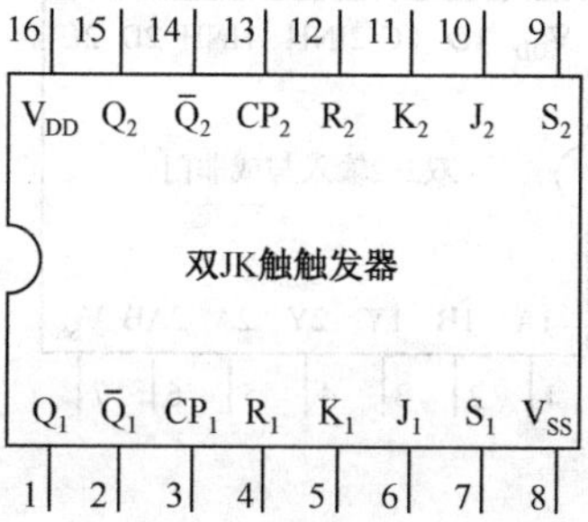

CC4028

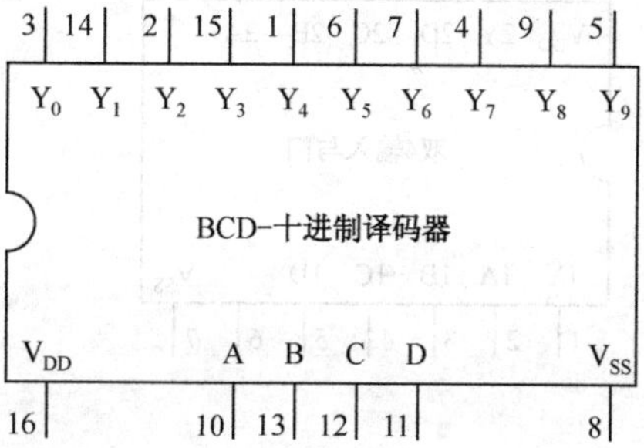

CC4013

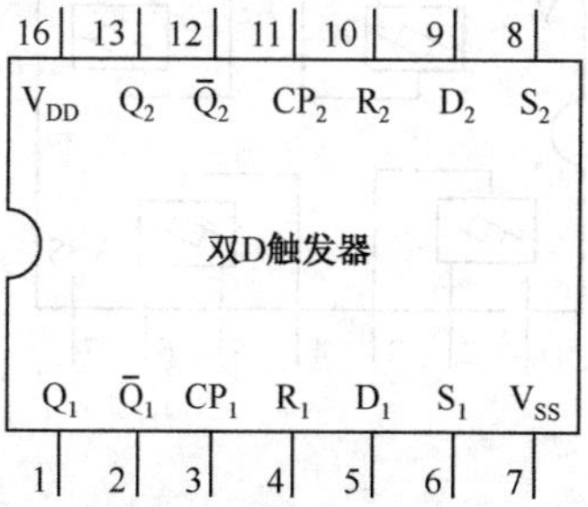

CC4042

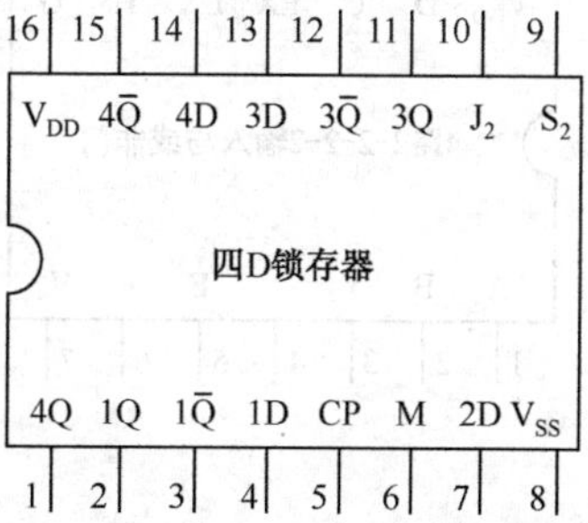

CC4068

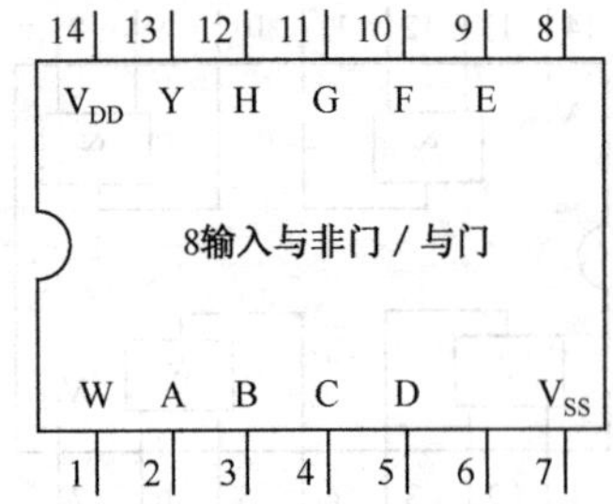

CC4020

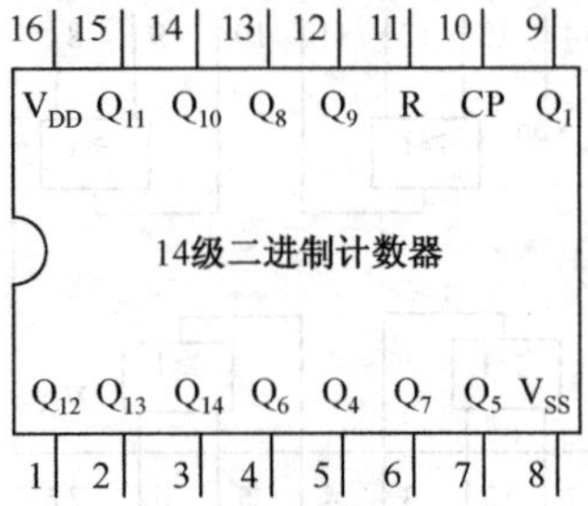

CC4017

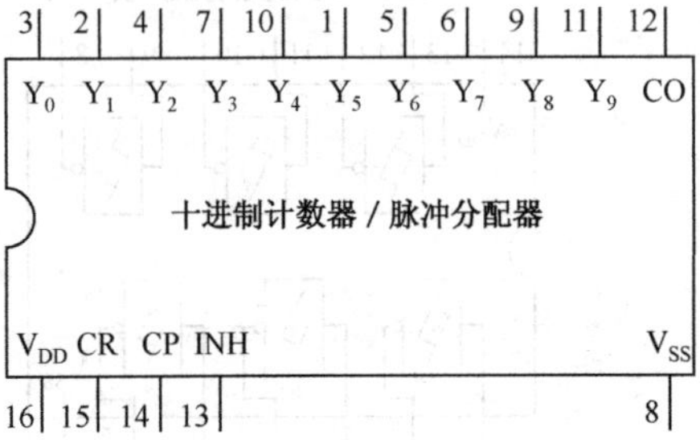

CC4022

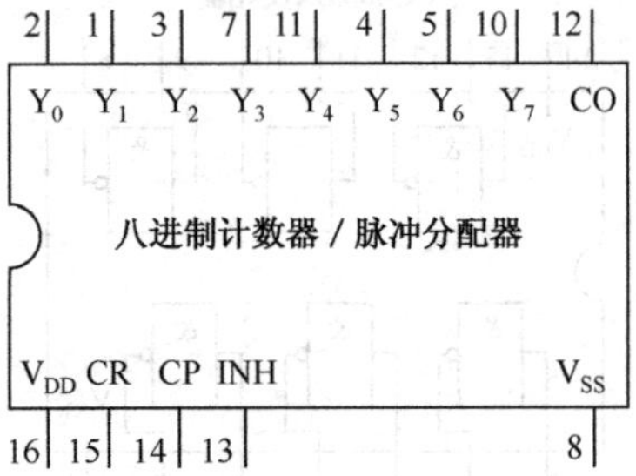

CC4082

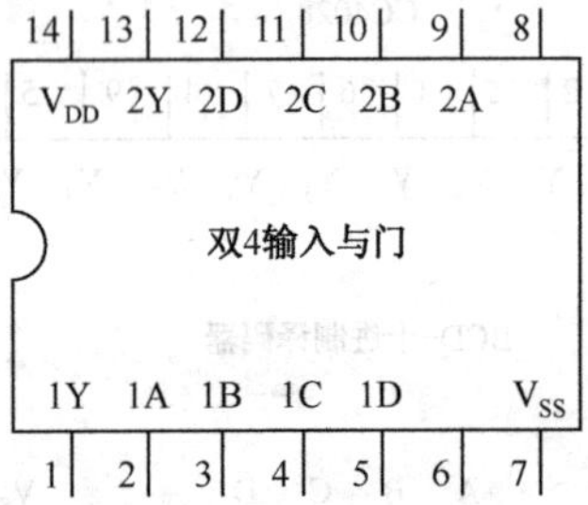

CC4085

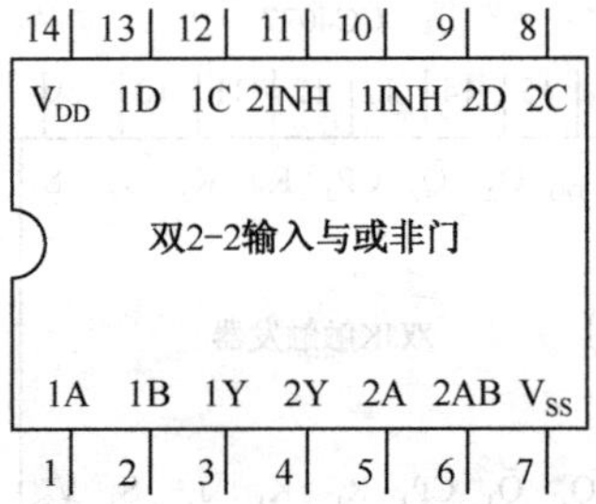

CC4086

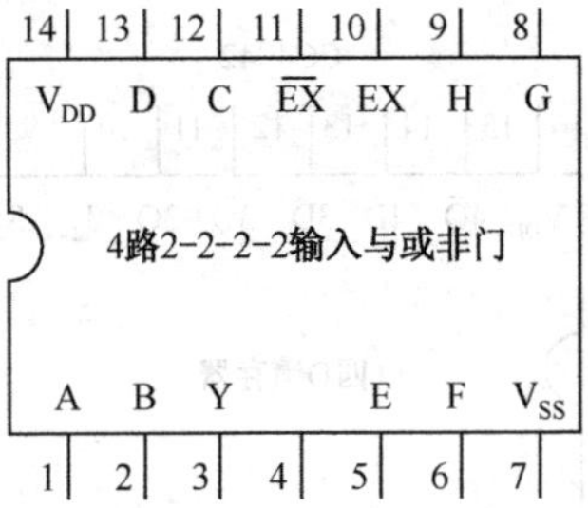

CC4093施密特触发器

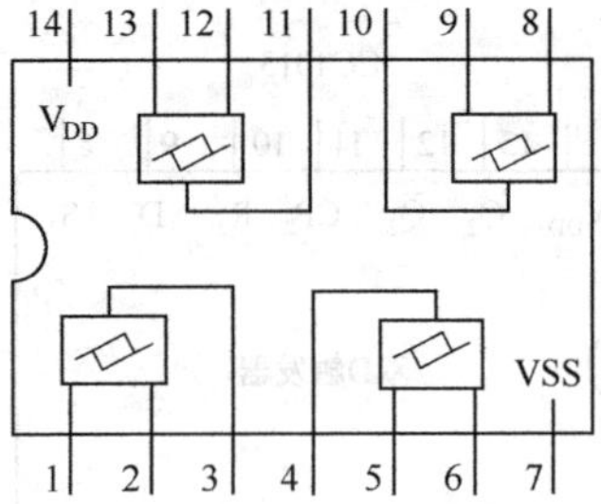

CC14528(CC4098)

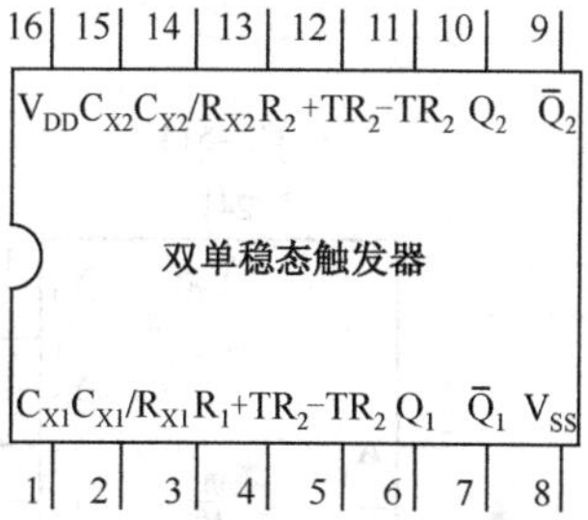

CC4024

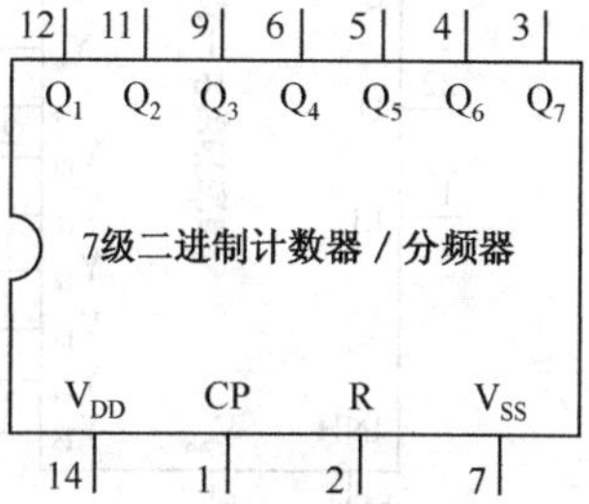

双时钟BCD可预置数
十进制同步加／减计数器

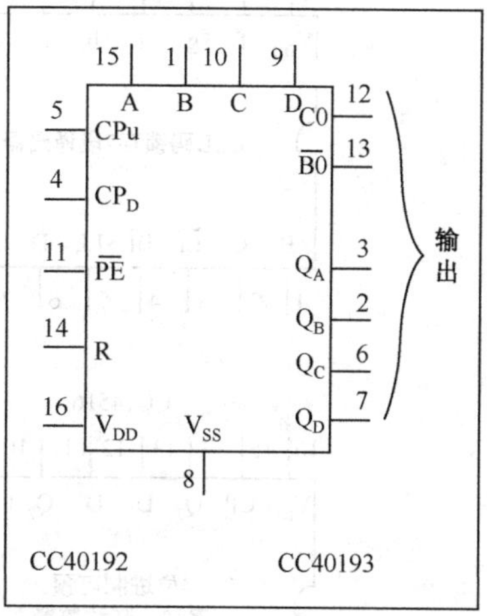

CC40194

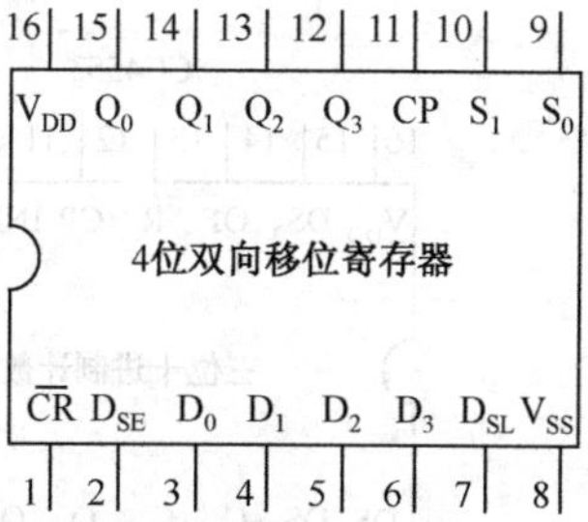

CC14433

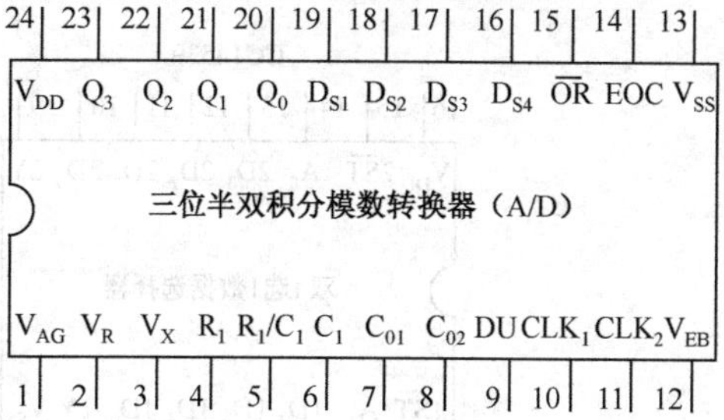

CC7107

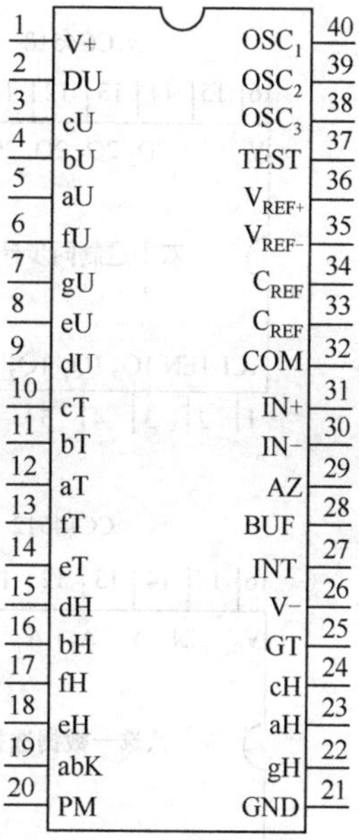

3．CC4500 系列

CC4511

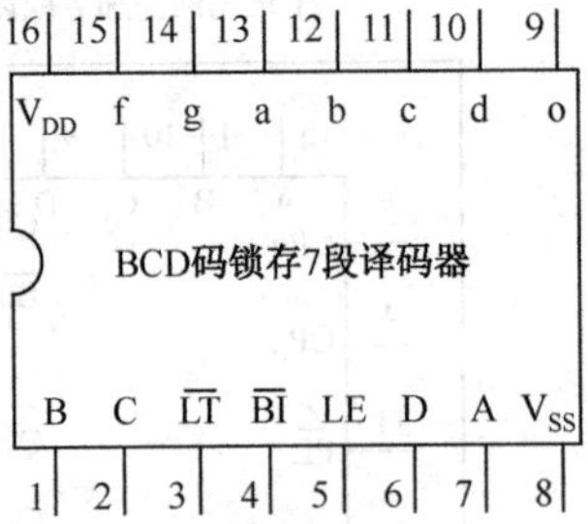

CC4514

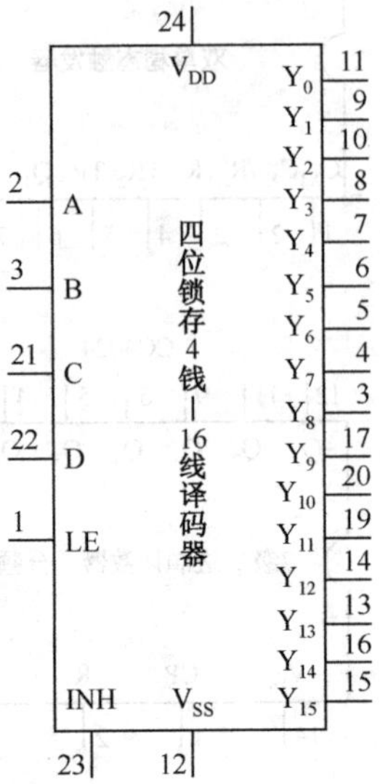

CC14516

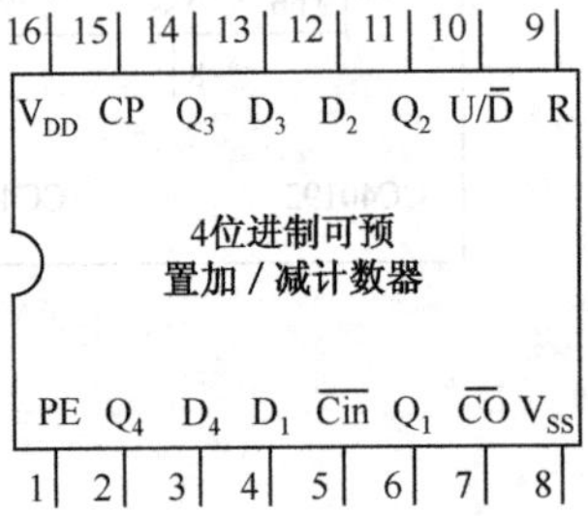

CC4518

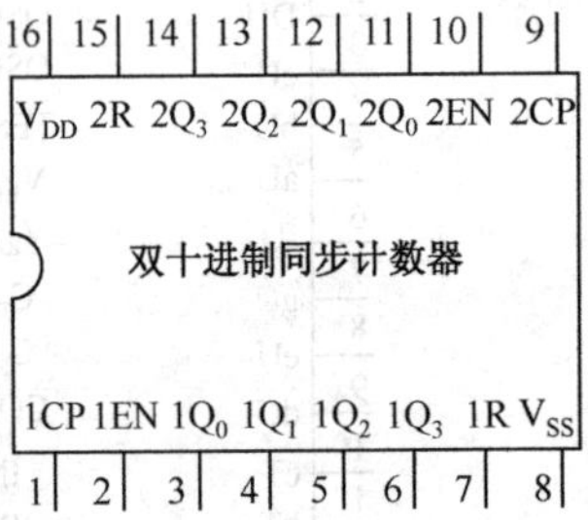

CC4553

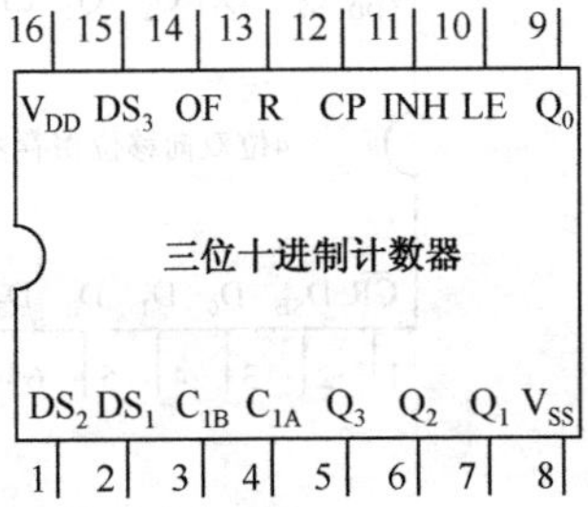

CC14512

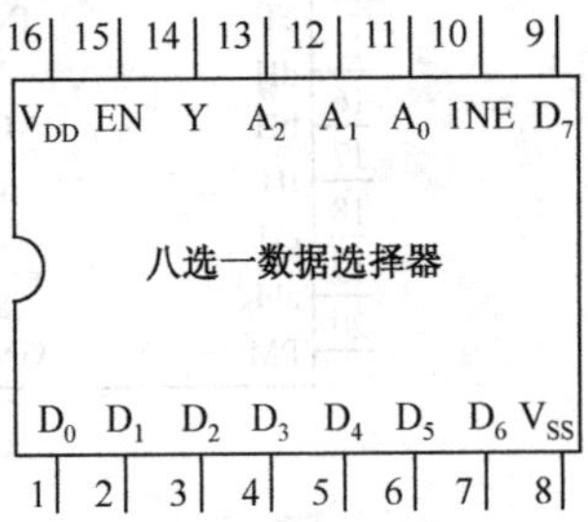

CC14539

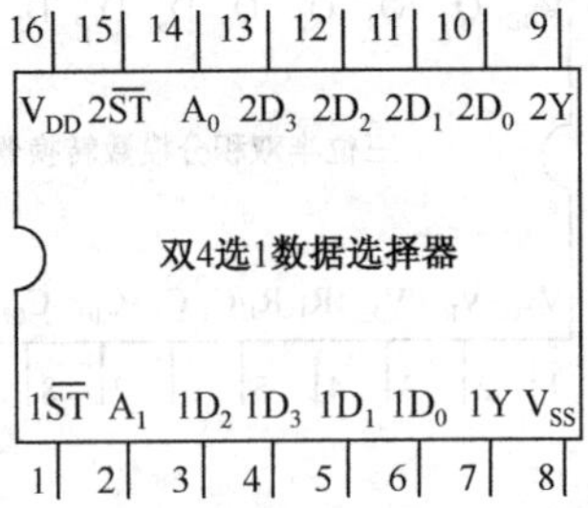

CC3130

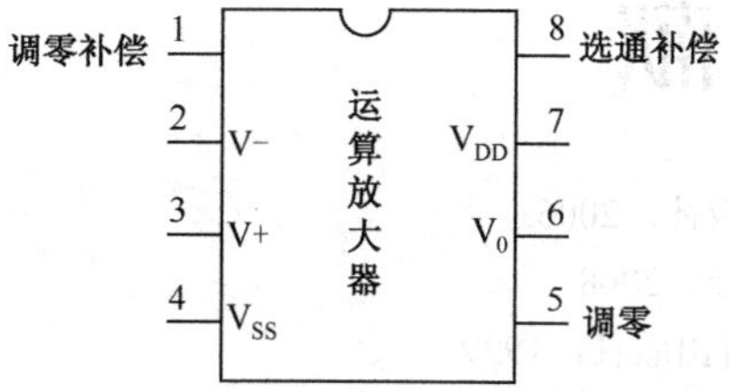

MC1403

MC1413(ULN2003)
七路NPN达林顿列阵

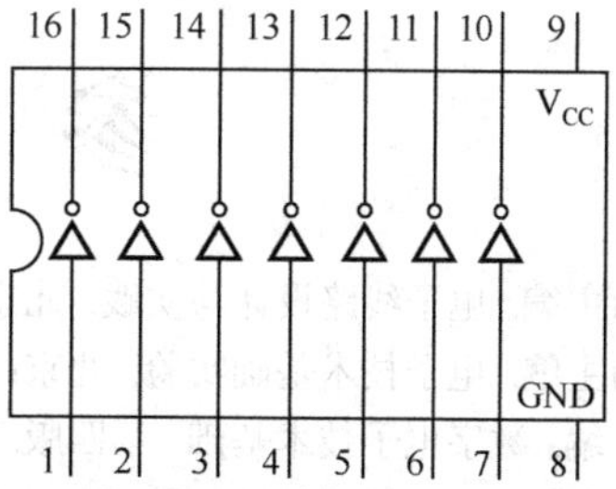

CC4068

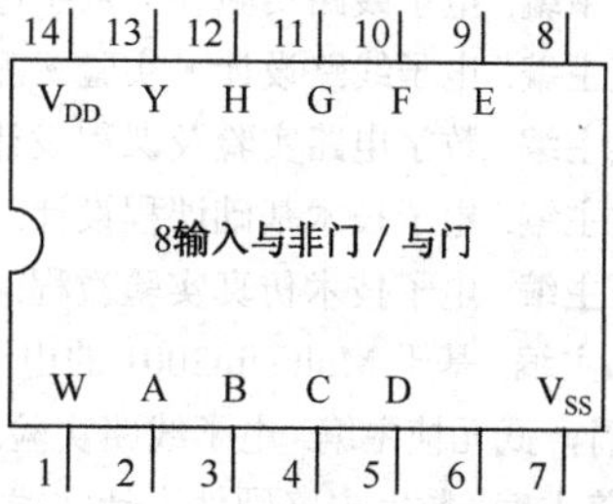

参考文献

[1] 吴慎山主编. 电子线路设计与实践. 北京：电子工业出版社，2006.
[2] 吴慎山主编. 电子技术基础实验. 北京：电子工业出版社，2008.
[3] 阎石主编. 数字电子技术基础. 第四版. 北京：高等教育出版社，1999.
[4] 康华光主编. 电子技术基础（数字部分）. 第四版. 北京：高等教育出版社，1999.
[5] 沈小丰主编. 电子线路实验——数字电路实验. 北京：清华大学出版社，2007.
[6] 谢自美主编. 电子线路设计·实验·测试. 第二版. 武汉：华中科技大学出版社，2000.
[7] 郁汗琪主编. 数字电路实验及课程设计指导书. 北京：中国电力出版社，2007.
[8] 孙梅生主编. 电子技术基础课程设计. 北京：高等教育出版社，1997.
[9] 朱力恒主编. 电子技术仿真实验教程. 北京：电子工业出版社，2003.
[10] 黄志伟主编. 基于 Multisim2001 的电子电路计算机仿真设计与分析. 北京：电子工业出版社，2004.
[11] 诸昌清，武元桢主编. 电子线路实验. 第二版. 北京：高等教育出版社，1991.
[12] 贾秀美主编. 数字电路硬件设计实践. 北京：高等教育出版社，2008.
[13] 叶致诚主编. 电子技术基础实验. 北京：高等教育出版社，1995.
[14] 熊发明主编. 新编数字电路与 EDA 技术. 北京：国防工业出版社，2008.
[15] 毕满清主编. 电子技术实验与课程设计. 北京：机械工业出版社，1995.
[16] 郑步生主编. Multisim2001 电路设计及仿真入门与应用. 北京：电子工业出版社，2002.
[17] 华中理工大学电子学教研室. 陈大钦主编. 电子技术基础实验. 第二版. 北京：高等教育出版社，2000.
[18] 章忠全主编. 电子技术基础实验与课程设计. 北京：中国电力出版社，1999.
[19] 彭玉峰，李庆武，吴慎山主编. 电子技术基础实验. 北京：气象出版社，1998.
[20] 何小艇主编. 电子系统设计. 第二版. 杭州：浙江大学出版社，2003.
[21] 孟贵华主编. 电子技术工艺基础. 第四版. 北京：电子工业出版社，2005.
[22] 陈晓文主编. 电子线路课程设计. 北京：电子工业出版社，2004.
[23] 杨清学主编. 电子装配工艺. 北京：电子工业出版社，2004.
[24] 汤元信主编. 电子工艺及电子工程设计. 北京：北京航空航天大学出版社，1999.
[25] 清华大学电子工艺实习教研组，王天曦，李鸿儒编著. 电子技术工艺基础. 北京：清华大学出版社，2000.
[26] 杨元挺主编. 电子技术技能训练. 北京：高等教育出版社，2002.
[27] 高吉祥主编. 电子技术基础实验与课程设计. 北京：电子工业出版社，2002.
[28] 梁宗善主编. 电子技术基础课程设计. 武汉：华中理工大学出版社，1995.
[29] 王俊峰主编. 电子产品开发设计与制作. 北京：人民邮电出版社，2005.
[30] 徐莹隽主编. 数字逻辑电路设计实践. 北京：高等教育出版社，2008.
[31] 孙肖子主编. 现代电子线路和技术实验简明教程. 北京：高等教育出版社，2009.
[32] 陈兆仁主编. 电子技术基础实验研究与设计. 北京：电子工业出版社，2000.
[33] 蒋卓勤主编. Multisim 2001 及其在电子设计中的应用. 西安：西安电子科技大学出版社，2003.

反侵权盗版声明